中国社会科学院　学者文选

李　奇　集

中国社会科学院科研局组织编选

中国社会科学出版社

图书在版编目（CIP）数据

李奇集／中国社会科学院科研局组织编选．—北京：中国社会
科学出版社，2003.10（2018.8 重印）
（中国社会科学院学者文选）
ISBN 978－7－5004－3768－0

Ⅰ.①李…　Ⅱ.①中…　Ⅲ.①李奇—文集②伦理学—文集
Ⅳ.①B82－53

中国版本图书馆 CIP 数据核字（2003）第 075258 号

出 版 人　赵剑英
责任编辑　李树琦
责任校对　王应来
责任印制　王　超

出　　　版　**中国社会科学出版社**
社　　　址　北京鼓楼西大街甲 158 号
邮　　　编　100720
网　　　址　http：∥www.csspw.cn
发 行 部　010－84083685
门 市 部　010－84029450
经　　　销　新华书店及其他书店

印刷装订　北京市十月印刷有限公司
版　　　次　2003 年 10 月第 1 版
印　　　次　2018 年 8 月第 2 次印刷

开　　　本　880×1230　1/32
印　　　张　13.625
字　　　数　327 千字
定　　　价　75.00 元

出 版 说 明

一、《中国社会科学院学者文选》是根据李铁映院长的倡议和院务会议的决定，由科研局组织编选的大型学术性丛书。它的出版，旨在积累本院学者的重要学术成果，展示他们具有代表性的学术成就。

二、《文选》的作者都是中国社会科学院具有正高级专业技术职称的资深专家、学者。他们在长期的学术生涯中，对于人文社会科学的发展作出了贡献。

三、《文选》中所收学术论文，以作者在社科院工作期间的作品为主，同时也兼顾了作者在院外工作期间的代表作；对少数在建国前成名的学者，文章选收的时间范围更宽。

中国社会科学院

科研局

1999 年 11 月 14 日

目　录

编 者 的 话

李奇是新中国著名的伦理学家，我国马克思主义伦理学的奠基人之一。

作为观念意识形态的伦理道德，不仅能够陶冶和提升人的性情品格，而且极大地影响着社会发展和可持续发展，从古代起中国人民就一直重视伦理道德，伦理道德在我国获得过长足的发展，并取得了辉煌的成就，伦理文化成为公认的中国文化的中心。然而自近现代以来，它和其他许多学科一样式微下来。中国人民虽然在长期的革命斗争中，特别是五四运动之后，在中国共产党领导之下进行的新民主主义和社会主义的革命以及尔后进行的社会主义建设中，弘扬了民族精神，形成了丰富的革命道德，但是这些珍贵遗产却没有得到系统化、理论化的总结和提高，没有形成科学的理论形态，相反，在"左"的倾向影响下，在20世纪50年代初伦理学还一度被误认做资产阶级的伪科学而被逐出学坛。在60年代初期有所恢复之后，随后又遭受到"文化大革命"的严重摧残。当此中国伦理学的命运处于一波三折之时，却有少数学者胸襟开阔，目光高远，他们顶住种种潮流，坚持不懈地研究伦理学，并将之与中国古代的传统伦理结合起来，与我国几十年来传统的革命道德结合起来，终于在改革开放之后万象复苏的春天里，构建出了科学的马克思主义伦理学理论体系。李奇就是这些学者当中的最杰出、最优秀、最有成果的一位。

李奇（1913— ）是我国老一辈无产阶级革命战士、理论家，原名李子让，河北饶阳县人。1935年考入北京师范大学教育系读书，同年参加了"一二·九"抗日救亡运动，并加入中国共产党，进行地下工作。1938年底到延安后，先在马列学院学习，毕业后一直从事出版和教育工作。1945年到东北，先后担任过当时的辽吉省立中学校长、中共吉林市委常委及宣传部长等职务。1955年调到北京，在中国科学院哲学社会科学学部工作，担任研究员、副所长等职。1985年离休。李奇对新中国马克思主义伦理学的产生做出了突出的贡献。还在20世纪50年代中期至60年代初，当伦理学在中国举步维艰之时，李奇就开始致力于马克思主义伦理学的研究，先后在《新建设》、《光明日报》、《文汇报》等报刊上发表了一系列重要论文，比较全面系统地探讨了马克思主义伦理学的基本原理。与此同时，她还多次到一些高等院校讲授伦理学，并且亲自指导了我国的第一批伦理学研究生。党的十一届三中全会后，李奇担任了中国社会科学院哲学研究所副所长、研究生院哲学系主任，中国伦理学会会长，领导所内外的学术研究和教学工作，继续指导了多批研究生。在此期间，她还抓紧伦理学研究，先是选取了"文革"以前的部分论文，编成《道德科学初学集》一书出版，80年代初，她又撰写了《道德与社会生活》一书，系统分析了伦理道德与社会生活各个方面的关系，论述了伦理道德在社会生活中的地位与作用。这两本书一内一外，珠联璧合，构筑了一套比较完整的科学的马克思列宁主义伦理学体系，对于当时正在兴起的马克思主义伦理学研究具有重要的奠基作用，在学术界产生了极大的影响。80年代末，李奇老当益壮，在伦理学研究中继续前进，亲自主持了《道德学说》一书的撰写，并独立完成了该书的所有重要篇章，用史论结合的方式，科学系统地完成了自己的马克思主义伦理学学说体系。这次，我们将李奇的若干主要著述汇编成集出版，以方便广大读者对李奇同志的伦理思想进行系统研究，从中追寻马克思主义伦理学在中国的发展路程，以及其精华内容之所在。

李奇对马克思主义伦理学的近五十年的思考探索，其基本精神是一致的，那就是坚持唯物史观的指针，立足于中国革命和建设的实践。从她走过的路程来看，大致可以分为三个阶段：

（1）20世纪50年代末60年代初。这一时期，李奇主要是致力于运用辩证唯物主义的历史观解决伦理学的基本问题，构建科学的伦理学的根基。

李奇早年即接受马克思主义的熏陶，她一进入伦理学领域，就自觉地运用马克思主义作为理论指导，从马克思主义的唯物史观中汲取营养。她认为，马克思主义伦理学正是由于确立了历史唯物主义的研究方法，以人类社会——或者社会化了的人类——作为伦理学的新的出发点，并且确立了个人利益和集体利益相结合的集体主义道德原则，才使伦理学变为真正的科学，马克思主义道德观的出现是伦理学领域里的根本性的变革。李奇在其伦理学研究的过程中，始终坚持马克思主义的基本立场、原则和方法，对诸如道德的起源和本质，动机和效果的辩证关系，无产阶级道德原则和"功利主义"，道德的继承性和阶级性，个人利益和个人主义，两种对立阶级道德之间的辩证关系，以及物质生活和道德的关系等伦理学的基本问题进行了一系列的深入探讨，提出了许多有价值的观点，为新中国马克思主义伦理学的建立奠定了坚实的基础。这些观点主要是：

道德源于人类的社会物质生活。社会物质生活条件不同，道德规范和准则也就不尽相同，甚至根本对立。道德由经济基础所决定，就其本质而言，它是随着社会物质生活条件的变化而变化的社会意识形态。但是，道德对社会物质生活条件也起反作用，可以促进或阻碍社会的发展。

动机和效果是矛盾的两个方面。二者既互相依存又互相矛盾，互相区别而又互相转化。进行道德评价不能偏执一方，必须考察实践的全过程，遵循动机—效果相结合的原则。

社会主义社会里，个人利益和社会集体利益是一致的，集体利益就代表着人民群众的根本利益。因此，"一切问题从社会集体利益出发；个人利益服从集体利益，局部利益服从整体利益，暂时利益服从长远利益，"是我们处理个人利益和社会集体利益关系的基本原则。

道德具有阶级性，因此，道德继承必须坚持历史唯物主义的原则，对道德遗产进行阶级的分析，抽取出其中符合社会发展要求的、代表人民群众利益的优秀的人民的道德传统，将之加工、改造成新道德的组成部分。

个人利益和个人主义是两个不同的概念，不能混淆起来加以批判。个人主义是资产阶级的道德学说，它所强调的是凌驾于社会集体利益之上的个人利益，是与无产阶级利益相对立的资产阶级的个人利益，是我们必须要消灭的。但是，我们并不一味地否定个人利益。在社会主义社会，个人利益由于实现了与社会集体利益的结合，才能够真正实现。

两种对立的阶级道德之间是对立统一的关系。当对立阶级间的斗争加剧时，他们的道德就成为各自进行斗争的思想武器。但是，对立阶级道德又各以对方作为自己存在的前提，共存于一个统一体中。而且随着阶级斗争的展开，两种对立阶级道德的地位也会互相转化。另外，对立道德间的斗争性和统一性也是辩证统一的，没有斗争性就没有统一性，斗争性寓于统一性之中。

道德由社会物质生活条件决定，但它绝不是对社会物质生活条件的消极反映，而是与人们的社会实践紧密相连的自觉的能动的意识形态。道德变革也不能自动完成，而是需要经过阶级斗争和思想斗争才能逐步实现。

"文化大革命"结束以后，李奇痛感到"四人帮"对于我国马克思主义伦理学理论的摧残破坏，尤其是在广大青少年思想上造成的严重创伤，以及对社会风气造成的不良影响，需要从伦理学方面进行系统清算。在她看来，应该继续开展伦理学研究，建立科学的马克思主义伦理学思想体系，大力宣传社会主义和共产主义道德，以帮助人们树立正确的道德观、人生观，应上海人民出版社的请求，她将自己在前一时期发表的部分论文整理编成了《道德科学初学集》出版。

（2）党的十一届三中全会以后至80年代初期。李奇集中对道德与社会生活诸多方面的关系进行了深入细致的分析。

党的十一届三中全会以后，我国开始重视对伦理道德问题的研究，这一方面是要清除林彪和"四人帮"在思想文化领域里所造成的严重破坏，更重要的是在当时的社会生活中，特别是改革开放形势下出现了大量新问题，如何发挥伦理道德在社会生活各领域中的指导作用，更好地进行社会主义精神文明建设，成为当时思想文化领域里的当务之急。作为伦理学工作者，李奇适应时代的需要，在1979年至1982年期间，着手从理论上对道德与社会生活各个方面的关系进行了研究，《道德与社会生活》一书就是这种研究的成果。

在此书中，李奇认为，道德是人类社会生活所特有的产物，社会生活需要用道德准则来调整人们在其中的关系，因此，道德必然要渗透到社会生活（如经济生活、政治生活、精神生活、家庭生活）的各个领域中去。这些社会生活的各个方面并不是并行不悖的，而是发生着错综复杂的关系。社会的经济生活决定道德，道德又对经济生活起反作用，同时与其他的上层建筑、意识形态之间也相互影响。对此，李奇从道德与利益，道德与产品分配，道德与政治，道德与法律，道德与宗教，道德与文艺，道德与教育，道德与科学，道德与婚姻家庭，道德与人生观之间的关系等方面进行了阐述。她指出：

道德由社会经济关系决定，其中心问题是利益问题。资产阶级强调个人利益高于一切，马克思主义则强调个人利益和社会集体利益相结合，个人利益服从社会、国家等集体利益，眼前利益服从长远利益，局部利益服从全局利益。

生活资料分配的多少影响着人们的消费水平，进而影响着人们对社会生活的感知，从而形成不同的道德观念。但是这种作用不是决定性的，起决定作用的仍然是社会的经济关系。

政治影响道德规范的具体内容；政治与道德在社会作用上相互补充；政治和道德相互推动。

一定的道德规范由于符合统治阶级的利益，可以转化为法律，而法律随着阶级、国家的消亡，又会转化为道德。道德和法律相互渗透，反映着某些社会共同的要求。道德和法律还相互作用。道德提高人们遵守法律的自觉性，法律则凭借其强制力保障道德作用的发挥。

道德和宗教是两种不同的意识形态。宗教的消极态度，易使人放弃所应承受的道德责任。但宗教把道德准则神圣化，可以加强道德的威力；在一定情况下的道德教育也易于促进宗教势力的发展。

道德和文艺在本质上都是由社会经济基础决定的上层建筑，尽管它们反映社会生活的方式不同，相互之间却能产生巨大的影响。高尚的道德引导文艺家创作出优秀的文艺作品，陶冶人们的情操。优秀的文艺作品则是普及先进道德的有效工具，使人们在审美的过程中接受道德的熏陶。

教育是道德形成的重要手段，有助于创造出良好的道德风尚。而良好的社会道德风尚又增进了教育的效果。

近代科学的发展，为马克思主义唯物史观和唯物辩证法的产生创造了条件，使科学伦理学的建立成为可能。而新的更高尚的道德则将推动科学事业的不断发展，促进科学研究的成功。

婚姻家庭关系是社会最基本的社会关系，道德就是从调整婚姻家庭关系开始的。婚姻家庭道德的败坏会导致社会道德的堕落，而良好的社会道德有助于健康的婚姻家庭道德的建立。

人生观影响着人们的道德观念和道德实践，社会的道德意识和道德风尚也影响着人生观的形成。

总之，道德并不是孤立的，它总是与其他社会意识形态发生这样或那样的联系，并在这些联系中发挥作用。我们必须正确而充分地认识他们之间的关系，发挥其他意识形态对道德建设的积极作用，同时也使道德成为推动其他社会意识形态和社会实践不断完善的力量。

（3）20 世纪 80 年代中后期，李奇在全国伦理学快速发展的形势鼓舞下，在自己深入研究的积累上，全面系统地研究了古今中外的道德学说，以史论结合的方式，从有关道德的基本理论问题的历史发展中，进一步探讨马克思主义的伦理道德体系，及其形成的科学化过程。

在 20 世纪 80 年代中后期以后，李奇的学术视野更加深邃而开阔，她主持编写了《道德学说》一书，并且亲自撰写了其中的所有重要篇章。在这部书中，李奇把马克思主义伦理学放在道德学说的历史发展过程中加以考察。她指出，在马克思主义伦理学说产生以前，中国和西方就有着极为丰富的道德学说的资源，但它们无不在道德的起源、个人和社会的关系等问题上出现种种偏差和谬误。马克思主义通过对它以前的道德学说，尤其是西方近代以来的道德学说的清理，以唯物主义历史观作为理论基础，从而对道德的起源和本质、个人和社会的关系做出了科学的解释。在马克思主义产生之后，科学技术的迅猛发展使一部分人盲目地崇拜科学、理性，并以之建构道德学说，另一部分人则对科学技术持悲观的态度，认为道德学说中，常常不同程度地体现出形式主义、非理性主义、相对主义等特点。这样一些道德学说由于背离了马克思主义的基本立场，也是不科学的。

在《道德学说》一书中，李奇还进一步系统地对伦理学的基本问题进行了研究，它不仅再次用唯物史观揭示了道德的本质和起源、个人和社会的关系的真正面目，而且提出一系列重要的伦理思想，诸如，社会道德的发展进步及其标准问题，人们行为的个人自主自由选择与道德责任的问题，道德意识的本质及其构成体系问题，道德意识与道德教育、道德修养的关系问题，道德发展的规律性问题，科学人生观问题，如此等等。对于这些问题，书中都运用马克思主义伦理学的理论作了深入细致地回答，给予了科学的解决。

李奇通过自己对历史上出现过的种种道德学说的整理总结，以及对马克思主义道德学说的深入研究，为新中国的马克思主义伦理学构筑了一个体系框架。她和其他著名的伦理学者，如冯定、周原冰、罗国杰等一起，和许许多多其他伦理学者一起，共同为新中国的马克思主义伦理学奠了基。在中国伦理学史上，特别是在新中国的马克思主义伦理学发展史上，已经永远镌刻上了她的名字。今天我们重读李奇的著作，也许还能发现当时社会的若干迹影，也许我们会觉得内容上已经不甚新鲜，许多早已成为人们熟悉的真理，甚至在形式表述上也与现在不大一致，但是，历史毕竟是历史，真理毕竟是真理，它们对于人们的启迪任何时候都具有永恒的价值，更何况，我们还能够从这些著作中了解中国伦理学发展的一段重要历程，了解李奇同志五十多年来从事学术研究的一贯精神，那就是坚持马克思主义的唯物史观的指导，坚定地立足于中国社会主义建设的现实和实践，这种精神是值得我们继承和弘扬的。

尤其值得指出的是，李奇不但是一位马克思主义伦理学的研究者，她更是一位社会主义和共产主义道德的实践者。在事关原则的大问题上，她是非分明，绝不苟且，而在思想作风上，她又特别民主。在研究生的讨论课堂上，她可以始终微笑地听取与自己并不完全相同的观点，并且给予高分。对于工作，她一向严肃认真，细致严密，不论查资料还是写文章，一切都事必躬亲，一丝不苟。但是在日常生活中，她却异常地朴素温厚，自己生活得特别简单，却关心照顾周围的每一个人。她的道德榜样永远记在她的同仁和学生们的心中，记在每个见过她，或者与她有过交往的人们的心里。

陈瑛　鲁芳
2003 年 3 月

谈谈个人利益和个人主义

　　个人利益和个人主义是两个不同的概念。一般说来,个人主义是资产阶级的思想体系和道德学说,在过去反对封建主义、反对神权思想起过进步的革命的作用。资本主义进入帝国主义时代,它就成为资产阶级残酷剥削无产阶级和广大劳动人民的思想工具,腐蚀人民灵魂的毒素;特别是在社会主义社会里,则是反对社会主义、复辟资本主义的思想武器,破坏无产阶级集体主义的道德学说。个人利益则不同,它是一定时代、一定社会制度下的个人社会生活需要。由于时代和社会制度的不同,个人利益的内容和性质也不同;但是,它总是任何社会生活中所不能缺少的东西。所以,当我们批判个人主义的时候,决不能把个人利益和个人主义混同起来加以批判或忽视。当然,我们也决不能忘记,个人利益也是个人主义思想和道德学说中的一个基本概念,稍一不慎,就很容易在个人利益的认识和处理上陷入个人主义的错误。特别是在我国经济上的社会主义改造基本完成之后,人和人之间的关系,虽然由于所有制根本改变了也随之有了根本变化,但是资产阶级个人主义思想观点,还普遍地残存在人们的思想和习惯当中。因而,对个人利益的认识和处理上,就难免还是用旧的个人主义思想，结果不仅个人要犯错误，而且还会形成一种抗拒无产阶级集体主义思想和道德教育的社会力量，阻碍整个社会主义革命和社会主义建设的迅速进展。由此看来，正确地认识个人利益这一概念，对划清资产阶级个人主义和无产阶级集体主义这两种对立的阶级道德的思想界限，对扫荡资产阶级个人主义思想，是极为重要的一个环节。

一

个人利益是哲学社会科学中经常遇到的一个重要概念；同时这一概念又是反映在人们头脑中的一种社会事实。所以在普列汉诺夫还是一个马克思主义者的时候曾指出："个人利益并不是一条道德诫命，而只是一件科学事实。"① 整个人类社会的历史文明也证明，利益是和历史的发展运动联系在一起的。马克思和恩格斯早在《共产党宣言》中就指出："至今发生过的一切运动都是少数人的运动，或者都是为少数人谋利益的运动。无产阶级的运动是绝大多数人为绝大多数人谋利益的独立自主的运动。"② 人类在原始社会里，个人和氏族集体是根本分不开的，当然也无所谓个人利益和集体利益的问题。随着分工的发展产生了私有财产，也就产生了个人利益或单个家庭的利益和所有相互交往的人们的共同利益之间的矛盾。有矛盾就有斗争，有斗争就有革命运动，因为"每一个社会的经济关系首先是作为利益表现出来"。③所以不管历史上任何形式的革命运动，总是由于人们的物质利益

①　《普列汉诺夫哲学著作选集》第 2 卷，三联书店 1961 年版，第 92—93 页。
②　《共产党宣言》，《马克思恩格斯全集》第 4 卷，第 477 页。
③　《论住宅问题》，《马克思恩格斯全集》第 18 卷，第 307 页。

之间的冲突引起的，而不是从人们的观念引起的；各种社会中的人们的思想观念的东西，总是和一部分人的个人利益联系着的，或者说由某一部分人的利益所决定的。不过有些剥削和压迫阶级不肯明白说出来，而要用一些神秘的宗教或唯心论的东西掩盖着。出现了资产阶级之后，随着经济关系的简单化（有产者的资本和无产者的雇佣劳动的关系），科学文化的发展，资产阶级的思想家才公开在思想体系中提出了利益原则。爱尔维修以英国洛克的唯物主义学说为出发点，并且运用到社会生活方面，认为感性的印象和自私的欲望、享乐和正确理解的个人利益，是整个道德的基础。霍尔巴赫则提出"利益就是人的行动的唯一动力"。"在世界上，全然没有利益心的人是绝对没有的。"[①] 至于以后其他资产阶级思想家的思想体系中，个人利益更是成为一个普遍的原则。不过资产阶级提出的利益原则是从人是一种有感觉有理性的东西这一命题出发的，也就是说，从抽象的人的生理和心理机能出发，从感觉经验中认识到利益原则对人们的社会行动的重要意义。但是，资产阶级所看到的利益是在私有制的社会基础上产生的，所以他们所说的利益只能是私人利益，是建立在唯心史观的理论基础上的。而无产阶级的思想家所讲的利益则与此不同，"我们的出发点是从事实际活动的人，而且从他们的现实生活过程中我们还可以揭示出这一生活过程在意识形态上的反射和回声的发展。甚至人们头脑中模糊的东西也是他们的可以通过经验来确定的、与物质前提相联系的物质生活过程的必然升华物。"[②]因此马克思主义的创始人，用辩证唯物主义的观点来分析论述社会一切活动的实质；谈到工人阶级政治觉悟的发展水平时，是以

---

① 　霍尔巴赫：《自然体系》上卷，商务印书馆 1964 年版，第 271 页。
② 　《德意志意识形态》，《马克思恩格斯全集》第 3 卷，第 30 页。

是否认清了自己阶级的利益以及阶级利益和人类解放的利益的联系为标准的。恩格斯指出："在伪善地掩饰着工人的奴隶地位的宗法关系下，工人不能不仍然是一个精神上已经死亡的、完全不了解自己的利益的十足的庸人。只有当他和自己的雇主疏远了的时候，当他明显地看出了雇主仅仅是由于私人利益、仅仅由于追求利润才和他发生联系的时候，当那种连最小的考验也经不起的虚伪的善意完全消失了的时候，也只是在这个时候，工人才开始认清自己的地位和利益，开始独立地发展起来，只是在这个时候，他才不再在思想上、感情上和要求上像奴隶一样地跟着资产阶级走。"① 工人发展的水平是直接取决于他们和工业的联系，最清楚地最早地意识到自己的利益的是产业工人、矿业工人等等。所以恩格斯在《致大不列颠工人阶级》的信中，高度地评价当时英国工人阶级说："你们是意识到自己的利益和全人类的利益相一致的人，是一个伟大的大家庭中的成员。"② "没有共同的利益，也就不会有统一的目的，更谈不上统一的行动了。"③

由此可见，清楚地正确地认识到自己的阶级利益和个人利益是什么，认识到个人利益和社会共同利益之间的关系，是一个阶级成熟的标志，也是一个人阶级觉悟高低的标志。不过由于各个阶级所处的阶级地位不同，那么，各个阶级的利益观也不同罢了。所以马克思说："'思想'一旦离开'利益'，就一定会使自己出丑。"④ 个人利益这一概念，是不容回避和忽视的。它是唯物主义理论的出发点，也是历史上一切革命运动的最初起因；同时又是社会科学思想史上不同学派的思想斗争的实质。因为由于

① 《英国工人阶级状况》，《马克思恩格斯全集》第2卷，第408—409页。
② 同上书，第277页。
③ 《德国的革命与反革命》，《马克思恩格斯全集》第8卷，第13页。
④ 《神圣家族》，《马克思恩格斯全集》第2卷，第103页。

不同阶级对个人利益的看法和它的实际内容，随着社会的不断发展有着不同的变化；因为个人利益这一概念是现实利益在人们思想上的反映。所以在资本主义时代对个人利益的看法和处理，就分为两大对立的思想体系，表现在道德科学上，就是资产阶级的个人主义利益观和无产阶级集体主义利益观的对立。

二

资产阶级个人主义道德学说，首先是把它的理论基础建筑在人性论上。把"人"看做孤立的、抽象的与现实社会整体隔绝的生物个体；"人"是有感觉有智慧有理性的以及有灵魂的东西。当时资产阶级是以人的这种生理和心理特征来对抗神权主义者，把"人"从"神"（上帝）的统治下解放出来。所以他们强调"人"的"天性"或"本性"，他们认为人生来就有趋乐避苦的天性，所以人生来是"利己"的。如霍尔巴赫认为："人是一个有感觉、有理智、有理性的东西。有感觉的东西，就是凭着自己的本性、构造、机体，能够感受快乐、感觉痛苦，并且由于自己的本质本身，不得不寻求快乐、逃避痛苦的东西。一个有理智的东西，就是为自己提出一个目的，并且能够采取各种适于达到这个目的方法的东西。一个有理性的东西，就是能够凭着经验选择最可靠的方法来达到自己提出的目的的东西。"[1] 这种理论从哲学上看是唯物的，他把人的精神活动都看做人的感觉的作用；但从社会历史观上看，它是唯心的，认为人的社会活动都是人的主观感觉、理性决定的，所以在他们看来，人生目的就是人的感觉和理性为自己提出来的追求快乐。

① 霍尔巴赫：《社会体系》第六章，见《十八世纪法国哲学》，第649页。

其他资产阶级思想家也都是从这样孤立的个人本性出发，认为每个人都有"利己"的"天性"，都有满足这种本性的天赋予的平等权利。以所谓"个人的自由以他人的自由为界限"，给每个人画上一个小圈子，每个人就在"不妨害"他人的小圈子里，任意地追求个人快乐或幸福，可以不发生冲突。大家知道，实际情况当然是和这种主观意愿相反的。每个人只要真的按照"平等"权利，去专为追求个人快乐行事，就一定要侵害别人的利益。恩格斯曾说："当一个人专为自己打算的时候，他追求幸福的欲望只有非常罕见的情况下才能得到满足，而且决不是对己对人都有利。"①

为了便于说明起见，我们不妨以资产阶级进步时期的法国人权宣言为例，看看个人主义的道德思想，怎样巧妙地把"人"封闭在一个具有魔力的圈子里。1793 年，法国《人权宣言》第一条规定，"政府是为保障人们享受其自然的和不可动摇的权利而设立的。"第二条，"这些权利就是平等、自由、安全与财产。"第六条，"自由就是属于各人得为不侵害他人权利的行为的权力；它以自然为原则；以公正为准则；以法律为保障；其道德上的限制表现于下列格言：己所不欲，勿施于人。"第十六条，"所有权就是各个公民有随意享受和处理其财产、收入、劳动成果和实业成果的权利。"② 对这些法律条文，必须从它规定的这些权利的实际运用中去认识其实质。这些权利的实质就是财产权的神圣性。但是，只要财产权归私人所有，那么，上面列出的条文规定的界限就是无法实现的。恩格斯在批判费尔巴哈的道德观时，有

① 《路德维希·费尔巴哈和德国古典哲学的终结》，《马克思恩格斯全集》第 21 卷，第 331 页。

② 《十八世纪末法国资产阶级革命》，三联书店 1957 年版，第 110—112 页。吴绪、杨人楩译。

一段极生动而深刻的话，揭露资产阶级道德的个人主义实质。他说："如果我追求幸福的欲望把我引进了交易所，而且我在那里又善于正确地估量我的行为的后果，这些后果只使我感到愉快而不引起任何损失，……我也并没有因此就妨碍另一个人追求幸福的同样的欲望，因为另一个人和我一样地是自愿到交易所里去的，他和我成立投机交易时是按照他追求幸福的欲望行事，正如我是按照我追求幸福的欲望行事一样。如果他赔了钱，那么这就证明他的行为是不道德的，因为他盘算错了，而且，在我对他执行应得的惩罚时，我甚至可以摆出现代拉达曼的架子来。"①

这段话，彻底揭穿了资产阶级的人权和道德的本质。原来这些"自由"的界限和个人主义的道德格言，只不过是掩盖剥削和美化抢劫的魔杖，而施术的法宝就是私人财产权。只要你有财产，就会从"随意享受和处理其财产权"的法术里发射出那个美丽夺目的道德魔圈，使人们把剥削和抢劫都看成是最贤能、最道德的行为。有财产的人们，不仅可以得到奢华的物质享受，而且还可以得到最高的地位和荣誉；不仅可以操纵别人的快乐和幸福，而且还可以收买别人的良心。然而没有财产的人，则仅仅有被"财产权"所奴役和折磨的"自由"和"人权"。他们整天勤劳地创造财富，丰富人们的生活内容，推动社会的发展；但是，自己却连最低限度的生活资料都很难得到。他们的"劳动成果"的"随意享受和处理权"，就在这个"己所不欲，勿施于人"的道德王冠下面，被"不侵害他人"的圣光圈所照耀，变成了有财产者的"实业成果"。无产者不仅不能"随意享受和处理"自己的"劳动成果"，就连说一声"你抢劫我的'劳动成果'"都是违法的和不道

①　《路德维希·费尔巴哈和德国古典哲学的终结》，《马克思恩格斯全集》第21卷，第332—333页。

德的。原来资产阶级所宣扬的"平等"、"自由"和"快乐"、"幸福"，实质就是如此。所谓"个人自由以他人自由为界限"，或"己所不欲，勿施于人"这个封闭个人的圈子，是为了便利于和保障"随意享受、处理财产权"的虚幻的法术，为了巩固资本主义制度，保障最大利润的追求。因此，这种道德学说中的"个人利益"的实质，是以侵占别人的利益为基础的。资产阶级"功利主义"者约翰·密尔就是公开这样论述的："在许多事情中，个人在追求一个合法目标时，必不可免地因而也就合法地引起他人的痛苦和损失，或者截去他人有理由希望得到的好处。"① 这就是说，资产阶级个人主义的个人利益的实质是以剥削别人利益为基础的、自私的，不道德的。但是它是以"合法"形式和"自由"、"平等"的美妙词句掩盖着，所以它是虚伪的、欺骗的。实际上，资本主义社会里真正得到个人利益的，只是少数资产阶级；而广大的工人阶级和劳动人民则是个人利益的丧失者。甚至中、小资产阶级也不得不因财产的数量小而竞争失败，丧失个人利益。

其次，个人主义在处理个人利益和社会集体利益的关系上，则以个人利益高于社会集体利益，个人利益高于一切。霍尔巴赫认为，"人在他所爱的对象中，只爱他自己"；"人在自己的一生中一刻也不能脱离开自己，因为他不能不顾自己。""不论在任何时候和任何地方，都只是我们的好处、我们的利益……驱使我们去爱或去恨某些东西。"② 边沁把自由竞争看做道德的实质，以个人利益当做公共利益的基础。他认为个人利益是惟一现实的利益。资产阶级的思想家们就是这样把自私自利当作人的天性，来为资本主义的自由竞争和自由剥削做辩护的。在这种前提下，"自我中

---

① 约翰·密尔：《论自由》，商务印书馆1959年版，第102页。
② 霍尔巴赫：《社会体系》，转引自《马克思恩格斯全集》第2卷，第169页。

心"、"自我扩张"或"自我实现"等等利己主义理论，便成为人生的指导思想。人们这种"自我扩张"的思想行动彼此相遇时，一定发生冲突和斗争，斗争的结果，必然是条件优越的"自我"，获得胜利而占有失败的"自我"的利益，或者是失败的"自我"被胜利的"自我"所奴役为更大的扩张服务。从整个社会来说，胜利的"自我集团"，便是"最优秀的"、"最智慧的"、最善于"估量自己行动后果"的"有道德的"集团；失败的"自我"集团，便是"劣等的"、"愚蠢的"、"不善于估量自己行动后果"的"不道德的"集团。优胜集团当然应该奴役、统治劣败集团。这是和自然界一样的永恒不变的社会规律。这不正是资本主义社会的自由竞争、优胜劣败和弱肉强食的实际生活的写照吗？私有制存在一天，这种个人利益第一的个人主义思想就不可能消灭。

在社会主义社会里，如果不认真学习，在实际生活中坚持个人利益第一的个人主义，甚至可能走向反对社会主义、反对革命的道路。有些人总是向党向人民要求更大的报酬，要党和人民服从他们个人的欲望。如果一时满足了他们的欲望，给了他们荣誉和信任，他们就自命不凡，目空一切，认为全是自己的"天才"和"自我奋斗"来的，与党的领导、培养，人民的支持以及整个社会主义制度的优越条件等等都无关。他们看不起党，看不起群众，并且要挟党和人民给予他们无限量的报酬。如果不能满足他们的个人欲望，便恶毒地攻击党和社会主义制度。由此也可以看出，个人主义的"个人利益"的剥削、投机取巧的实质和社会主义制度是水火不相容的。

再其次，个人主义的道德学说以人性论为基础，是享乐主义的，认为趋乐避苦是人的本性，以追求快乐为人生目的。因此认为能促使个人快乐的就是个人利益，就是道德的；使人痛苦的就不是个人利益，是不道德的。快乐是最大的个人利益，最高的道德标准。当然，不能否认人类有追求幸福生活的共同愿望，而且共产主义道德观就是为实现全世界绝大多数人的最大幸福这一最高理想服务的。问题不在于是不是人有追求幸福和快乐的共同愿望，问题在于追求什么样的快乐和幸福。就是说，快乐本身是人的主观感觉，物质生活条件不同，人的主观感觉也就不同，所以不能作为衡量道德的客观标准。

资产阶级个人主义道德观认为，"不劳而获"是人生最大的快乐和幸福，劳而少获或劳而不获，是最大的耻辱和不幸。所以它认为"好逸恶劳"是人之"常情"或"天性"，顺乎这种"常情"或"天性"就是道德，逆于这种"常情"或"天性"就是不道德。他们认为，达到快乐或幸福的途径，不是自己劳动创造，而是对别人劳动的成果的占有。就像恩格斯所说的，"在资产阶级看来，世界上没有一样东西不是为了金钱而存在的，连他们本身也不例外，因为他们活着就是为了赚钱，除了快快发财，他们不知道还有别的幸福，除了金钱的损失，也不知道还有别的痛苦。"① "归根到底，惟一决定性的因素还是个人的利益，特别是发财的渴望。"② 因为除了现金交易外，他们不承认人与人之间还有其他任何联系。"甚至他和自己的老婆之间的联系百分之九十九也是表现在同样的'现金交易'上。"③ 因此，劳动在资本主义制度下，只是一部分人的生存手段，而不是人们的生活需要。只有金钱才是惟一的生活需要和快乐的源泉，也就是"个人利益"的源泉。金钱所能满足的需要，可以有物质的，也可以有精神的。但从现代资产阶级或个人主义者所追求的实际快乐和幸

---

① 《英国工人阶级状况》，《马克思恩格斯全集》第 2 卷，第 564、565 页。
② 同上。
③ 同上。

福看来，主要是物质生活享受和肉体的刺激。比如，"名"和"利"是个人主义者生活的第一需要，"名"似乎是精神上的享受，然而他们所追求的"名"，常常是和"利"结合在一起的，不"利"或无"利"的"名"，他们是不追求的。至于资产阶级的文化生活或精神食粮，也多是一些单纯的冒险、色情以及疯狂的单调的无意义的故事和形象，目的只在于满足生理上的刺激。大家所反对的阿飞舞，就是资产阶级精神需要的典型。这种快乐的内容，就是个人主义的"个人利益"的具体内容。不仅资本主义国家的个人主义者所追求的个人利益是如此，就是我国所揭发出来的腐化堕落的个人主义者所追求的个人利益也都是名誉、地位和腐朽的享乐生活，甚至有的还公开提出"为人民币而奋斗"。事实证明，这种个人利益不仅不能成为个人和社会成长和发展的需要，而且是腐蚀人类道德和思想的毒菌。谁要是沾染上这种毒菌，就要使人的思想腐化、霉烂以致死亡。所以个人主义的个人利益的实质和内容，不仅是建立在剥削别人劳动成果的基础上的，而且是贫乏的、片面的、低级趣味的、腐化的、单纯的物质享受和任性。

这种个人主义的"个人利益"对社会主义社会整体说来，起着分裂和破坏的作用，和社会主义社会的集体利益是不相容的。所以在社会主义制度下，必须消灭这种个人主义的"个人利益"。

三

无产阶级的集体主义道德学说中的个人利益的内容和实质，同上面所谈的资产阶级个人主义的"个人利益"根本不同。

首先，无产阶级集体主义道德观的理论基础是历史唯物主义。根据人类社会发生发展的史实，马克思列宁主义者认为，

"人"总是生活在一定生产关系之中的，是有社会性的。就是说，人和动物的根本区别，在于人是能够制造工具和使用工具劳动创造自己生活资料的，是依靠有组织的社会分工的共同劳动生产而生活的生物，不是脱离社会集体的孤立的可以生活的抽象的生物。这种分工协作的社会组织，打破了个人身体器官的局限性，从而战胜了其他动物和逐渐征服了自然界，来为人类的理想生活服务。所以，集体主义道德观认为，每个人的思想行动和物质生活，都是一定时代、一定社会制度下一定社会关系等社会性因素在个别社会成员身上的体现。也就是说，从一个人的思想行动和物质生活条件以及生活方式，可以判断他所生活于其中的社会性质，是封建主义，还是资本主义；他本人是剥削阶级还是被剥削的劳动人民。所谓抽象的、孤立的、任何社会痕迹都没有的"人"是没有的。实际上，资产阶级所设想的鲁滨逊这类人物，不仅带着他原有的社会文化（他带了四五支枪上岸的）使他在荒岛上生活下来，而且当他遇到第二个人——礼拜五的时候，他便用文明社会里别人所制造的枪征服了礼拜五，并迫使他做了自己的奴隶，他们之间便发生了主人与奴隶的社会关系，物质生活也有了一定的变化。这正是不打自招地说明，人是不可能不生活在一定社会关系之中的。也就是马克思所说的，"人的本质是一切社会关系的总和"。人们的个人利益总是彼此相关联的。无产阶级的个人利益，在剥削阶级统治的社会里是无法实现的，因为已变为剩余价值被资本家阶级所侵占了去。只有到了社会主义社会无产阶级变为统治阶级以后，才能实现个人利益。

在社会主义制度下，人的社会生活内容是极其丰富的，一个人的能力所贡献给社会的，只能是生活需要中的极微小的一部分，而大部分生活需要是靠各行各业的人的贡献才能解决。所以，任何简单的社会生活都是由全体社会成员的劳动成果相交换和协助来满足的；个人的生活利益就是社会的需要，不是个人主观所能决定的。因此无产阶级的集体主义道德观认为，个人利益是社会集体利益的体现。为了实现个人的远大的美好生活理想，必须首先从建立和发展社会主义集体利益做起，因为无产阶级的个人利益，是在无产阶级和全体劳动人民的解放斗争中，在建立无产阶级政权和社会主义建设过程中获得并提高的。无产阶级和广大劳动人民的个人利益，是建立在自己劳动的基础上的。在他们的长期的劳动和斗争的生活里，自觉地认识到个人利益不可能离开社会集体利益，更不可能超越于社会集体利益之上。因此，无产阶级的集体主义道德观认为，个人是社会集体同人的个体的矛盾统一，个人利益和社会集体利益也是矛盾的统一。个人利益之中，包括着社会集体的需要和个人的欲望；包括着自己的劳动创造和自己应得的生活享受；包括着权利也包括着义务；包括物质的也包括着精神的。这种个人利益是全体社会成员都能有保证地得到适当满足。所以，无产阶级集体主义道德中的个人利益，是个人和社会集体的劳动贡献与相应的需要的统一。它具有反对剥削的性质，对革命人民和社会起着团结和发展的重大作用。这和个人主义的"个人利益"，没有任何共同之处。无产阶级集体主义的个人利益服从社会集体利益；而个人又只有在集体中才能获得全面发展其才能的手段，只有在集体中才可能有个人自由。在社会主义社会里，个人利益和社会集体利益所以是一致的，是因为所有制的根本改变——私有制变为公有制，使社会集体（即国家形式）变成了真实的集体，即代表各个社会主义社会成员利益的集体；因此，各个社会成员的个人利益之间，各个社会成员的个人利益和社会集体利益之间，从根本上一致起来了。所以无产阶级集体主义者的个人利益是在为实现社会主义集体利益的斗争中实现的。毛泽东同志指出："反对自私自利的资本主义的自发倾向，提倡以集体利益和个人利益相结合的原则为一切言论行动的标准的社会主义精神，是使分散的小农经济逐步地过渡到大规模合作化经济的思想的和政治的保证。"① 在这里，毛泽东同志明确地提出了无产阶级集体主义道德原则——集体利益和个人利益相结合的原则为一切言论行动的标准。这里所提的两种利益相"结合"，既包含了社会主义集体利益高于个人利益；又包含了在提高集体利益的过程中必须注意同时提高个人利益；这样使农民逐步认识到农民群众的个人利益和社会主义社会的集体利益的统一关系，从而改造小农经济为大规模的合作化经济。这是一个无产阶级思想和资本主义思想的斗争过程。这一言行标准，既是农民群众应遵守的，又是农村工作干部应该遵守的社会主义道德准则；同时它也是社会主义社会不可违反的农村经济政策，因为它是符合客观规律的。

中国共产党和她所领导的无产阶级和广大劳动人民，在我们的民主革命和社会主义革命的整个过程中，逐步树立起无产阶级集体主义道德观，出现了无数为实现社会主义建设和保卫社会主义祖国的英雄模范。这些忘我地劳动和战斗的人们，都有强烈的追求幸福生活的愿望，不过他们所追求的幸福生活，是属于不可分割的全体劳动人民的。也就是说，为绝大多数人谋幸福是无产阶级及广大革命人民的道德理想。所以这种自我牺牲的精神，既不是资产阶级利己主义者能做到的，更不是迷信、悲观的殉道者所能理解的。而只有为了实现所有被剥削、被压迫的人民解放和幸福，为了促进人类社会的发展的伟大的革命战士，才能不惜牺牲自己的个人生命、健康和一切享受。因此，自我牺牲精神是无产阶级集体主义道德思想所特有的崇高德性。

① 《〈中国农村的社会主义高潮〉的按语》，《毛泽东选集》第5卷，第244页。

　　由此可见，无产阶级集体主义道德观中的个人利益这一概念，是从科学的唯物史观的理论出发，而不是从唯心史观的人性论出发，因此无产阶级的"个人利益"观，是按照社会发展的客观实际去理解，按照社会发展的客观规律去解决个人利益和社会集体利益之间的根本对立。以社会发展的利益为基础，个人利益必须服从社会集体利益的道德准则，是符合社会生活中的客观辩证规律的。只要人们认识了这一规律，就会成为社会主义社会的人民的道德规范和习惯。

　　其次，无产阶级集体主义道德中的"个人利益"概念，是以自己的劳动为基础的。"各尽所能，按劳分配"，正好体现了无产阶级个人利益观的实质。如果把个人分配所得作为个人利益的话，那么它的基础首先是"各尽所能"，然后还要看你劳动的成效如何；这是社会主义社会时期的分配原则。到共产主义高级阶段实行"按需分配"，仍然还是以"各尽所能"为基础，那时的个人利益和社会集体利益就完全一致了，即恩格斯所说的，"公共利益和个人利益已经没有什么差别的社会"了。这就是无产阶级要最终建成的没有剥削没有阶级的共产主义社会。从道德方面说，促进实现这一社会的言行就是道德的，妨碍这一社会的实现的言行就是不道德的。所以无产阶级集体主义道德标准，不是主观的苦、乐感觉，而是客观的社会发展的需要。促使社会主义社会集体利益的发展的手段，是诚实的辛勤的劳动和团结奋斗。只有在这种热情地为集体事业的劳动中，才能产生真正的快乐和幸福，所以说到共产主义社会，劳动便成为人生的第一需要，而不再是谋生的手段。在社会主义制度下，劳动不仅是人民的义务，同时也是人民的权利。劳动就是无产阶级集体主义道德理想的快乐和幸福的主要内容，也是快乐和幸福的源泉。由此可见，集体主义的个人利益的中心内容是劳动创造社会财富，而不是占有金钱或私有财产和个人享受。建筑在为绝大多数人谋幸福而劳动的基础上的个人需要，一方面是提高劳动效果所必须的物质和文化条件；另一方面，是根据劳动成果所得到的"评价"。就是说，劳动得好、贡献大，人民给予的评价就高，获得的物质、文化条件就好，社会地位和荣誉也就相应的高，从而劳动的能力提高也就快；若是劳动不好，贡献小，人民给予的评价就低，获得的物质、文化条件就差，社会地位和荣誉也就相应的低，从而劳动能力的提高也就可能慢。因此，无产阶级集体主义道德的个人利益的内容，首先是有没有忠实有效的劳动，是否尽了自己所能；其次才是物质、文化条件的需要。而这种物质、文化的报酬和荣誉、地位，虽然从形式上看，和资产阶级个人主义所追求的"个人利益"的内容有某些相似，但在实质上则是与个人劳动的情况紧密联系着的，同个人主义的总想少劳多得、投机取巧等取得的个人利益根本对立的。所以无产阶级的"个人利益"给予劳动人民的快乐和幸福，是复杂的、丰富的、高级的；绝非资产阶级个人主义的单纯享乐所可比。例如，我们社会主义社会的劳动模范和先进工作者，他们为了社会主义革命和建设，日夜不息地搞技术革新，提高劳动生产率，一年完成几年的工作量，因而对社会主义建设有了巨大的贡献，全国人民都知道了他们的名字和事迹，把他们当作自己学习的榜样；同时国家也给予应得的物质奖励。这样的荣誉地位和物质奖励，在他们思想上，不是事先追求的目标，而是他们的卓越的劳动应有的结果。所以在集体主义者思想上只起一种快慰、鼓舞和鞭策的作用，而不是骄傲和享乐的反应。因此，他们的劳动能持久不懈而且更加努力前进。可是有个人主义思想的人就不能这样，他在工作之先，首先把荣誉地位和物质文化报酬放在眼前作为奋斗目标，然后想办法去寻找社会主义社会的需要，作为达到个人"名利"目标的道路。并且为了最容易地达到个人目的，挑拣工作岗位和工作任务，争取方便条件，寻找各种空隙投机取巧，或决心下最大本钱苦干一阵子，取得一定成绩之后，就要求闻名全国和得到最大的报酬。这种资产阶级个人主义的手法，对群众对领导也可能欺骗一时，但最后终归要真相毕露而垮台的。

事实证明，那种为实现人类社会理想而忘我地辛勤劳动的个人，是社会主义社会集体的组成部分，是不可能被社会集体和广大人民所忘记的；而为个人主义的个人"名利"而个人奋斗一时的人物，必然为广大劳动人民所唾弃。这就是社会生活中的辩证法，就是实践对人们思想意识的考验。

四

根据以上两种道德思想的对比，个人利益这一道德概念，在资产阶级个人主义道德思想体系中和在无产阶级集体主义道德思想体系中，其内容和性质都有原则的区别。个人主义道德学说，是以私有制为社会基础的，所以一切从个人私利出发，是自私自利的、为剥削制度服务的，是虚伪的腐朽的。它的基本概念的内容和性质，也一定是带有自私利己、剥削、虚伪和腐朽本质的。无产阶级集体主义道德思想体系，是以社会公有制为基础，为无产阶级和广大被压迫人民解放事业服务的，所以是忘我无私的，是反剥削反压迫的，科学和进步的。因而它的基本概念的内容和性质，也和思想体系本身的性质完全一致。因此，我们对于"个人利益"的认识，决不能因为它是两种道德思想体系所共用的概念，而对其内容和性质的界限有所混淆和忽视。如果界限不清，不是把个人利益当做个人主义加以反对和抹杀；就是片面地强调个人物质利益、迁就落后，助长个人主义的滋长。这两种情况，都是对社会主义社会发展不利的，对无产阶级集体主义道德的成长、提高不利的。

我们在社会主义革命和建设的过程中，划清两种对立的"个人利益"的思想界限，对于消除资产阶级个人主义思想和道德习惯，对于树立共产主义人生观、道德观，是不可忽略的重要问题。

（发表于 1958 年 3 月 30 日《光明日报》）

动机和效果的辩证关系

一

我们评价一个人的行为的好坏，是看他的行为的动机，还是看他的行为的效果？这在伦理学史上是关于道德评价问题中的一个重要问题，也是众说纷纭、争论不休的问题，而且是在马克思主义出现之前，没有得到科学解决的重要问题之一。马克思主义揭示了人类社会和社会生活的客观规律之后，从而也使伦理学的研究发生了根本性的变革。毛泽东同志根据马克思列宁主义和中国革命的实际经验对于伦理学的道德评价问题，即动机和效果问题做出了科学的论断，使这一长期争论不休的问题，获得了明确的科学答案。毛泽东同志在《在延安文艺座谈会上的讲话》中指出："这里所说的好坏，究竟是看动机(主观愿望)，还是看效果(社会实践)呢？唯心论者是强调动机否认效果的，机械唯物论者是强调效果否认动机的，我们和这两者相反，我们是辩证唯物主义的动机和效果的统一论者。为大众的动机和被大众欢迎的效果，是分不开的，必须使二者统一起来。为个人的和狭隘集团的动机是不好的，有为大众的动机但无被大众欢迎、对大众有益的效果，也是不好的。检验一个作家的主观愿望即其动机是否正确,是否善良,不是看他的宣言,而是看他的行为(主要是作品)在社会大众中产生的效果。社会实践及其效果是检验主观愿望或动机的标准。"① 这是根据马克思列宁主义的实践观点,对人们的行为规律所做出的科学结论。

辩证唯物主义者是革命的实践家,着重实效,反对不切实际的幻想和空谈。真正为人民服务的善良愿望,必须老老实实地付诸实践,并力求在实践中获得对人民大众有益、为人民大众欢迎的效果。这对每一个革命者说来,是一切生活实践的根本原则。自己树立了共产主义世界观之后,就应该时刻注意如何使自己变为一个言行一致和名副其实的革命战士。怎样才能在实践中获得与自己的善良愿望相应的效果呢?这需要正确地认识和正确地处理动机和效果的辩证统一关系。否则就不易收到所预期的良好效果。"社会实践及其效果是检验主观愿望或动机的标准"这一命题,充分体现了主观动机和客观效果的辩证统一关系。和单凭效果判断行为好坏的机械唯物主义者不同,辩证唯物主义者通过实践过程及其效果来检验动机的真实情况,然后把动机和效果统一起来对行为做出结论。这样既可以分辨出真正的善行和恶行的区别,又可以检验出效果不符合动机的两种行为,即所谓"好心做了坏事"和所谓"歪打正着"(不良动机反而得到好的效果)的原则差别。因此辩证唯物主义者这一检验行为动机的标准,是和形而上学的效果论者、功利论者根本不相同的。

二

为了弄清动机和效果的辩证统一关系,首先简单地说明一下

---

① 《毛泽东选集》第3卷,人民出版社1966年版,第825页。

行为的发展过程是必要的。这里可能涉及到许多心理学的知识，如有错误，希望心理学界的同志们帮助纠正。

一般地说，动机鼓励人拟定各种目的或任务，然后根据目的或任务制订出行动的计划方案才能开始行动。所以不了解主观动机就很难了解行为的真正意义。动机实际上是趋向一定目的的主观意向或愿望。这种主观愿望或动机是以个人的社会生活需要为前提的，这种需要将形成人们的兴趣、感情、观点、理想和世界观；而人们的行为动机即产生于这种需要、兴趣、理想和世界观中，所以动机和一个人的立场、观点是分不开的。如果从道德的行为动机来说，道德观是行为动机的思想基础。一种道德行为的动机的产生，总是由它所认定的道德准则所决定的。比如，一个极端利己主义者绝不会产生为集体利益而自我牺牲的动机；一个真正的共产主义者也不会产生损人利己的动机。这样看来，一个人的行为动机的正确与否，善良与否，是和对客观世界的认识、对道德准则的认识的正确与否有密切关系的；但决定的因素是一个人的阶级立场。一个人的行动总有一定的社会意义，因为人总是生活在一定的社会关系当中；所以道德行为的动机的特点就在于事先认识到了自己行动的社会意义。

一个人的行为的动机，不只是一个空洞的意向或愿望，而是意欲由自己的行动去实现自己所预想的目的。因此，在行动之前，动机的决定要经过一个复杂的思考过程，才能做出行动的决定。在这一思考过程中，首先考虑到的是要完成哪些任务？这些任务的完成，对自己对社会和人民群众或个别人有什么意义？有什么利害关系？就是说，首先要顾及到将来的后果；其次要考虑用什么方法去完成这些任务，主观条件和客观条件如何；第三要考虑到可能遇到什么困难和如何克服困难。经过这些考虑之后所作出的行动的决定，就是行动计划方案。这种行动方案有时是比较长的复杂的活动过程，有时是比较简单的短时间的活动过程。最后行动计划决定了，才是按照主观意图的行动的开始。

在实践活动中也还有许多问题，因为它是一个主观与客观的统一的过程。在这个过程中会有许多预料不到的情况和困难，这就需要临时改变原定计划。有时客观情况的变化又会引起某些自己不能完全控制的冲动，这种冲动往往会打乱既定计划，破坏预期的效果。有时遇到较大困难还会使原来正确的主观意向，不能坚持或因缺乏应付突然变化的经验和技能而影响效果。所以有了正确的动机和行动方法之后，在实践中还会发生各种意料不到的变化。

一个行动完成之后，即会产生一定的效果。而效果有时可分为直接效果和间接效果（即社会影响），或较深远的影响。有的行动的直接效果没有道德意义，而道德意义是表现在它的间接效果上。如工人的生产活动的直接效果即产品质量的好坏，当然也可以有劳动态度和责任心的评价，但真正的道德意义却在产品的间接效果，即影响到国家建设、人民生活以及人民的生命财产的损失上。有的行动的直接效果就有道德意义，因为这种行为本身就属于道德范围。例如，遵守纪律、对待社会主义公共财产的态度，对待敌人的态度等等，不仅间接效果有深刻的道德意义，而且它的直接效果就是道德规范问题。但是行为的直接效果和间接效果有时不是完全一致的。有时直接效果还不错，但间接效果却很不好；有时直接的目前的效果不很好，而从长远看却有深远的意义。分清这些复杂的情况，对于进行共产主义道德教育是有好处的。

以上就是我对行为过程的初步理解。如果这种理解不错的话，那我们就可以根据这种行为过程来研究动机和效果的辩证统一关系。

三

　　动机和效果的辩证统一关系，就如思想和实践的辩证关系一样，它们是一对矛盾的两个方面，既有相互排斥的一面，又有互相一致、互相渗透、互相贯通、互相依存、互相联结的一面。从动机和效果的统一性方面来看，两者以互为存在为条件，没有动机就没有效果，没有效果也就无所谓动机。如果从一个较完整的行为过程来看，任何一个正常行为之先，都要在人的头脑中有一个行动的目标，这个目标（即预期效果）决定着行动的意向（即行为的动机）。如果说，行为的动机不指向一定的目标或预期效果，那么，行为就无从谈起，动机无法产生。所以动机和效果是分不开的，总是结合在一起的。离开了预期的效果，动机就没有任何意义。不仅动机的决定需要依存于预期效果，而且在整个行动过程中，也始终贯彻着动机和效果的统一。否则就不可能达到预期的效果。让我们举几个例子来说明这个问题。

　　我们来看看向秀丽在勇敢抢救火灾的行为过程中的动机和效果的辩证统一关系。向秀丽所在的车间里，酒精突然着火并且流到地上使火势逐渐向四处蔓延。女工向秀丽首先想到的是什么呢？她怎样决定自己的行动呢？她首先想到的是室内有容易爆炸的金属钠，金属钠要是爆炸了，不仅整个工厂要毁掉，而且工厂处于市区，市区的房屋和居民的生命财产都会遭到极大的损失。她想到这些严重的后果，立即引起了她保护社会主义国家的人民生命财产的热望。这种热望要求她不能眼看着让国家和人民遭到这样大的损失。于是她决定"不能让金属钠爆炸，使国家和人民财产遭到损失"。她以自己的身体和生命开始与烈火搏斗的行动，终于实现了她的预期效果——不让金属钠爆炸及其后果出现。这里看得很清楚，金属钠的爆炸与否的后果是向秀丽决定行为动机的中心环节，而这一中心环节正是未来的效果。她的行动就紧紧抓住这一效果的实现而活动着。当她决定动机之后，怎么行动呢？她先是想用室内另一角落里存放的救火砂灭火。她走去取砂，可是走过去必须经过放金属钠的地方，这时她身上恰好已经着了火，带着火走过金属钠一定会引起爆炸。怎么办？改变方法。她急忙跑回原处用自己的双手和身体阻挡火势扑向金属钠。在这一行动过程中的思想活动正是动机和效果紧密地结合在一起的活动，因而她的行动就随着这种思想活动变更，最后终于实现了动机中所预期的效果。可见动机内必然包含有一定的效果，行动才可能有动向，而且动机和效果绝不是孤立地处于一个行动的两端，彼此隔绝，而是紧密地结合在一起贯串在整个行为的始终的。

不仅如此，动机还制约效果。因为动机是根据实际需要和认识产生的，而需要和认识总有一定对象和理由，这种对象和理由就是产生动机的吸引力，它吸引着人的思考、行动向着一个目标前进。前面所谈向秀丽的例子可以说明这种情况。比如，向秀丽所以决定不让金属钠爆炸的目标，是由于她想到了金属钠爆炸后的恶果，同她自己所遵循的无产阶级集体主义道德原则不相容，她阻止这种恶果的行动意向和决心即由此决定了，而且行动时刻受着"阻止恶果"出现的未来效果的制约，当她想取灭火砂灭火时，见到当时的条件反而易引起恶果出现，于是她改变了行动，宁肯牺牲自己生命也不让金属钠爆炸。我们再举苏联小说《钢铁是怎样炼成的》的作者是怎样写成这部小说的例子。奥斯特洛夫斯基是《钢铁是怎样炼成的》一书的作者，是一个模范的青年工作者，在苏联的国内战争时受了伤，得过伤寒病，完全丧失身体的健康，脊椎和下肢关节都严重地疼痛，最后虽然经过几年的治疗，但终于不能起床并双目失明。就在这种情况下，他仍然有坚强的信心，要"为生活而斗争，为恢复工作而斗争。"在眼睛尚能看书时，则忍着疼痛拚命读书，在双目失明后，就听广播，请其他同志和家人帮他读。当全国讨论斯大林的第一个五年计划——"伟大工作的计划"时，奥斯特洛夫斯基头脑里思索着自己的计划，"今后自己将如何生活？"他最后做出的决定就是著书。他给朋友写信说："我已决心为自己定好了应走的道路。我知道我们应该向什么地方走，并怎样走。……"① 著书的理想目标定了，但怎样实现这一目标，那得经过一个非常艰苦的斗争过程。他脊椎痛得厉害，眼睛看不见，手怎么写字呢？这真是要有非凡的意志和克服巨大病痛及困难的坚定不移的决心。他坚决立志为找出另一条生活出路——著书所吸引，1930 年秋末开始了小说《钢铁是怎样炼成的》的写作。最后终于实现了这一预期的效果。这一行动是个较长时间又非常复杂的行为过程，他要克服一般人难以克服的困难，但是，他始终被"恢复工作"，为参加建设社会主义的五年计划的伟大目标所吸引着、鼓舞着，坚持写下去。比如开始用他妻子给做的带漏孔格的纸夹装好三十张白纸，夹牢了，他就沿着孔格写字，写完一页抽出来滑到地上，然后妻子早晨起来给他整理。但是这样字很容易写得重叠看不清。后来妈妈给他请了一位俱乐部的会计，在业余时间帮助记录他的口授，然后再读给他听后修改。这样终于成功了。这是一个较长的而复杂的行为过程，从这一过程中，我们可以看到他写书的动机是被一个"要恢复生活、恢复工作"的伟大思想所决定的，因为他完全丧失了一切劳动能力，要想"恢复工作"再为党的事业贡献一点力量已经没有别的办法，只有写书这一条道路。正如奥

---

① 《奥斯特洛夫斯基传》，孙广英译本，青年出版社 1951 年版，第 132 页。

斯特洛夫斯基写给出版社的自传中说的，"体力几乎全部丧失了，所剩的仅仅是青春的不熄灭的活力，以及一种想要多少对自己党和工人阶级尽些力量的热望。"① 这一"热望"就是他行为的动机，也就是未来的效果，它顽强地制约着他的一切思想活动和实践（他忍着痛学写字——手摸着写）。这就是所谓意志的表现。如果预期效果对动机的制约的力量削弱了或消失了，那么活动的方向就会改变，这就是意志薄弱的表现，不可能坚持实现预期效果。由此可见，动机不仅依存于效果，而且制约着效果。离开效果很难谈到什么动机或愿望。

但是唯心主义的动机论者，却不承认这一点。他们认为道德行为的动机不应该有什么目的，"善"本身就是目的。换句话说，他们只讲行为是否"应该"，而不管"为什么"。在他们看来，动机是离开人的现实生活而独立存在的"观念"或"神"的启示，和行为效果没有必然联系。他们特别强调没有任何目的的行为才有真正的道德意义。例如孟轲主张"尚志"，反对墨子的功利思想。他所谓"尚志"，即"志"在行仁义，不要有别的实际目的。当梁惠王问他："亦将有以利吾国乎？"孟轲则回答说："王何必曰利，亦有仁义而已矣。"其实他讲的仁义之道仍然是有目的的。他讲"未有仁而遗其亲者也，未有义而后其君者也。"② 这就说明所谓的仁义之道的目的，是在于巩固亲亲尊尊的封建宗法制度。他也谈到过"仁则荣，不仁则辱，今恶辱而居于不仁，是犹恶湿而居下也。"③ 可见孟轲所讲究的"志"之内，还是包含有未来的效果，还是从事后的效果着眼的。

---

① 《自传》，《奥斯特洛夫斯基两卷集》，青年出版社1951年版，第135页。
② 《孟子正义·梁惠王章句上》，《诸子集成》一。
③ 《孟子正义·公孙丑章句上》，《诸子集成》一。

西方动机论的伦理学家同样如此，尽管他们强调动机内包含有实际目的就没有道德价值，但是他们又不可能排除了效果来说明动机的意义。以德国伦理学家康德为例，他的著名的道德律是所谓"无待令式"——即"只照你能够立志要它成为普遍规律的那个格准去行为"。① 就是说，不要管"为什么"，只要是大家都能够这样做的你就应该去做，即所谓道德行为并不期待达到什么目的，只遵照普遍规律行事而已。乍看起来，似乎是无所谓目的，只是为行善而行善。其实仔细一想，并不是那么回事，目的还是很明显的。首先"成为普遍规律"就是一个具体目标或预期效果；其次成为"普遍规律"的实际内容还得从行为的后果考虑。康德自己也是这样分析的。他讲："要对'假许诺是否合乎义务'这问题求个答案，最敏捷最不会错的方法就是：自己问自己说，'我情愿不情愿我这个格准（用假许诺以避免困难）作为普遍规律，使别人同我共同遵守呢？'……这样我就立刻见到虽是我能够立意撒谎，我绝不能够立意要撒谎成个普遍规律。为什么呢？为的是：在这种规律之下，许诺是不可能的，因为人家不相信我的话，我许人将来我要怎样做，都是枉然的，假使他们仓促地相信我，将来也一定要同样对付我。"② 这里说得很清楚，遵照规律行事还是不能离开行为的效果去考虑。其实动机论者所强调的"应该"，就是以统治阶级所用以统治人民的道德规范为前提。它的内容包含有对统治者最有意义的实际目的。由此也可看出动机论者的道德理论的虚伪性。

其次，从效果方面来说，效果必须依存于一定动机才能产生，效果中体现着主观动机。比如前面谈到的两个事例，如果向

---

① 康德：《道德形而上学探本》，商务印书馆 1957 年版，第 35 页。
② 同上书，第 17 页。

秀丽没有为了保护社会主义国家人民的生命财产，而阻止金属钠爆炸的动机，她自己先跑掉了，那么保住国家和人民的生命财产的效果是不可能有的。奥斯特洛夫斯基如果没有写书的动机，那么《钢铁是怎样炼成的》这本小说也不会产生。这说明效果必须是由一定的动机变化来的。行动时刻依存于动机的指导才得有较符合预期的效果。另一方面，从事后的实际效果及实践过程中可以看到动机的实质。如向秀丽用自己的身体和生命阻止了金属钠的爆炸的行为和效果，一看就知道她是出于高度的爱护祖国和人民的生命财产的动机，出于保护工厂和保护市区人民安全的革命责任感，才采取了自我牺牲的崇高行动，这是非常明显的。但是，有时效果和动机会不完全一致，那怎么了解真实的主观动机呢？可以了解，可以从整个行动的过程中分析检查出真正的主观意图。

机械唯物论者或效果论的伦理学家是不承认动机有道德的意义的，他们机械地、片面地从效果的有利无利来判断行为的好坏。例如英国的功利主义者边沁即认为，"意向的好坏要看企图的后果的好坏来决定"，"一切动机都能产生善行、恶行或中性行为"。①在边沁看来，动机自身无所谓善恶，这就意味着效果是独立存在的，不受动机的支配。但是他这种观点不能贯彻到底，当他进一步论证的时候，他就不得不谈到效果受着动机的支配作用。他的根本观点是人有趋乐避苦的天性，某种行为后果产生快乐多就是善的，产生苦多就是恶的，所以人们在行动之先总要正确地计算一下行为的后果，人们的一切行动都是受着这种苦、乐的感觉控制着。由此可见，效果论者机械地、形而上学地否认动机的意义，是自相矛盾的。因为否认效果对动机的依存关系，道德科学本身

---

① 《西方名著提要》（哲学社会科学部分），第249页。

就难以成立，而且一切文化教育事业也就没有意义了。

四

　　动机和效果的辩证统一关系，除去表现在二者的互相依存、互相联结、贯通之外，还表现在在一定条件下二者互相转化。

　　动机一定要转化为相应的效果才算完成动机的作用。辩证唯物主义者认为，思想动机是主观的东西，必须转化为客观的东西才有所谓社会生活；否则，主观愿望将是一些无效的空想，人类社会将无法存在下去更不可能有什么进步。实际上，人们总是要按照自己的主观愿望去改造客观世界的，即动机总是转化为客观效果的；哪怕这一转化会有极大的困难，这种要求转化的力量总是阻挡不了的。人们为了实现自己的理想的时候，可以克服客观困难，也同时克服着自己主观方面的弱点。社会实践能够锻炼人改造人的作用就表现在这里。所以一个顽强的、有远大理想而认真谨慎从事的人，总是使他的善良动机转化为相应的效果，即对社会有所建树。反之，灵机一动有个善良愿望，但害怕困难、艰苦，不肯认真做转化工作，或半途而废，这样就会一事无成。

　　动机转化为效果的道理是比较明显的，而效果是否能转化为动机，却往往不易被人理解。我认为效果同样要转化为新的动机。为什么呢？因为人的行为是有历史性或连续性的。这种连续性的表现，就是经验的吸收或传递。比如我们知道人类活动的发生，总是由人们所处的生活方式或生活需要所决定的，这种生活需要得到满足的效果，就成为下一次满足生活需要行动的经验，即新的动机产生的基础。在社会生活中各种实践经验的积累，便成为一定的观点、理想和世界观，也就是各种动机的思想前提。所以动机和效果的互相转化的过程，就是认识不断发展的过程，人类文化发展的过程。如果效果不能转化为动机，那么人类的发展也就不可能了。在资本主义社会里，无产阶级的道德观念，就是在不断地反抗资本家的剥削、压迫的斗争中形成起来的。反抗剥削的斗争要求工人阶级团结一致，团结一致的斗争取得了斗争胜利的效果。在这种情况下，第一次团结斗争的效果就成为第二次斗争时要求团结的动机；这一动机又转化为更圆满的效果，如此循环往复，团结便逐渐形成工人阶级的崇高的道德习惯。这种道德习惯的普遍化，就是由个别人或部分人的行为效果，逐渐变为多数人的动机而形成的。其他阶级的思想意识和道德习惯，同样也是这样的发展过程，这一过程就是效果转化为动机和相互不断转化的过程。这里所谓效果形成经验，不仅包括个人的直接经验，而且也包括了别人的间接经验。所以在一个行动之后很好地检讨总结经验，不仅对自己有教育作用，对整个社会主义革命和社会主义建设事业也是有重要意义的。总结各条战线的好人好事并宣传好人好事的榜样教育，就是做的效果转化为动机的促进转化工作。

五

我们说动机和效果是辩证统一的关系，并不是说动机和效果之间没有区别、没有矛盾，或者动机和效果不可能发生分离或不一致的现象。辩证唯物主义者认为动机和效果之间，不仅有依存、联结的关系，而且还有区别和矛盾。从动机到效果的转化是一个复杂的认识过程和实践过程；是在一定条件下才能出现预期的转化。那么动机和效果的区别表现在哪里呢？表现在动机是一种主观的东西，效果是一种客观实际存在，即依据主观上的预期效果经过实践的客观结果。从事实践之前主观上的预期效果（即动机）到客观上的实际效果，包含着一系列的认识过程和实践过程。在动机的选择上有对道德原则的正确认识问题，有对所要做的事情本身的认识问题；在实现动机的方法上，有对客观情况的了解，有个人的专业知识、工作能力和工作经验的问题；在实践过程中还有应付临时突然事变的敏感和修养问题。这些情况都是动机能否圆满地转化为预期效果的必要条件；如果这些认识和实践方案都不符合客观实际，那么实践的结果一定会和主观动机发生矛盾。实际上人们的认识，由于各方面的限制又不可能一下子就符合客观实际，因此，动机和效果发生不一致的现象是难免的。

根据行为发展的过程，正确的善良的动机是建立在对客观事物正确的认识上的，这样决定下来的行动方法才是对头的；符合主观愿望的效果才可能实现。如果主观动机是建立在错误的认识上，或者认识是正确的，只是对客观情况了解不足，行动方法不对头，那么实践的效果就不会符合主观愿望。这就发生了效果和动机不一致的问题。比如有的人认识到革命队伍内部的团结是共产主义道德中的重要问题，团结是党的生命。于是他决心遵守不利于团结的话不说、不利于团结的事不做的原则，这是一个善良的动机。但是，他却错误地认为团结是取消一切批评和思想斗争的无原则的一团和气，这样他就对任何原则问题也不批评不争论，结果可能表面上保持一团和气，自认为达到了自己的主观愿望；而实际上，不仅同志之间不能真正达到团结，而且在党的原则问题上也会造成种种错误。这表明主观动机所依据的认识基础有错误，实际方法也随之不对头，造成不良后果。对这种行为主要的应批评其认识错误，而不能说他的主观动机不对。有的人对团结的重要性和团结的内容都有正确的认识，在具体问题上却分不清哪些是原则问题，哪些不是原则问题，结果把非原则问题都提到原则上去批评争论，批评方法简单化，最后团结的愿望也不易达到。这种情况也只能批评他是认识问题或方法问题，而不能说是道德品质或主观动机问题。另一方面，从居心不良的人的行动来说，也会有不一致的现象发生。违反无产阶级道德规范的动机，一定会有违反无产阶级道德规范的效果（但也不一定完全符合主观愿望），这是通常的情况，但是，坏人也往往犯错误，还没有等出现破坏效果就暴露了自己；有时坏人为了争取信任隐蔽自己，先做几件好事，具体效果也很好；但从他的整个行为过程来研究，好效果并不是他的愿望，而这个好效果只是坏人破坏革命事业的主观动机的掩护手段，效果越好他越可以大胆地做出更大的破坏活动。这种局部事情的效果和坏人总的主观动机的矛盾也是不能忽视的。所以对于动机和效果之间的矛盾的一面应有充分的认识。正是因为二者之间有矛盾，实践及效果才有对主观动机检验的作用和必要，二者才叫做辩证统一的关系。伦理学史上的效果论者，认为动机无条件地决定于效果，动机没有道德意义。这实际上是抹杀二者存在矛盾的事实，是形而上学的机械论的观点。

我们是辩证唯物主义的动机、效果统一论者，我们承认并且能够辨别事物的复杂关系，对于效果和动机不一致的现象，采取严肃认真的态度，决不根据片面的动机或效果来轻率地判断一个人的行为的好坏。根据认识论的客观规律性，辩证唯物主义者检验主观动机的方法是从实践的全过程分析起，然后结合行为者的历史的思想表现研究，最后即可得出效果是否与动机一致的正确判断，从而行为的善恶性质及程度也就得到了最后答案。因为我们前面已经谈到了动机和效果是紧密地统一在实践的整个过程中的，并不是互不相关的孤立的"一头一尾"的关系，所以在实践过程中发现了二者分离的情况，便说明了效果和动机可能是不一致的。只要实事求是地根据全面情况进行科学分析，内心的思想活动是可以透过行为表现检验出来的。

关于如何透过实践及其效果识别动机的好坏，毛泽东同志在《在延安文艺座谈会上的讲话》中已经说得很明白。他说："事前顾及事后的效果，当然可能发生错误，但是已经有了事实证明效果坏，还是照老样子做，这样的心也是好的吗？"接下去又说："真正的好心，必须对于自己工作的缺点错误有完全诚意的自我批评，决心改正这些缺点错误。共产党人的自我批评方法，就是这样采取的。"① 这里告诉我们，革命队伍里的每个干部都应有为人民服务的善良愿望，如果自己的工作或行动，事实上证明不被广大人民所欢迎，也对人民没有益处，那就应该诚心诚意地检查自己的错误究竟发生在哪里，并坚决改正缺点错误。这样才表明你对这个不良效果是不能容忍的，因为它不符合自己的主观动机，这就证明了不良后果是和善良动机——好心是不一致的。如果明知道效果是不好的，而不检查自己的错误在哪里，仍照老样子做，那么这种不良效果就意味着和主观愿望并不矛盾，你的动机也就不可能是好的。这说明了人们的思想活动和实践的统一关系，也说明了对待自己行为后果的态度是检验主观动机的一个重要标志。

当然这里并不意味着每一件具体工作上的错误，都是道德上的恶，也不是说对待工作中的缺点错误由于认识不足而没有检查，都是责任心的问题；这里是说，你对待每一件与人民群众有利害关系的问题所采取的态度，都是和道德有关的。因为"为人民服务"这一崇高的道德准则，是要通过许多不属于道德范围之内的具体行动去实现的。如果在这些具体工作中不贯串着高度的

---

① 《毛泽东选集》第3卷，人民出版社1966年版，第830页。

革命责任感，那么，"为人民服务"的善良愿望，将成为空洞的没有实际意义的东西。所以毛泽东同志讲，事前应该顾及事后的效果，事后对自己的工作中的缺点错误应该认真检查，就是因为这里有个革命责任感的问题。其实，真正具有"为人民服务"的志向的人，他是会关心自己工作的效果的，是不怕检查的；怕正视自己工作中的缺点错误的人，起码可以说是革命责任心不强，或有资产阶级个人主义情绪。有些人往往因为认识错误或缺乏经验以及性格、作风上的缺陷，好心办了坏事情，甚至造成重大损失或恶劣影响，在这种情况下，就必须从行为者的历史的全面表现进行分析研究，找出这一行动的真正原因，分清是非。如果单凭一时后果就判定为动机不良、搞破坏，那就会造成敌我界限不清的错误，混淆两类不同性质的矛盾，从而误用对待敌人的斗争方法对待同志，结果影响干部情绪和同志间的团结，反而给敌人造成可乘之隙。所以对待一个人的行为的评价，必须持实事求是、严肃认真的态度，绝不可简单从事。

既然动机和效果可能发生矛盾或不一致的现象，那么，怎样才可能把二者统一起来呢？这就要像毛泽东同志所教导的那样，事前应该顾及到事后的效果，事后检查效果有无和主观愿望不一致的地方，不一致的原因发生在哪里？总结经验教训，及时改正，然后再实践、再检验、再提高。人们在实践中产生行为动机，又通过实践及其效果检验动机的好坏；这是马克思列宁主义认识论的要求，也是无产阶级共产主义道德修养和共产主义教育的根本途径。即在改造客观世界的斗争实践中锻炼、改造自己的主观世界。

关于事先怎样正确地顾及到事后效果问题，毛泽东同志说："人们要想得到工作的胜利即得到预想的结果，一定要使自己的思想合于客观外界的规律性，如果不合，就会在实践中失败，人们经过失败之后，也就从失败取得教训，改正自己的思想使之适合于外界的规律性，人们就能变失败为胜利，所谓'失败者成功之母'，'吃一堑长一智'，就是这个道理。"① 这就是说，要想使自己的动机正确而良好，又能正确地估计到未来效果，那就必须使自己的思想符合于客观世界的规律性，然后才有可能得到预想的效果，即把动机和效果统一起来，避免效果和动机发生不一致，或者在发生不一致之后，按照客观规律性纠正自己的认识，使主观认识符合外界的规律性，这样，就可以把原来不一致的效果和动机统一起来，变失败为胜利。这就是人们思想发展的辩证规律。

因此，我们可以从上述分析得出结论：动机和效果的辩证统一关系，是与认识和实践的辩证统一关系完全一致的。客观实践是检验一切真理的标准，又是一切真理发生发展的基础；而社会实践及其效果也是检验一切主观愿望或动机的标准，实践及其效果又是主观愿望或动机的前提或基础。主观动机和客观效果的统一，也是在实践的整个过程中统一起来。这就是我所理解的动机和效果的辩证统一论。这是毛泽东同志对于马克思列宁主义伦理学的一大贡献。

（发表于《新建设》1962 年第 5 期）

---

① 《实践论》，《毛泽东选集》第 1 卷，人民出版社 1966 年版，第 261 页。

关于道德的继承性和阶级性

　　最近学术界提出的许多问题当中，有一些涉及到道德的阶级性和继承性问题，我认为是值得讨论的。比如有人提出："孔子发现'仁'，好像牛顿发现万有引力一样"，孔子当时"用孝、悌、忠、恕说'仁'，我们现在就要用阶级友爱等等方面说'仁'，其为'仁'一也"。这种说法不符合马克思列宁主义的阶级道德论，显然是反科学的错误的。

　　另一种提法是，原则上承认阶级道德论，但是实际上否认或抹煞历史上存在被统治阶级的道德，否认在"一般情况"下存在两种阶级道德的斗争。比如有人说，"所谓阶级的道德也就是统治阶级的道德"，"统治阶级的道德论在一般情况下，也就成为被统治阶级的道德论"。或者说，"所谓阶级的道德，在一般情况下，也就是统治阶级的道德"。在这种前提下来谈道德继承的内容，那就只能是局限于继承统治阶级的道德遗产；因为根据这种看法，在一般情况下没有和统治阶级道德相对立的被统治阶级的道德。在继承方法上也就难免陷入"抽象的方法"，于是就把封建阶级的忠、孝、节、义当作抽象的永恒的道德真理来继承。这显然也是不正确的。

　　从上述看法中，我认为有几个问题需要弄清楚：一、用什么观点或原则作为研究道德继承问题的指针？二、我们无产阶级究竟要继承什么道德遗产？三、采取什么方法继承道德遗产？现在仅就这几个问题，提出一些不成熟的看法。

一

　　我们研究道德遗产的继承问题，必须用历史唯物主义的观点和原则作为指针。因为历史唯物主义是科学的历史观，只有用科学的历史观才能揭示出人类社会发展过程中的复杂的本质和规律，才能得出科学的结论。历史唯物主义揭示了一个最基本的事实：道德这一观念形态是由人们的社会物质生活条件所决定的；因此，它是建立在社会经济基础上的上层建筑。它随着社会经济基础的变化和发展而变化发展；自从社会分裂为阶级社会以来的历史，都是阶级斗争的历史。在阶级社会里，"道德始终是阶级的道德；它或者为统治阶级的统治和利益辩护，或者当被压迫阶级变得足够强大时，代表被压迫者对这个统治的反抗和他们的未来利益。"① 只有用历史唯物主义的阶级斗争的观点，阶级分析的方法来研究道德遗产的继承问题，才能得出正确的结论。至于如何运用阶级斗争的观点和阶级分析的方法来研究这个问题，这是需要很好地讨论的。

　　道德的阶级性是从整个社会的角度说的，而不是从孤立的个人角度看的。在阶级社会里，存在有利益冲突的剥削阶级和被剥削阶级、统治阶级和被统治阶级。这种社会阶级的存在反映到人们的道德观念上，也就有代表剥削阶级、统治阶级利益的道德观

---

① 《反杜林论》，《马克思恩格斯全集》第20卷，第103页。

念和代表被剥削阶级、被统治阶级利益的道德观念的对立。而这种道德观念上的对立和阶级本身的对立一样，有鲜明的不可混淆的阶级界限。而且这些具有鲜明阶级性的道德观念，总是为阶级斗争服务的。道德观念总是由处于不同地位的阶级为了维护本阶级利益而产生和利用的，并在各种阶级斗争形式下表现出来。但是，从单独的个人来看，同一社会的各个阶级成员之间，又可能在思想意识、道德观念上互相影响；特别是被统治阶级成员的道德观念，总要随着政治、经济生活方面的受统治而受统治阶级道德的支配。马克思恩格斯曾指出："统治阶级的思想在每一时代都是占统治地位的思想。这就是说，一个阶级是社会上占统治地位的物质力量，同时也是社会上占统治地位的精神力量。支配着物质生产资料的阶级，同时也支配着精神生产的资料，因此，那些没有精神生产资料的人的思想，一般地是受统治阶级支配的。"[①] 这里告诉我们，被统治阶级成员的思想所以"一般地"受统治阶级支配，是由于他们所处的社会地位是被统治的，是由于他们丧失了精神生产的物质基础。但是，被统治阶级所接受的统治阶级道德的影响，仍然是维护统治阶级的利益的，决不能由此说成是被统治阶级的道德观念。因为这些东西是统治阶级物质生活条件和物质利益的反映，不符合被统治阶级的利益，不是被统治阶级的社会物质生活条件的反映。所以当被统治阶级一旦在阶级斗争的社会实践中认识或觉悟到自己的阶级地位、阶级利益和阶级使命的时候，就会逐渐消除掉自己思想上的一切统治阶级的思想影响和束缚，逐渐形成维护本阶级利益的道德准则和规范。由此看来，把被统治阶级从统治

---

① 《德意志意识形态》，《马克思恩格斯全集》第3卷，第52页。

阶级那里所接受的道德观念，说成是被统治阶级自己的道德观念，是不对的。

道德和其他社会意识形态一样有相对独立性。这种相对独立性，一方面表现在道德既是由社会经济基础所决定的，同时又受着同一社会同一时代的其他社会意识形态如政治、宗教、法律、哲学等的影响，从而使道德和社会经济基础之间的关系，在阶级社会里，成为曲折的复杂的关系。另一方面道德还受着历史传统的影响。社会意识往往落后于社会存在，社会经济基础变革了，而人们的道德观念和道德习惯还不能迅速地随之改变。由于上述情况，被统治阶级成员的道德不仅受着现存统治阶级道德观念和其他社会意识形态的影响，而且还可能受着过去的旧统治阶级的道德和其他思想意识的影响。现存的统治阶级的道德也可能受着过去统治阶级道德和其他社会意识的影响；而且统治阶级中的个别成员，在其自身所处的特定条件下，在阶级斗争过程中，由于对被统治阶级的生活状况有某种程度的了解和同情，或者由于其自身和统治阶级当权派的矛盾，而反映出某些被统治阶级的道德要求。比如封建时代的某些中、下级官吏往往受到反动集团的排挤而靠近人民，由于对反动统治集团的不满而同情劳动人民的生活疾苦和要求，这样便自觉不自觉地把被统治阶级的某些要求反映在他们的道德观念或行动中，这是可能的，也是由现实生活条件所决定的。由此可见，道德的阶级性表现在个人身上，是非常错综复杂的。但是，不管道德现象怎样复杂，从本质上看，在阶级社会里，道德仍然是社会经济关系和阶级斗争在人们意识上的反映。马克思主义创始人指出："单独的个人并不'总是'以他所属的阶级为转移，这是很'可能的'；但是这个事实不足以影响阶级斗争，正如少数贵族转移到第三等级方面去不足以影响法国革命一样。而且就在这时，这些贵族至少也加入了一定的阶级，即革命阶级——资产阶级。"① 这里清楚地表明单独的个人思想行动上的阶级性的转移，并不影响阶级的存在和阶级斗争，任何"人性论"者企图借此而否认阶级和阶级斗争存在的事实都是徒劳的。

马克思列宁主义者并不否认在一定条件下，不同阶级的道德之间（如历史上几个剥削阶级、统治阶级之间，几个被剥削阶级、被统治阶级之间）可能有共同相通的地方。恩格斯曾经说过，具有共同的历史背景的道德论会有某些共同之点，在经济发展阶段差不多的社会里的道德论也会有多少相吻合的地方。恩格斯举例说："从动产的私有制发展起来的时候起，在一切存在着这种私有制的社会里，道德戒律一定是共同的：切勿偷盗。"但接着说："这个戒律是否因此而成为永恒的道德戒律呢？绝对不会。在偷盗动机已被消除的社会里，就是说在随着时间的推移顶多只有精神病患者才会偷盗的社会里，如果一个道德宣扬者想来庄严地宣布一条永恒真理：切勿偷盗，那他将会遭到什么样的嘲笑啊！"② 所有私有财产制的社会里之所以把"切勿偷盗"当做共同的道德戒律，是由于它们都具有共同的私有财产制的经济基础和历史背景。当这种共同的私有财产制消灭了的时候，这种通用的"切勿偷盗"也就不成为道德戒律了。另一方面，在同一个社会里，如在资产阶级革命前夕的封建社会里，存在封建阶级、资产阶级和无产阶级的三种不同的阶级道德，它们都处于同一个封建社会历史条件下，它们可能会运用某些共同的道德术语来进行阶级斗争。这就是说，道德术语可能是共同的，但各自要求的内容仍会有所不同。总之，这些由于某些社会物质条件所产生的

① 《道德化的批评和批评化的道德》，《马克思恩格斯全集》第4卷，第344页。
② 《反杜林论》，《马克思恩格斯全集》第20卷，第102—103页。

道德现象上的共通之处或共同点，从它们的本质或具体要求来看，仍然有阶级性，丝毫不会影响到道德领域里的阶级斗争。当资产阶级在为了反对封建阶级的等级制和特权思想而开始提出"自由"、"平等"的口号时，无产阶级便抓住了资产阶级提出的"平等"这个术语提出了经济平等的要求，来反对资产阶级；用"切勿偷盗"的道德戒律，揭露剥削制度的偷盗实质。在社会主义过渡时期，无产阶级还要用"切勿偷盗"这一道德规范来反对资产阶级及一切剥削阶级的私有观念，来保护社会主义公共财产。这说明同一条道德规范用于不同的阶级仍有着不同的阶级本质。

除去以上某些共同的道德现象之外，不同的阶级之间还要运用某些共同的道德范畴和术语来表述道德这一社会意识形态。因为道德范畴和术语作为一种表述工具，各阶级之间是可以通用的。尽管某些术语是历史上某一阶级所创造的，而且有其特殊的阶级的含义，有些会很快地随着某一阶级的消灭而被淘汰；但是，有些道德术语一经产生之后，就可能成为表述道德的共同工具或大家通用的道德语言。比如善、恶、正义、良心、忠诚、勇敢等等，总是进行道德评价时通用的表述工具，它和其他语言一样，只是一种交流道德思想的工具，是属于语言学范围之内的问题。决不能把这种抽象的表述工具即语言上的问题，曲解为道德原则的"一般意义"。因为道德术语本身，只是一个抽象的词或字，它的含义也只是一般的词义；它的道德上的实际含义，则必须和它所表述的道德原则或规范联结在一起时才可能理解。也就是说，道德术语的具体含义，总是从属于一定的道德体系，总是有阶级性的。然而有些人却有意无意地把道德语言上的词和道德原则或规范的含义混同起来。一方面说某些词（如仁、义、礼、智）是抽象的伦理学的名词；但另一方面又把这种语言上的通用性变成道德原则方面的继承性。于是有些人据此得出了孔子的"仁"像万有引力一样是永恒的道德真理。有些人则把某些封建阶级、资产阶级的道德术语，如"忠"、"孝"、"平等"、"博爱"等，抽掉其全部具体内容，然后把它们当做道德原则来继承，即作为社会主义制度下的"忠于人民"、对父母好和平等、友爱等道德规范。实际上，这只是从语言上来谈道德的继承，也就是所谓抽象继承，其结果必然是否定道德的阶级性，而走向道德的永恒论。

总之，关于阶级斗争的辩证唯物主义历史观是无产阶级思想家从复杂的历史事实中分析、概括出来的科学原理，是研究人类社会问题的指针。因此研究道德继承问题也必须严格遵循这一指针所指示的方向，才能得出正确的结论。否则就要犯这样那样的错误。

二

从阶级社会开始，在各个民族中便存在着两种对立的道德传统，即反动的、腐朽的统治阶级道德传统和进步的、革命的人民道德传统。继承哪一种传统，这决定于继承者的阶级立场。列宁说："每一个现代民族中，都有两个民族。每一种民族文化中，都有两种民族文化。"[1] 这是根据阶级斗争的观点对历史事实进行阶级分析的科学论断。毛泽东同志也指出："清理古代文化的发展过程，剔除其封建性的糟粕，吸收其民主性的精华，是发展民族新文化提高民族自信心的必要条件；但是决不能无批判地兼收并蓄。必须将古代封建统治阶级的一切腐朽的东西和古代优秀

---

① 《关于民族问题的批评意见》，《列宁全集》第20卷，第15页。

的人民文化即多少带有民主性和革命性的东西区别开来。"① 在这里，毛泽东同志既指出了我国古代存在两种对立的民族文化，又明确地指出了无产阶级应该继承什么东西。这对于我们探讨道德的继承问题，是非常重要的。可是，现在有些人似乎不大同意这种观点。有人说，两种民族文化的观点只适用于现代和近代而不适用于古代；只适用于外国不适用于中国。有人只承认在农民战争的情况下才有两种民族道德，在"一般情况下"就只有统治阶级道德而无被统治阶级的人民道德。总之还有人不很赞成或不很理解两种民族文化的原则。其实，中国历史上确实存在两种对立的民族文化和道德传统的斗争。仅就中国文学史上所反映的问题来看，就有许多歌颂被压迫阶级反抗黑暗统治势力、反抗异族侵略的英雄事迹的作品；同时，又有许多是宣扬反动的、腐朽的封建道德和宗教迷信的东西。许多具有民主性、革命性的作品，遭到历史上统治阶级的篡改、歪曲和禁毁；也有许多宣扬封建糟粕的东西采取了民间文学的形式来抵制优秀的人民道德思想的传播和发展。例如描写北宋末年的农民起义军的《水浒传》，就比较系统地描述了革命人民的道德观念和封建统治阶级道德思想之间的激烈的斗争；同时表现出在阶级社会里的阶级斗争，是如何利用道德这一社会意识形态为其阶级统治利益服务的。从《水浒传》一书产生和发展过程看来，也体现了两种对立阶级的道德的尖锐斗争。统治阶级的"正史"（《宋史》）把农民起义的反抗压迫、剥削的革命行动，斥之为"盗贼"；而广大劳动人民则把他们当作为民除害的英雄人物来歌颂。《水浒传》本来是由一些民间流传的农民反抗统治阶级强取豪夺的斗争故事，集合、编写而成的；尽管书中有宣扬封建统治阶级招安归顺的问题，但是，描

---

① 《新民主主义论》，《毛泽东选集》第2卷，人民出版社1966年版，第668页。

写许多农民革命斗争的英雄人物和事迹，却长时期地吸引着劳动人民。因此，《水浒传》问世之后，一方面由于广大劳动人民群众的喜爱，广泛传播开来，从而启发了明、清两代劳动人民的觉悟，对后来的农民起义斗争起了重大作用。但另一方面，它又受到一些统治阶级的严禁和焚毁摧残，受到统治阶级御用文人的歪曲和篡改。像俞万春之流并作《荡寇志》加以抵制。这些事实说明，封建统治阶级的道德要求和被剥削压迫的劳动人民道德要求之间的对立和斗争是十分尖锐的。就在《水浒传》一书中两种对立阶级的道德观念的斗争也是很突出的。比如李逵这个劳动人民的典型人物，他对封建统治阶级有刻骨仇恨，对劳动人民有真挚的友爱、帮助和保护的责任感；他为了人民群众的利益不顾私情。这在《李逵负荆》一书中表现得最突出，这一故事的内容是李逵和强抢王林女儿的恶霸作斗争。只因有坏人冒名宋江、鲁智深抢了王林的女儿，李逵赶上山寨，砍倒杏黄旗，痛骂宋江，非要他交出王林的女儿不可。后来证明不是宋江而是坏人冒名抢走民女，李逵不仅向宋江负荆请罪，而且拿住坏人救出民女。这一故事不仅说明李逵真正是为了劳动人民的利益，敢于和他最敬重的人作斗争，而且是为了保护梁山泊农民起义事业的忠诚的表现。另外在对待宋王朝的招安问题上，表现出两种对立阶级的道德的斗争是尖锐的。赵宋皇帝企图用招抚的欺骗方法消灭农民起义军，便一再派人招安。第一次诏书中用的是"宋江等辈，啸聚山林，劫掳郡邑"，应"拆毁巢穴"，"原免本罪，倘或仍昧良心"等，诬蔑农民起义军为"劫掳"、是罪恶。第二次招安诏书仍有"梁山泊聚众已久，不蒙善化，未复良心……"很明显，封建统治阶级对农民起义反抗封建压迫剥削的行动，在政治上是"造反"，在道德上则是"大逆不道"，忘记了皇帝老子的恩德，昧了"良心"。当然是最大的"恶"。凡是皇帝的命官大都是这种道德观，甚至不得已而上山的宋江，始终没有改变封建阶级的道德思想，认为农民起义军是不忠不孝不仁不义，是罪恶，时刻宣传招安。而受压迫受剥削的李逵、武松等反对他老想招安，李逵不仅扯了诏书，打了招安使；还对宋江的招安说教大骂："招安、招安、招甚鸟安"，一脚踢翻了桌子。武松则叫道："今日也要招安，明日也要招安，却冷了弟兄们的心。"而宋江则仍然坚持说，"我主张招安，要改邪归正，为国家臣子，如何就冷了众人的心？"而鲁智深气得要"拜辞"、散伙。这是一场严重的政治斗争，也是一场针锋相对的善与恶、正与邪、革命到底与妥协投降的两种对立阶级道德之间的斗争。至于鲁智深的打抱不平、为民除害的仗义行为，也同样体现了劳动人民的正义感和勇于反抗一切黑暗势力的革命精神。那种锄暴安良、杀富济贫等勇于维护广大劳动人民群众利益的思想行动，正是封建时代的劳动人民对"忠"、"义"的实际解释；与封建统治阶级的道德概念，词虽同而意则根本对立。他们忠于人民的利益，勇于抗击强暴、扶助弱小，为人民群众解除痛苦和困难。尽管农民革命运动带有浓厚的自发性，在某些问题上仍受着封建统治阶级道德的影响，但是决不能说他们根本没有阶级意识。相反地，他们对于贫富贵贱的界限是看得清楚的。他们积极地保护自己的穷哥们，打击土豪恶霸和反动统治集团。正因为如此，他们的道德观念和政治行动才触犯了封建统治阶级的根本利益，破坏了他们的等级服从，所以才被封建统治阶级咒骂为不忠不义的"盗"、"寇"。封建统治阶级对被统治阶级的道德要求是："遵依圣谕，孝顺父母，尊敬师长，早完国课。"[1] 由此可见，从农民战争和其他一切阶级斗争的事实中可以证明，历史上确实存在着两种对立阶级的道德。

---

[1]　《荡寇志》前言。

也许有人说，农民战争时期是有两种对立阶级的道德，但在"一般情况"下是不存在的。这种说法也是不符合事实的。因为自从阶级出现以来，有阶级斗争就必然产生维护阶级利益的道德观念，尽管在某些时候阶级斗争的形式比较隐蔽，斗争的程度还不够激烈；被统治阶级维护阶级利益的道德观念也许是不够明确的。但是，否认在这种情况下被统治阶级有自己的行为准则，否认在这种情况下被统治阶级有仇视统治阶级奴役、剥削行为的道德观念存在，这是不符合客观实际的。我国最早的民间诗歌中就有这样的诗句："坎坎伐檀兮，置之河之干兮。河水清且涟猗，不稼不穑，胡取禾三百廛兮。不狩不猎，胡瞻尔庭有县（悬）貆兮？彼君子兮，不素餐兮！"① 这是古代伐木者对统治阶级发出的愤怒的质问：为什么贵族老爷们不耕不猎却谷物满仓、猎物满庭？而终日劳苦的伐木者却一无所有？这里不仅表现了被统治、被剥削的劳动人民的反抗情绪，而且也明确地指出了不劳而获的行为是不道德的。在《硕鼠》一诗中更直接地把统治阶级比作苦害人民的"大老鼠"。此外如"兽恶其网，民恶其上"。"解贼一金并一鼓，迎官两鼓一声锣，金鼓看来都一样，官人与贼争不多"等民谣，也都表明了被统治阶级有自己评价道德的准则。至于在对劳动和劳动成果的态度上，被统治阶级更有自己的看法。因为劳动人民在自己的生产和生活实践中，懂得了生活资料是劳动人民的辛勤劳动所换来的，得之不易。所以劳动人民认为勤劳、俭朴是最高的美德，同时他们在实际生活中也养成了这种美德。他们反对统治阶级的骄奢淫逸、铺张浪费的生活方式。至于被统治阶级的妇女反抗统治者的凌辱的斗争的故事，在历代文学作品和民间传说中更是数不胜数。总之，抹杀被统治阶级道德在

---

① 《诗经·魏风·伐檀》。

"一般情况"下的存在是不符合历史实际的。

两种对立的道德传统既然是不以人们的意志为转移的客观存在，那么我们应该继承哪一种传统就比较清楚了。我认为，我们应该继承优秀的人民的道德传统。但是究竟什么是优秀的人民道德传统？统治阶级、剥削阶级的道德有没有带民主性、革命性的东西？这却是个有原则分歧的问题。有人提出，封建地主、资产阶级的道德可以不可以批判地继承？回答有两种：即可以和不可以。其实这样抽象地提出问题，抽象地回答问题，都不见得切实和全面。因为封建地主阶级和资产阶级在不同的发展阶段，它们的道德要求是不大相同的。当它们处于被统治地位的时候，它们要求本阶级的发展，不得不反对当时的反动的腐朽的统治阶级，在这一点上和当时的广大劳动人民的要求是一致的，是符合社会发展的要求的。因而在这时期它们的道德规范就具有一定的民主性和革命性，是可以批判地继承的。但是这些阶级都是剥削阶级，即使在革命的时候，它们所提出的道德准则和要求仍然包含着新的剥削和统治人民的本质，它和当时劳动人民的要求是有原则区别的，对此必须加以揭露和批判。当新的剥削阶级掌握政权之后，他们反对的目标便由旧的统治阶级转向劳动人民，并且往往把旧的统治阶级奴役人民的道德规范继承下来变为新的奴役人民的工具。因此新的剥削阶级在取得政权之后，就开始不反对旧的统治阶级，他们的道德思想中的革命性和民主性便开始消失了。所以作为统治阶级的封建地主阶级、资产阶级的道德，可以说没有什么可继承的东西。

有人说，统治阶级由于经济地位、政治地位的不同，思想不是完全一致的；从经济地位上说有大、中、小，从政治地位上说可以分左、中、右，那么是不是统治阶级左派所表现的统治阶级道德有可取之处呢？这当然是需要具体分析的问题。这要看历史上统治阶级的左派是在什么问题上的思想行动，这些思想行动和当时广大人民的利益的关系怎样？和统治集团的矛盾的性质、程度如何？总之，需要看统治阶级中的左派人物的立场是靠近人民一边，还是靠近统治集团一边。一般说来，统治阶级内部的某些中间分子，不是独立的阶层，他们不是同情人民转向人民利益一边来反对统治阶级的腐朽势力，就是基本上站在统治阶级立场提出某些改良主义的主张以缓和当时的阶级矛盾。由统治阶级内部分化出来的某些转向人民一边的左派分子的道德思想，可能有反映被统治阶级或优秀人民道德的一面，这是和统治阶级道德不同的，是可以批判地继承的。比如曾经是资产阶级民主主义者的闻一多、朱自清，他们在丢掉了对美帝国主义的幻想，识破了国民党反动派的反动性之后，坚决地和革命人民站在一起反对帝国主义及其走狗。闻一多宁肯倒在国民党反动派的枪下，而不肯屈服于反革命势力；朱自清宁肯饿死而不领美帝国主义的救济粮。毛泽东同志曾经称赞他们这种坚强不屈的革命精神，认为他们体现了中华民族的英雄气概。但是，这不能说他们的道德表现，是统治阶级的道德表现，而只能说他们由资产阶级民主主义者转向革命民主主义者之后，他们的思想行动在某些问题上反映了革命人民的道德要求。尽管他们的思想动机有其自己阶级的本质，和当时最革命的无产阶级还有一定差别，但他们毕竟是站到和当时反动统治集团对立的革命人民行列里来了。所以看到过去的统治阶级内部有矛盾有分化的情况是对的，但是在判断某些统治阶级成员的道德表现是否有可继承的东西时，所依据的标准应该是优秀的人民道德准则。符合人民道德准则的又对现实斗争有益的就应作为人民道德批判地继承。而不应该从统治阶级内部比较着眼，把所谓"好人"所表现的道德当作统治阶级的道德继承下来。

总之，我们是革命的无产阶级，我们要继承的是历史上和统治阶级对立的革命的民主的优秀的人民道德传统。和人民道德相对立的统治阶级的一切腐朽道德传统，没有无产阶级可继承的内容。

三

承认两种道德传统，肯定继承历史上优秀的人民道德传统，这固然是批判地继承道德遗产的重要前提，但是怎样才叫做批判地继承呢？这也不是没有争议的问题。有人把抽象的方法当作批判的方法；有人是把阶级分析的方法当作批判的方法。究竟哪一种是真正的批判地继承呢？我想，阶级分析的方法才是批判的方法。因为"抽象继承法"，就是从历史上不同的道德现象中抽取出共同点，即抽取出最一般、最抽象的道德概念，不过是抽掉一切阶级道德实质的空洞名词。按照"抽象继承法"，这些抽象名词是可以世世代代继承下去的。这不仅抹煞了两种对立道德传统的事实，而且否定了道德的变革性，最终将走向地主、资产阶级的道德永恒论。历史上一切评价道德的名词如仁、义、忠、孝等等，都将成为"万有引力"一样的永恒真理，这样，道德也就无所谓进步和发展了。因此这种抽象继承方法不能分辨出哪些是精华，哪些是糟粕，哪些是民主的革命的道德，哪些是腐朽的反动的道德，结果势必兼收并蓄、颂古非今。这当然是不符合我们继承文化遗产的目的和要求的，所以抽象的方法不能承担起革命的批判的任务，不能达到吸取精华排除糟粕的目的。

为什么说阶级分析方法才是批判地继承遗产的方法呢？这是因为阶级分析方法，它可以把历史上许多具有共同现象的不同本质分解出来，可以把各种不同的道德现象分解出其阶级实质，分解出两种对立阶级道德的斗争状况。从而使人能够清楚地辨别哪些是革命的民主的优秀的人民道德，哪些是反动的腐朽的统治阶级道德，然后从道德遗产中吸取精华排除糟粕。这样的继承方法就使得人类创造的一切进步的革命的道德原则成为丰富新的道德即共产主义道德的原材料。

我认为，在道德遗产的继承问题上，首先应该对于历史上的道德遗产否定其原来的形式和意义。因为一切历史上的文化或道德遗产是有一定的时代性的，而我们所要继承的优秀的人民道德，又往往是错综复杂地存在于历史上的各个不同阶级成员的思想体系之中，不首先否定或打破其原来的思想体系是不易发现其道德本质的。另一方面进行社会主义革命和社会主义建设的无产阶级，必须否定过去几千年来所形成的私有财产制度，所以也必须"坚定地打破过去传下来的各种观念，包括道德观念在内，然后才能摄取其中有益的东西。"这一点是和历史上其他阶级对待道德遗产的态度有所不同的。历史上一切统治阶级之间，有着共同的经济基础（私有财产制），有着某些共同的道德要求，他们的思想体系也有某些相同之处。所以他们继承前者的道德遗产时，只要在原有的形式中抽去某些不适用的内容就行了。这在他们看来，既方便又可以利用旧的习惯势力来巩固其新的统治。但是一切阶级当它进行革命的时候，对于旧的统治阶级道德观念总要有一定程度的破坏才能取得革命成就。就是资产阶级在革命的时候，对于当时的封建等级制度和宗教禁欲主义的道德观念，也不得不采取仇视、摧毁的态度，否则它的反封建行为就是大逆不道，还怎么能夺取政权呢？不过剥削阶级一旦取得政权之后，它便向旧统治阶级寻求统治人民的经验，所以它们对于有利于统治人民的道德规范便采取原则上继承下来的办法。无产阶级不能采取这种办法，因为历史上一切剥削阶级社会所遗留下来的道德遗产，从原则上看是和社会主义根本对立的，必须首先打破其原有形式或原有意义，才好分解出其中有革命性民主性的优秀的人民道德。

其次，所谓批判地继承是用阶级分析法把旧的含有人民道德成分的道德遗产分解成民主性革命性的精华和反动的腐朽性的糟粕两部分，然后才好像吸取食物中的养料一样吸收遗产中的精华。这就是说，优秀的人民道德并不是像纯洁的结晶体一样存在于道德遗产当中，而是错综复杂地和过去的统治阶级、剥削阶级的道德思想交织在一起，即使是历史上劳动人民的道德也会渗透有统治阶级道德影响和私有制观念。必须经过阶级分析才能辨别出哪些是优秀的人民道德精华，哪些是腐朽的统治阶级道德糟粕；然后排除糟粕吸取精华。例如马克思主义创始人曾经对革命阶级特别是资产阶级革命时代的思想做过深刻的分析。他们是这样说的："每一个企图代替旧统治阶级的地位的新阶级，就是为了达到自己的目的而不得不把自己的利益说成是社会全体成员的共同利益，抽象地讲，就是赋予自己的思想以普遍性的形式，把它们描绘成惟一合理的、有普遍意义的思想。进行革命的阶级，仅就它对抗另一个阶级这一点来说，从一开始就不是作为一个阶级，而是作为全社会的代表出现的；它俨然以社会全体群众的姿态反对惟一的统治阶级。它之所以能这样做，是因为它的利益在开始时的确同其余一切非统治阶级的共同利益还多少有一些联系，在当时存在的那些关系的压力下还来不及发展为特殊阶级的特殊利益。因此，这一阶级的胜利对于其他未能争得统治的阶级中的许多个人说来也是有利的，但这只是就这种胜利使这些个人有可能上升到统治阶级行列这一点讲的。当法国资产阶级推翻了贵族的统治之后，在许多无产者面前由此出现了升到无产阶级之上的可能性，但是只有当他们变成资产者的时候才达到这一点。"[①] 这就是说，一种被"赋予""普遍形式"、"普遍意义"的

---

① 《德意志意识形态》，《马克思恩格斯全集》第 3 卷，第 54 页。

思想仍然可以分析出它的阶级性。一方面表现在它必须是反对当时的统治阶级的，这样一来就不能不使这种思想带上鲜明的被统治阶级的阶级性；另一方面表现在它和当时其他被统治阶级思想又有原则性的区别。如资产阶级革命时期的思想所以能说成"普遍形式"，只是由于资产阶级胜利后使某些无产者个人有升入统治阶级行列的可能性（现实性很小），但是这一点现实性很小的可能性所表现的利益上的联系，只是个人利益的联系而不是两个阶级的阶级利益的联系，实际上只是个人转移阶级属性的幻想。由此看来，资产阶级革命时期的思想，不仅具有被统治者的阶级特性，而且还具有处于被统治时代的资产阶级的思想特性。尽管资产阶级在反封建这一点上，和其他被统治阶级是一致的，在这一点上，它的道德可能表现出一定的革命性和民主性，是可以批判地继承的；但反封建时所提出的正面要求，各个被统治阶级却是不同的，正如恩格斯所说，"资产阶级的平等要求，也有无产阶级的平等要求伴随着"。① 资产阶级革命时期的思想经过马克思、恩格斯所作的阶级分析之后，我们就可以看到哪些是应该否定的，哪些是可以肯定的，就不至于被资产阶级革命时期的口号或思想的"普遍形式"所迷惑而无批判地兼收并蓄。

最后，我认为批判地继承应该是个质变过程。这种质变过程用简单的语言把它说清楚是很不容易的，结合实例来说可能还好一些。

有人举例说明批判地继承中的质变，是这样说的：资产阶级讲民主是对资产阶级的民主，社会主义讲民主是对人民的民主，这里民主内容发生了质的变化，所以民主这一道德概念也起了质的变化。又如"忠"这个概念也是这样，在封建社会里"忠"是

---

① 《反杜林论》，《马克思恩格斯全集》第20卷，第116页。

"忠君"、忠于一姓一家；现在是忠于党的事业，忠于社会主义事业等。这也是由于阶级关系发生了变化，而"忠"这一道德概念也发生了质的变化。这就是某些人所理解的批判地继承的质变。

这种说法我认为和马克思列宁主义的批判地继承的质变毫无共同之处。上述所谓质变指的是社会发展过程中阶级关系的变化自然带来的道德关系的变化，而不是用阶级分析法对某一道德原则进行分解批判之后的质变，只是表明了某些词义随着阶级关系的变化而产生了不同的用法而已。

我们所说的批判地继承中的质变与此不同，我们打算用大家常说的岳飞抗金的例子来分析一下。岳飞是我国历史上的民族英雄，他受到历代广大人民的歌颂和尊敬；同时他也得到了历代封建统治阶级的表彰。从表面看来他好像是各个阶级都共同称赞的人物，似乎是体现了各个阶级共同承认的道德原则。其实不然。广大人民歌颂他的是和当时人民和祖国利益相联系的爱国思想和反抗国内投降势力的坚决斗争精神；而封建统治阶级所表彰的是封建的"忠君、死节"等精神，从而借此扩大宣传封建阶级的腐朽道德。这显然同样称赞一件事，而所依据的道德准则却根本不同。这里说明在岳飞抗金这一件事情上所表现的道德观念，包含有复杂的内容。从岳飞抗金的爱国行动的动机来看，"忠君报国"的封建意识占有主导的地位，而且是用封建道德的形式表现出来的。但是，他那种收复失地、抗击外族侵略的决心，却又和当时广大人民的迫切要求是一致的，是符合当时的人民利益的。当时民族矛盾超过了阶级矛盾，但是由于赵宋王朝的反动统治集团，为了一时的苟安，一再割地称臣、屈膝投降，使广大的国土和人民任异族掠夺和奴役，因而统治阶级和被统治阶级的矛盾，便集中在抗战与投降的问题上面。统治阶级内部的受到异族侵略的损害和威胁的阶层，也积极地主张抗战，反对统治阶级内部的投降势力。这样统治阶级内部分化出来的主战派，便和渴望收复失地抗击敌人的爱国人民站到一边了。因此岳飞等主战派对当时广大人民违抗君命自动武装起来抗击敌人的行动，采取了同情、支持和依靠的态度；对人民的实际利益表现了关怀和尊重，他所领导的军队军纪严明，不准侵犯人民利益。而广大人民也就把收复失地和摆脱异族奴役的希望寄托在他的身上，积极支援和响应他的抗战行动。这表明他的坚决抗敌和反对屈膝求和的斗争，有鲜明的优秀的人民道德的成分，他的爱国的思想和当时的人民的爱国思想有一定的共同性。然而忠君和爱国利民这两种不可调和的矛盾思想，终于成为他悲惨结局的原因。他的爱国热情和民族的责任感，没有冲破他的"忠君"思想的束缚，当连续接到假金牌之后，他不得不对"十年之力，废于一旦"感到悲愤，对广大人民的哭诉和阻拦只有忍痛不顾，引军回朝。回朝后他又不肯放弃自己的抗战主张而终于悲壮地牺牲。我们把岳飞的爱国思想分解开来看，突出他保卫祖国维护人民利益的人民道德一面，排除其"忠君报国"的封建道德一面，这样就打破了他原有的"忠君报国"思想形式，改变了"忠君报国"的封建道德的性质，从中分解出了一种和他的封建思想体系不同的优秀的人民道德成分。这种人民道德成分还需要加工改造，才能成为社会主义的爱国主义思想的原材料或有机成分。这就是经过阶级分析的质变过程。

上述分析说明，批判地继承表现的质变过程就是对某一思想行动进行阶级分析批判的过程。通过阶级分析使原有思想分解，取出其民主的、革命的、优秀的人民道德成分，然后加工改造才能成为新道德的组成部分。绝不是如有些人所说那样，把"忠君"的"君"字抽掉，换上现在的党和国家就叫做批判地继承，叫做质变。实际上这种所谓批判地继承只是进行抽象而不是进行分析批判；只是道德概念的永恒不变而不是质变。

四

最后，我对于道德的阶级性和继承性问题的意见，可以简要地归纳为以下几句话：道德的阶级性是阶级社会的物质生活条件的客观反映，是不以人们的意志为转移的客观存在；道德是为阶级斗争服务的。因此历史上总是存在两种对立的不断斗争着的道德传统，即反动的腐朽的统治阶级道德和革命的、民主的、优秀的人民道德。这两种道德究竟继承哪一种，这决定于继承者的阶级立场。革命的无产阶级继承优秀的人民道德传统，反动的资产阶级则继承腐朽的统治阶级道德传统。而优秀的人民道德传统不只是局限于劳动人民所表现的道德，它包括各个阶级的个别成员所表现出来的具有优秀人民道德实质的道德思想。由此看来，道德的阶级性并不妨碍道德的继承性；两者是统一的。而这种统一关系，只有根据马克思列宁主义的阶级斗争的历史观和阶级分析的批判方法，才能正确地认识。任何拒绝或脱离阶级斗争的历史观和阶级分析法的思想，都必然陷入抽象的继承和道德永恒论。这对彻底肃清封建道德和资产阶级道德是极不利的。

（发表于《新建设》1963 年第 11 期）

在伦理学研究工作中坚持
四项基本原则

一

伦理学或道德问题的科学研究,特别是关于共产主义道德的研究,必须坚持四项基本原则。这在当前来说,有其特殊意义。为什么呢?这是因为,道德这一社会形态同其他社会意识形态、上层建筑(包括政治的、经济的、文艺的和宗教的等等)和社会生活实践,都有极为密切的关系。如果道德科学的理论背离了马列主义、毛泽东思想,就不仅影响到整个思想领域,而且会影响人们的社会实践,使之脱离社会主义方向、人民民主专政和党的领导,从而妨害社会主义现代化建设和社会主义精神文明的发展。反过来说,在其他社会意识形态领域里出了问题,也会影响到道德理论和道德实践,从而影响社会秩序和道德风尚。在当前的现实生活里,经过十年动乱之后,"左"倾思潮和封建主义的思想残余还没有完全肃清;另一方面,我们为了加速社会主义现代化建设,需要积极地学习资本主义国家的先进科学技术,发展国际交往,同时也需要了解世界各国有关哲学社会科学的发展情况,把国外各种哲学社会科学的资产阶级流派和动向介绍进来。这些都是很必要的，有助于我国现代化建设和文化事业的发展。但是，我们也必须清醒地看到，由于对外开放和学术交流、国际交往等活动，也必然会带来各种腐朽的资产阶级生活方式和资产阶级思想的影响。实际上，这种影响已经出现而且还会增长。在学术思想上，甚至有人用某些国外资产阶级哲学流派来补充、改造或代替马克思主义。严重的是，这些错误思想没能得到应有的批评。比如，在一部分青年的思想上有一种所谓"看穿论"，对一切事物抱虚无主义态度，自以为看透了一切，什么革命理论、革命原则他都不感兴趣；还有许多人，其中也包括某些干部，奉行一种"实惠论"，一切向"钱"看，只要能捞到油水，不顾革命原则和人民利益，不顾党纪国法，不顾国格人格；再有一种是所谓"栽花论"，其口号是："多栽花，少栽刺，留下人情好办事。"在"栽花论"的影响下，批评与自我批评就无法开展。至于什么"关系学"、"交易学"，也成为某些人的生活原则，"你给我什么好处，我就给你什么方便"。这种腐朽的资产阶级生活方式和生活原则已经侵入中国共产党内，形成党风不正。这是非常值得注意的问题。陈云同志说得好："党风问题，是执政党的生死存亡问题。"因此，党中央积极着手解决"自由化"的倾向和在思想政治工作的领导上存在的涣散软弱无力等问题。邓小平同志在一次讲话中说："当前更需要注意的问题，我认为是存在着涣散软弱的状态，对错误倾向不能批评，一批评就说是打棍子。"又说："现在有些人，自以为是英雄，没有批评时还没有什么，批评一下，欢迎他的人更多了。这是一种很不正常的现象，一定要认真扭转。"胡耀邦同志也在一次会上讲，有些人"一听说要有适当的思想斗争，一提要搞批评与自我批评，就反感，就抵制，就反对。他们批评别人攻击别人可以，要他们受批评那可不行，自我批评更不行，这就是完全错误的了。这种思想是危险的，是有害的，是远离马克思主义，违反四项基本原则的。这一点，我们每一个革命者必须明确"。这些指示是非常重要而且及时的。

鉴于以上的情况，在道德科学的研究和宣传工作中，坚持和捍卫四项基本原则，就具有了非常重要的意义。越是在广泛开展国际交往的情况下，就越需要坚持捍卫四项基本原则，积极开展学术上的思想斗争，发扬批评与自我批评的革命传统。至于如何坚持，坚持什么，批评什么，还要根据现实生活中存在的具体问题而决定。

二

当前伦理学的研究和道德教育工作中，我认为与坚持四项基本原则有关的，主要应注意以下几个问题：（1）坚持伦理学的哲学基础是唯物史观，要坚持唯物史观的"物"是指一定社会的经济关系；（2）坚持共产主义道德的集体主义原则；（3）坚持道德这一社会意识形态（以及其他社会意识形态）对经济基础的能动作用或反作用的原则。

（一）坚持伦理学的哲学基础是唯物史观。在马列主义者看来，这是不言自明的道理。但是在当前来说，实际上，并不是没有问题的。我认为有两个问题值得注意：一是以人性论或人本主义思想来歪曲或代替马克思主义的唯物史观；一是把消费生活的物质条件当作决定道德观念的"社会物质生活条件"，也就是以人们消费生活状况作为马克思主义的唯物史观的"物"。以上两种观点都不是马克思主义的唯物史观。

关于人性论和人本主义的思想，有些人借用 18 世纪唯物主义者和费尔巴哈的人性论或人本主义学说，说人的本性是自私的，是追求个人幸福的，能够满足个人幸福的行为就是道德的，因此人性是道德的基础和标准；所以，要求国家、社会满足和保证个人的物质生活欲望，认为国家、社会是满足个人欲望的手段，人本身才是目的，人的权利、人的尊严、人的自由幸福才是人类的最高价值。至于什么社会制度、什么社会理想和什么是人的最高价值，则一概不管。例如前面提到的"看穿论"、"实惠论"、"关系学"等等，都是自觉不自觉地以这种"人性论"为思想基础的。其实这在马克思主义经典著作中，早已被详尽地批判过了。这是资产阶级上升时期的理论，在历史上起过进步作用；到19、20世纪，这种人性论就成为替资本主义辩护和阻碍马克思主义发展的一种理论工具了。现在国际上反马克思主义者仍然热衷于人道主义、人性论，企图以此改造或代替马克思主义。值得注意的是，现在有一些同志自觉或不自觉地，也受到人本主义思潮的影响，制造出一种更易迷惑人的人本主义或"人学"。他们把资产阶级人性论和马克思所提出的"人的本质是一切社会关系的总和"加在一起，认为马克思所说的"人的本质"是人的"社会性"，而人本身还是自然界的一部分，是生物的存在，所以人的"社会性"只是为了满足人的自然属性即生物的生活需要而产生的；人的生存需要衣、食、住、行和生育，从而产生满足这种需要的手段，即劳动生产、组织家庭、社会和国家，因此，人的生物需要是社会发展的动力。他们说什么马克思主义的唯物史观就是人的自然本性和社会本性的统一，而自然本性是起决定作用的基础；唯物史观的"物"就是人的生物本体及其生活需要①。这样

---

① 苏联的凯舍拉瓦在《真假人道主义》一书中，把"人的本性"作为人的自然属性，"人的本质"作为人的社会属性；卡卡巴捷则在《作为哲学问题的人》一书中，明确地把人的自然属性作为社会发展的动力。

一来，马克思主义的唯物史观就面目全非了。这一类以人性论或人本主义来歪曲、代替马克思主义的唯物史观的企图，当前在国外是很时髦的，在国内也有些人很感兴趣，而且认为这是过去被人忽略的马克思的基本思想或马克思主义的出发点，现在应该发掘出来给以充分发挥。

马克思在某些著作中讲到过人性、人的本质问题，特别是早期著作中运用了一些费尔巴哈的人本主义的概念和术语。由此认为马克思主义创始人就是把"人"或"人性"作为唯物史观的根本问题或出发点，这是不符合实际的。马克思所以在早期著作中较多地谈到"人的本质"和"人"的问题，是由于当时的经济学家、空想社会主义者和空想共产主义者以及德国古典哲学家，都是从人性论或从人本主义思想出发；特别是当时已经出现了急需把社会主义和共产主义理论付诸实践的社会运动情况，而许多自命为社会主义者或共产主义者的理论家，极力宣传以人性论或人本主义作为共产主义的理论基础，用人性、人道主义来抹杀阶级斗争的革命实践。马克思为了确立科学的唯物史观和科学共产主义世界观，不得不着重清算和批判资产阶级人性论和人本主义的历史唯心主义。当然，马克思和恩格斯当时还处于由资产阶级进步思想向无产阶级的科学思想体系的转变时期，就是说，马克思主义的科学世界观还没有成熟或完全形成，特别是还没有完全摆脱对费尔巴哈的崇拜。在这种情况下，在批判人性论和人本主义的思潮时还带有人本主义的痕迹，这是每一个人的思想变化过程中的自然现象。但是从本质上看，马克思早期沿用"人的本质"、"人"的术语是要和资产阶级人性论和人本主义的本质区别开来，从而揭露资产阶级人性论和人本主义思想的错误。他们绝不是从人本主义出发来建立唯物史观的。恩格斯在1844年11月给马克思的一封信中有一段话说明了这一点。他写道："不过，所有这些理论上的废话一天比一天更使我感到厌倦；谈到'人'的问题而不得不说的每一句话，为反对神学和抽象概念以及反对粗陋的唯物主义而不得不写的或读的每一行字，都使我非常恼火。如果人们不去研究所有这一切幻影——要知道，甚至还没有现实化的人在现实化以前也仍然是一个幻影——而去研究真实的、活生生的事物，研究历史的发展和结局，那么情况就完全不同。"① 这一封信表明，马克思和恩格斯当时想尽快把他们所要研究和确立的理论完成，但被那些关于抽象的"人"的议论所阻碍、干扰，不得不因批判而感到厌倦和焦急；它还说明，他们想直接研究的问题不是抽象的"人"，而是现实的真实的事物和历史的发展与结局。他们认为那样研究将会使工作进展得更快更好。这一事实可以说明马克思主义科学世界观并不以"人性"为唯物史观的核心。列宁曾经说："资本主义社会必然要转变为社会主义社会这个结论，马克思是完全而且仅仅根据现代社会的经济发展规律得出的。"② 而主张"人学"的人们的主要根据是马克思的《1844年经济学—哲学手稿》（以下简称《手稿》）。自从这个《手稿》公布以后，它便成了一切反对、歪曲和改造马克思主义的人们的一大法宝，他们都以《手稿》作为一个最好的突破口。这也说明《手稿》是有某些可以曲解的弱点的不够成熟的作品。

《手稿》是1844年4月至7月间写成的。在这个当时未发表的《手稿》中，是有"共产主义作为完全的自然主义＝人本主义，作为完全的人本主义＝自然主义存在着"等不明确、带有旧思想痕迹的词句和术语。但是，从整个内容看，这正是马克思同

---

① 《马克思恩格斯全集》第27卷，第13—14页。
② 《卡尔·马克思》，《列宁全集》第21卷，第51页。

当时的人本主义者辩论和对他们批判时的用语。《手稿》的大部分篇幅是针对着经济学家李嘉图、亚当·斯密和哲学上的青年黑格尔派关于"人"的看法的批判，同时从正面阐述了自己对于人的本质的看法，即人是社会的。《手稿》还在很多地方批判了只把肉体需要的满足当作人的生活的思想，认为这只是动物的生活而不是人的生活。事实上，《手稿》并不是从"人"开始去研究社会关系，而是以社会关系（工资、劳动与资本的关系）为出发点来研究人类社会发展规律的。所以列宁说："社会主义学说正是在它抛弃关于合乎人类天性的社会条件的议论，而着手唯物地分析现代社会关系并说明现今剥削制度的必然性的时候盛行起来的。"① 列宁这一论断是完全符合马克思主义世界观的发展情况的。列宁还指出："这个理论制定了社会经济形态的概念。它以人类任何共同生活中的基本事实即生活资料的谋得方式为出发点，把这种生活资料谋得方式和在它影响下形成的人与人间的关系联系起来，并指出这些关系（即马克思的用语'生产关系'）的体系是为政治法律形式和某些社会思潮所包裹着的社会基础。"② 这就是说，马克思主义的唯物史观是以人们的生产活动、经济关系为出发点来研究人类的现实生活，从而发现了社会发展的客观规律及其必然的前途——共产主义社会，而不是从"人"的概念或人的生物需要出发设想出来的美好理想——共产主义制度。所以，马克思在《手稿》中批判人性论说："吃、喝、性行为等等，固然也是真正的人的机能。但是，如果使这些机能脱离了人的其他活动，并使它们成为最后的和惟一的终极目的，那

————————

① 《什么是"人民之友"以及他们如何攻击社会民主主义者?》，《列宁选集》第1卷，第51页。

② 《民粹主义的经济内容及其在司徒卢威先生的书中受到的批评》，《列宁全集》第1卷，第388页。

么，在这种抽象中，它们就是动物的机能。"这样一来，"动物的东西成为人的东西，而人的东西成为动物的东西"。① "劳动这种生命活动、这种生产生活本身对人说来不过是满足他的需要即维持肉体生存的需要的手段。而生产生活本来就是类生活。"② 这后一段话也就是人类生活的本质特征。由此我们可以更清楚地理解马克思在《关于费尔巴哈的提纲》（1845 年初写的）中的两个命题，即"新唯物主义的立脚点则是人类社会或社会化了的人类"和"人的本质并不是单个人所固有的抽象物，实际上，它是一切社会关系的总和"③。这里讲的"立脚点"和"人的本质"的内容，都是指的"社会"或"社会关系"。马克思在《手稿》中很多地方讲到"人的即社会的"，所谓"社会的"就是指处于一定生产关系或社会关系之中的人类集体。所以，"人类社会"或"社会化"的人类都是指社会关系或生产关系的总和，也就是人们活动于其中的社会集体。所以恩格斯后来说："要从费尔巴哈的抽象的人转到现实的、活生生的人，就必须把这些人当作在历史中行动的人去研究。"④ 就是说当作在一定经济关系、阶级关系中进行生产和阶级斗争活动的人去研究。人类生活的历史是社会发展的历史，即人类生活资料谋得方式的历史，从事实际活动（生产活动和阶级斗争）的历史，所以社会在本质上是实践的。马克思主义创始人在批判人本主义时写道："哲学家们在已经不再屈从于分工的个人身上看见了他们名之为'人'的那种理想，他们把我们所描绘的整个发展过程看作是'人'的发展过

---

① 《1844 年经济学—哲学手稿》，《马克思恩格斯全集》第 42 卷，第 94 页。

② 同上书，第 96 页。

③ 《马克思恩格斯全集》第 3 卷，第 5、6 页。

④ 《路德维希·费尔巴哈和德国古典哲学的终结》，《马克思恩格斯全集》第 21 卷，第 334 页。

程，而且他们用这个'人'来代替过去每一历史时代中所存在的个人，并把他描绘成历史的动力。这样，整个历史过程被看成是'人'的自我异化过程，实际上这是因为，他们总是用后来阶段的普通人来代替过去阶段的人并赋予过去的个人以后来的意识。由于这种本末倒置的做法，即由于公然舍弃实际条件，于是就可以把整个历史变成意识发展的过程了。"① 这一段话是针对当时的人本主义或人道主义者的有力批判。可是，在这一批判后的八十年至一百多年间，热衷于人本主义和人道主义的理论家们，却仍然非常执著地、盲目地重复着他们前辈的早已枯死的语言，硬把人类历史看做人的"自我异化"的过程。《手稿》德文版的最初出版者迈耶尔在他 1932 年的著作中，就力图把《手稿》说成是"马克思的中心著作"，甚至断言在《手稿》发现以后，《共产党宣言》的第一句话应该读做："以往的全部历史都是人的自我异化的历史。"② 现在的某些"人学"爱好者，虽然不一定完全重复这句话，但他们的主要意思是相同的，总觉得说人类历史是人的自我异化发展史更合胃口。由此可见，人本主义或"人学"家们是没有别路可走的。

当然，马克思主义创始人并不忽视或排除肉体的人及其需要，但是，马克思主义并不是把肉体的人的肉体需要当作社会发展的动力。因为人的肉体的物质生活需要和动物的生活需要是有本质区别的，这种人的物质生活需要是由人们的社会劳动生产所决定的。作为人类的第一个需要是由制造使用工具、劳动生产活动及其生产出来的生活资料所产生的。马克思曾指出："生产为消费创造的不只是对象。它也给予消费以消费的规定性、消费的

---

① 《德意志意识形态》，《马克思恩格斯全集》第 3 卷，第 77 页。

② 《卡尔·马克思：历史唯物主义（早期著作）》第 1 卷，德文本第 XXXVIV 页。

性质，使消费得以完成。……饥饿总是饥饿，但是用刀叉吃熟肉来解除的饥饿不同于用手、指甲和牙齿撕啃生肉来解除的饥饿。因此，不仅消费的对象，而且消费的方式，……都是生产所生产的。所以，生产创造消费者"，"是由于生产靠它起初做对象生产出来的产品在消费者身上引起需要。"① 由此可知，人类的生活需要不是社会发展的最后动因，它是由社会生产状况所决定的。所以，真正推动社会生产发展的是社会生产力和生产关系的关系；认为人的肉体的物质生活需要是社会发展的动力是不科学的。我们可以说，人类具有自然属性和社会本性，但是，必须肯定人的社会本性决定和制约着人的自然属性，而且必须明确社会本性是指的"社会关系"的总和，而不可与单个人的群居的"社会性"相混淆。这是马克思主义唯物史观的根本问题，必须坚持。

其次一种说法，是把人们的物质消费生活状况当作决定人们道德的"社会物质生活条件"，而不是把满足人们物质生活需要的"谋得方式"作为社会意识形态和道德的决定因素。有这种看法的人认为，我们现在的社会主义制度下的物质消费生活水平还不高，不应有较高的道德要求。有的还把管仲的"衣食足，则知荣辱"当作唯物史观的根据，来论证物质消费生活富起来了，道德就自然而然地提高了，在现在生活水平不高的情况下，共产主义道德的宣传教育是空话。这样一来，就把马克思主义的唯物史观的"物"解释为由生产状况和生产关系所制约或决定的"物质消费生活条件"，来偷换作为社会经济基础的生产关系的总和或经济关系。这不仅使道德从理论到实践成为一种消极的、毫无能动作用的、无足轻重的装饰品，而且使消费生活条件变成了道德

---

① 《导言》，《马克思恩格斯全集》第12卷，第742页。

的有无和道德水平高低的决定因素。由此就会推论出一个十分荒唐的结论：只有富人才有道德，穷人不可能有道德；现代发达的资本主义国家里最有道德，经济不够发达的社会主义国家里就不可能有道德。事实上，资本主义国家的社会道德日益腐化堕落，他们自己都承认已无法控制。而我国在20世纪50年代时的社会道德面貌却受到国内外广大群众的称赞。难道那时我国的物质生活水平比发达的资本主义国家的生活水平高吗？实际上，那时的生活水平比现在还要低一些哩。资本主义社会里的工人阶级生活水平虽然很低，但他们要比资本家道德面貌要高尚得多。总之，事实证明，以消费生活条件来代替经济关系作为决定社会意识形态的基础是和马克思主义的唯物史观根本不同的，是不符合客观事实的，因而，对当前的社会主义现代化建设和社会主义精神文明的发展极为不利。这种理论会引导人们单纯地追求个人的物质生活享受，否定理想和道德的社会作用，助长个人主义的价值观念和消极情绪。因此，在伦理学的研究和共产主义道德的宣传教育中，必须弄清楚作为马克思主义伦理学的哲学基础的唯物史观的"物"的实质，和各种唯心史观划清界限，才能正确阐明共产主义道德的实质及其根本准则。

（二）坚持共产主义道德的集体主义原则。集体主义原则不仅是共产主义道德的根本原则，也是社会主义社会的经济原则、政治原则、法制原则以及其他社会生活方面的基本原则。它是由社会主义社会的公有制（包括劳动群众集体所有制）这一生产关系决定的。所谓生产资料公有制，就是一切社会成员都是生产资料的主人，公共的社会集体利益和一切社会成员的个人利益从根本上一致起来。因此，每一个人的基本利益都是在社会主义社会集体利益的前提和保证下实现的。所以，社会集体利益高于个人利益，长远利益高于眼前利益，整体利益高于局部利益。这是社会主义社会的各种领域都必须遵守的基本准则，道德当然也不例外。因此，我们说共产主义道德的集体主义基本原则，不是哪个人可以随意制定的，它是社会主义社会制度和社会关系的一种必然产物。在资本主义社会里，无论怎样提倡集体利益（公益）高于个人利益，也是难以实现的；因为资本主义经济关系决定了人们之间的关系是自由竞争，是把自己的幸福建立在别人的痛苦之上，个人利益和社会利益是对立的。资本主义社会制度的根本原则就是保障个人自由竞争的利益，所以总的道德原则是个人主义。相反地，在社会主义制度下，如果把个人利益放在社会集体利益之上，或者个人利益经常侵害别人的和社会集体的利益，那么，社会主义建设就不可能发展，社会主义道德也将无法坚持。在政治方面，个人利益或个人权利高于国家权利，即只要民主不要专政、只要民主不要集中，那么，人民的民主权利就将无法保障，人民民主专政（即无产阶级专政）的性质就将无法坚持，共产党的领导就更难实现。因此作为调整人们之间、个人和社会集体之间的关系的道德准则和规范，必须坚持这一共产主义的集体主义道德原则。坚持它就是坚持了四项基本原则。

但是，现在有些人对集体主义道德原则有一种错觉和误解，或者说思想方法上缺少辩证法的观点。他们认为集体主义道德原则就是抹杀个人利益，要求个人利益服从社会、国家的集体利益就是否定个人利益，因而要求以个人利益为基础，社会集体利益服从个人利益。他们说什么"个人利益是目的"，"社会集体利益就是个人利益相加之和"，如此等等。这种思想在理论上又回到了18世纪资产阶级个人主义，和前面所讲的人性论或人本主义是相联系的。在实践上，他们主张个人利益高于一切，"按酬付劳"，斤斤计较，并且想方设法以关心"个人物质利益原则"为借口，把公共财产转化到个人消费财产上去，例如各种不合理的

奖金、津贴、补助以及采用非法手段营利分成等等。这样既造成
公共财产的损失，又不利于个人集中精力做好本职工作和充分发
挥个人的才智；表面上看来某一部分人的收入增加了，但产品不
一定增长，社会主义劳动积极性、创造性也并不一定得到发挥，
同时也不符合按劳分配的社会主义原则。这也说明不坚持共产主
义道德的集体主义原则，就不可能把广大劳动人民的积极性创造
性引向社会主义现代化建设方面。

　　强调坚持集体主义道德原则会不会和现在的经济改革、现行
的经济政策（如允许个体经济存在并适当发展、一部分人先富起
来等政策）有矛盾呢？我们说，没有矛盾。我国当前的经济改革
和经济政策放宽，不是社会主义社会的基本经济关系的改革，而
是根据我国的具体情况，在劳动组织和生产管理的具体制度上的
改革。这种改革是为了更好地发展我国的社会主义经济基础。比
如，农业的联产责任制，是农业劳动组织和农业生产管理以及农
业分配方法的改革，而不是社会主义所有制的改革；就是包产到
户这种责任制，也是作为社会主义集体经济的一种补充形式，它
有利于社会主义经济发展和人民生活的改善，并不影响或妨碍国
家经济命脉的公有制经济的发展；农业经济的发展方向仍然是集
体化（集体化的方式可能有所变化）和机械化，只是采取什么方
式更好的问题。因此，从总的经济调整、改革来说，同坚持集体
主义道德原则是不可能有矛盾的。共产主义道德的集体主义原则
和个体劳动者、一部分先富起来的人们的利益之间，在根本上是
一致的。个体劳动者和先富起来的部分个人，是在服从社会主义
社会集体利益，有助于社会主义公有制经济发展的条件下，在统
一计划的前提下，进行自主的劳动。由于劳动得好而富起来当然
是光荣的。但是如果一部分人或个别人为了自己先富起来而采取
歪门邪道，不惜损害别人和集体的利益（如贪污受贿、投机倒把

和走私诈骗等），那就不但不光荣而且还要受到道德的谴责或法律的制裁。这种道德谴责和法律制裁，不仅不妨碍经济改革和经济政策的贯彻，相反地，它保护社会主义社会经济改革和经济政策的贯彻。

总之，坚持共产主义道德的集体主义原则，是保证社会主义思想的确立和发展，保证社会主义道路的畅通和党的政治领导的正确实现，坚持马列主义、毛泽东思想的大问题。共产主义道德的集体主义原则贯彻到社会主义社会生活的各个方面去，就形成各行各业的职业道德、家庭道德和保障公共生活秩序的社会公德，更能充分发挥广大人民群众的社会主义社会主人翁的责任感，促进并加强全国各族人民之间的友爱团结，同心同德地为早日实现社会主义现代化强国而奋斗。

（三）坚持道德和其他社会意识的能动作用原理。道德和其他社会意识形态、上层建筑的能动性或对经济基础的反作用，是马克思主义哲学的基本原理之一，这是毫无疑问的。但是，在十年动乱期间，林彪、"四人帮"的"权力意志论"搞得无法无天，以致人们愤恨之余，对关于社会意识、上层建筑及阶级斗争等等的社会作用的马克思主义基本原理，也有些谈虎色变的情绪，好像一提社会意识形态的能动性和社会作用，就会成为唯心主义或唯意志论；一提阶级斗争和思想斗争，就是又要搞政治运动或出现十年动乱；一提对错误思想进行批评或批判，就是打棍子、扣帽子、压制民主、反对解放思想和"双百"方针等等。于是有人认为只要经济搞上去了，物质生活提高了，一切问题都解决了，用不着讲什么"大道理"。在有些人看来，政治、道德等思想教育工作没有什么能动作用，社会意识形态对经济基础的建设没有反作用或者有点也不大，不能解决什么问题。这种看法显然是片面的、不符合实际情况的。如果社会意识形态和上层建筑没有什么作用或不解决任何问题，那么，它们本身也就不会产生。实际上，如果没有社会意识和上层建筑的反作用或能动性，不仅人类物质生活资料的生产无法进行，人类的社会生活也难以维持。社会意识和上层建筑之所以产生，就是由于人类的劳动生产和生产关系，需要与之相适应的观念和制度来统一人们的思想行动，从而巩固和促进社会生产的发展，保障人类有秩序地生活。否则，就会无组织、无纪律，没有任何秩序，也就不可能有人类社会。即使人类有群居的本能，而没有用来统一行动的社会意识和社会秩序，社会生产和社会生活都是无法进行的。恩格斯曾经说，"根据唯物史观，历史过程中的决定性因素归根到底是现实生活的生产和再生产。无论马克思或我都从来没有肯定过比这更多的东西。如果有人在这里加以歪曲，说经济因素是惟一决定性的因素，那么他就是把这个命题变成毫无内容的、抽象的、荒诞无稽的空话。经济状况是基础，但是对历史斗争的进程发生影响并且在许多情况下主要是决定着这一斗争的形式的，还有上层建筑的各种因素"①。道德是维护人类社会秩序的最早的行为规范，以后又出现了法律和政治。正是由于有这样一些维护社会活动的上层建筑和社会意识形态，现实生活的生产再生产才得以进行和发展。仅只这一点已经可以看到道德和其他意识形态、上层建筑能动性和反作用的力量。所以，马克思主义的创始人是把社会意识形态、上层建筑的能动性和反作用，作为社会发展的客观规律的内容之一的。

把道德的社会作用强调到"万能论"是错误的，但是在一定范围内说来，在某一可能实现的具体任务的成败上，任务承担者

---

① 《致约·布洛赫（1890 年 9 月 21—22 日）》，《马克思恩格斯全集》第 37 卷，第 460 页。

有没有高度的共产主义道德自觉性是有决定性作用的。具体地说，能够千方百计地克服困难、团结一致地勇往直前的人，就能出色地完成任务；害怕困难、缺乏信心和责任感的自由散漫的人就不可能完成任务，尽管他们和前者的条件是一样的。这正是中国共产党强调思想政治工作的原因之所在。在十年动乱之后，我们所以要积极地在思想上、理论上拨乱反正，不断批判极“左”思潮和“左”的指导思想，批判封建主义、资产阶级思想的影响，不正是因为这些东西对社会主义现代化建设与经济改革起重大阻碍吗？我们批评某些人在错误的政治路线或错误的政治运动中负有主要责任，不是也说明错误观点或思想在某一时期的重大问题上起了决定性作用吗？在这样限定范围的具体问题上，说道德或其他意识形态起决定性作用，是不会和认识论中的本原问题相混淆的。因此，我们对于经济基础和上层建筑、社会物质生活条件和社会意识形态之间的关系，必须坚持它们所固有的决定与被决定的根本关系，以及它们彼此之间的相互作用的辩证观点。正如恩格斯所说：“整个伟大的发展过程是在相互作用的形式中进行的（虽然相互作用的力量很不均衡：其中经济运动是更有力得多的、最原始的、最有决定性的），这里没有任何绝对的东西，一切都是相对的。”① 令人遗憾的是，在有些人的思想上，辩证法是不存在的。

三

　　要真正做到坚持四项基本原则，并不是一件轻而易举的事；

----

　　① 《致康·施米特（1890 年 10 月 17 日）》，《马克思恩格斯全集》第 37 卷，第 491 页。

关键在于认真学习和领会马列主义、毛泽东思想的精神实质，真正把马列主义、毛泽东同志的著作学懂学通，才能以它为指导思想并理论联系实际地解决现实生活中提出的新问题。如果对马列主义和毛泽东同志的著作没有学懂，而是当作教条死搬硬套，这当然是不对的。然而，如果没有弄懂马克思主义的基本原理，就按照个人的意愿或一时的某种思潮，而随便提出一些补充、否定马列主义、毛泽东思想的基本原则的意见；甚至还自诩为发展马列主义，对于坚持四项基本原则的意见，随便扣上"教条主义"、"僵化"等帽子，这当然也不是科学的态度，肯定就不会收到发展马列主义的效果。所以，在伦理学的研究和共产主义道德的宣传教育工作中，正确地坚持四项基本原则，认真地钻研马列主义经典著作（包括毛泽东同志的著作）是首要任务。只有学懂学通了，真正掌握了马克思主义的立场、观点、方法，并对现实情况作了调查研究，才能较好地理论联系实际地解决一些现实生活中提出的新问题。只有真正做到这一点，才能对马列主义有所发展。不要先在思想上认为马列主义、毛泽东思想过时了，认为必须离开马克思主义经典著作才能发展马列主义，甚至认为现在不必学习、研究马列主义著作，主要是"发展"。这种思想和态度是很危险的。在十年动乱中把许多马克思主义基本原理搞混乱了。在理论上要真正做好拨乱反正工作，大力提倡学习研究马列主义、毛泽东思想的原著，提倡调查研究，是非常重要的。

要做到坚持四项基本原则，就要积极地宣传共产主义道德观，并把共产主义道德的集体主义原则落实到每一个人的实际生活中间去；同时，批评各种资产阶级个人主义或利己主义道德观，也是很重要的。社会主义社会的每个成员，大致都是生活在三种环境里：自己的工作岗位（职业岗位）、个人的家庭生活、社会公共场所及一般社会交往。共产主义道德的集体主义原则如果贯彻到这三个方面去，社会主义现代化建设和社会主义精神文明的发展，就会有显著的成效。所以，当前对职业道德的研究、婚姻家庭道德的研究，是道德科学研究中的一些新的领域、新的课题。现在有些同志已经着手这些工作，这是值得大家重视的可喜现象。为了坚持集体主义道德原则，理直气壮地、有说服力地批判各种形式的个人主义、利己主义道德观，也是一个非常重要的环节。做好这种批判工作，不能采取简单化的办法，需要经过调查研究，进行有针对性的、有深刻分析的、有说服力的理论批判。特别是在我们广泛开展国际交往之后，资产阶级思想影响，肯定会有所滋长；因此，对资产阶级道德观需要经常地进行分析批判，以便增强对资产阶级生活方式和腐朽道德的侵蚀的抵抗力。

要做到坚持四项基本原则，还需要在伦理学的研究中贯彻双百方针和解放思想的精神，开展平等的、心平气和的、摆事实讲道理的学术讨论。学术讨论中对于讨论的问题进行阶级分析是必要的，这不能叫做扣帽子；但是，用“左”或“右”来评论学术思想，就应该说是扣“帽子”。因为“左”和“右”是属于政治性概念，不要在学术讨论中使用。总之，学术讨论是为了交流思想，相互补充、相互纠正、相互学习、共同提高，为坚持四项基本原则，为建设社会主义精神文明做出应有的贡献。

（1981 年第二次全国伦理学讨论会上的论文，

收入《道德与精神文明》会议文集）

论道德要求

当前有些同志还是感到提出共产主义道德要求对共产党员、共青团员来说是应该的，而对全国人民来说似乎是太高了。这种想法当然有可理解的一面，但是，也有不符合实际的一面。造成这种想法的原因，主要是十年动乱过程中，林彪、"四人帮"破坏了共产主义道德准则，搞乱了人们的道德观念，使有些人对某些道德上不健康的现象有迁就情绪。此外，共产主义道德体系还不够具体，不够完善，也是一个原因。在某些人的头脑里，共产主义道德的具体内容还不够清楚，一想到共产党员的崇高道德典范，就觉得要求太高了难以做到。其实，这是一种误解。共产主义道德作为一种社会道德，它是公有制（包括劳动者集体所有）的社会经济关系的客观反映，共产主义道德准则和规范是一种原则性的客观要求。但是它变为个人的道德实践时，随着个人的政治觉悟和道德自觉性的不同，才表现出从最起码的到最高尚的不同的道德要求，创造出高低不同的道德境界或风格。共产党员的道德要求之所以高一些，是由于共产党员是有觉悟的无产阶级的先锋战士，共产主义道德准则体现在共产党的党纲和党章中的政治要求和道德要求就高于一般公民。党章中所规定的共产主义道德规范，既反映了无产阶级革命的客观要求，也是无产阶级先锋战士共产党员的主观要求。因此，党员在入党的时候，就宣誓以共产主义道德的最高标准要求自己，自觉自愿地以自我牺牲精神全心全意地为人民谋利益，自觉地遵守党的严格纪律。当然，不能要求一般公民都达到党组织所规定的道德要求。但是，一个社会主义社会的普通成员，同样可以在他个人的社会生活环境里，由于个人觉悟水平高，在个人的道德实践中，会对自己提出最高的道德要求，表现出最高尚的道德风格。就像上海的普通女工陈燕飞那样，怀孕五个月了还勇敢地跳水救人，问她为什么时，她的回答却是："我见水中的人还有一口气，总不能见死不救。这是做人的起码道德！"在这里她认为的"做人的起码道德"，也是共产主义道德的起码要求和基本准则。这一类舍己为人的崇高道德行为，最近时有所闻，说明关于道德要求的高低问题，在于个人的觉悟水平和自我要求的高低；从伦理学的角度来说，是道德体系和思想境界、道德风格问题。

一

各个社会形态都有自己的道德体系。所谓道德体系，就是由一定经济关系和社会制度所决定的道德理想、道德标准、道德原则、道德规范和道德品质等多种要素所构成的道德意识形态。道德理想和标准贯穿于其他一切道德原则、道德规范和品质之中，而且这些要素之间有一定的层次和逻辑关系。它可以体现一定的社会性质和时代精神。因此，我们说道德体系是一定社会形态的反映，是一定的社会经济基础和社会制度对它的社会成员的客观要求，不是个人可以随意制定出来的。所以，不同的社会形态有不同的道德体系。例如，资本主义社会的道德体系，是以自私自利为核心的个人主义道德体系；社会主义社会的道德体系，是以全心全意为人民服务的集体主义精神为核心的共产主义道德体系。共产主义道德体系是由系统的有层次的多种因素构成的。它的最高层次是大公无私、全心全意为人民服务的道德理想。它是共产主义道德的理想人格，是抽象的又是具体的，是理想的又是必须在现实生活中一点一滴地实践的；然而又是很难达到最完善的程度。"为人民服务"的活动是无限的、无止境的，然而理想又必须是在现实生活中人们的有限行为中逐步实现。第二个层次是集体主义的道德标准，即个人利益服从社会、国家等集体的利益。这是公有制的社会主义社会与其成员个体之间的关系的客观要求。集体主义和为人民服务精神表现在几个重要方面的规定，即道德基本原则——爱祖国、爱人民、爱劳动、爱科学、爱社会主义的公德等为第三个层次。为人民服务、集体主义标准和五爱等道德原则，还需要贯彻到每一个社会成员的各种社会活动中去，那就是具体的道德规范，即政治道德、职业道德、社会公共生活规则和婚姻家庭道德等具体道德规范是第四个层次，也是最低的层次。所谓最低的层次，就是直接指导人们各种社会行为的具体道德规范或要求。比如，干部要关心群众，联系群众，廉洁奉公，以身作则，当好人民的公仆。工人要热爱劳动，以社会主人翁的态度做好本职工作，努力钻研技术，勤俭节约，爱厂如家，尊师爱徒，团结互助，遵守劳动纪律，保质保量地完成任务。农民要热爱集体，勤劳致富，团结互助，支援困难户，学习文化科学，移风易俗。军人要热爱人民，保卫祖国，服从命令，一切行动听指挥，不怕苦，不怕死，英勇顽强，团结友爱一致对敌。商业工作者要一切为顾客着想，便民利民，热情耐心。科学、文艺工作者要对自己的科学成果、文艺作品负责，注意社会效果，如此等等。这些道德要求都是各行各业应该遵守的工作纪律和应有的工作作风，是共产主义道德的具体化。它既贯穿着为人民服务和集体主义的崇高精神，又是切实可行的生活指导规则。此外，还有一种道德要素是道德品质。如：诚实、勇敢、正直、谦虚等等。有些道德品质在儿童教育中是需要重点培养和训练的，但是品质总是和道德准则、道德规范相联系的，而且需要在社会生活实践中不断地锻炼修养才能形成并巩固起来，所以，它不是一个独立的层次。然而却是道德体系结构中一个不可缺少的因素。品质是个人性格的表现，所以也是形成道德风格特征的因素。

在道德体系中划分出几个层次，是为了更清楚地理解道德要求，使概念规定得更准确，从抽象到具体等逻辑关系更条理化，但不是绝对的。比如全心全意为人民服务，是道德理想也是道德规范。雷锋和学习雷锋助人为乐的人，当人家向他道谢时，他们总是说："这是我应该做的。"这就是为人民服务的道德理想见诸行动，许多服务行业的公约或守则中，大多数都有"为人民服务"这一条规范。但是，无论哪一方面的"为人民服务"的道德规范都不能完全体现作为道德理想的含义，而"为人民服务"的道德规范只能是道德理想现实化的一部分，全心全意为人民服务的道德理想却是一切共产主义道德准则、规范的核心。集体主义的道德标准也是如此，它是一切道德规范和道德原则的标准，同时也可以是道德规范，比如要"先公后私"、"先人后己"、"忘我的劳动态度"等等。但是，集体主义精神是共产主义道德原则、道德规范的指导原则，要渗透到一切道德领域中去。比如婚姻家庭问题是私人的事情，似乎与社会、国家利益无关，过去旧伦理学著作中把它叫做"私德"。其实，婚姻家庭道德对于社会、国家的利害关系十分密切。婚姻家庭道德对社会风尚、社会秩序和社会主义精神文明建设都有重大影响，特别是对新生一代的健康成长的影响是不容忽视的。所以，婚姻家庭道德不是纯粹私人之间的伦理关系，家庭成员个人有社会职责，家庭这个小集体本身也有社会职责。因此，婚姻家庭道德也要贯彻集体主义精神，要把爱情建筑在共同的事业心上，处理婚姻问题要考虑到社会后果，不能只当作私人的事可以轻率结婚，随意离婚，要建立团结、民主、和睦、幸福的家庭关系，担负起家庭应有的社会职责。

从道德的发展来说，共产主义道德体系是现代最先进的最高的道德体系。对剥削阶级来说，共产主义道德的大公无私、全心全意为人民服务和集体主义准则是高不可攀的不可能做到的；对无产阶级和社会主义社会成员来说，共产主义道德既有最高的道德理想和道德准则，又有切实可行的道德规范。它是社会主义社会经济基础对其社会成员的客观要求。但是，道德规范无论怎样具体，都不能像法律那样详尽具体，它只是调整各种关系的一种原则性的东西。这些客观的道德要求，只有在人们的道德实践中才能成为具体的。所以，道德实践中的主观要求，总是超越道德的具体规范（即"守则"和"公约"），创造出体现共产主义道德理想和准则的道德风格。

二

道德风格有的同志叫做道德境界，实际上，"风格"与"境界"都是表述一个人的道德水平的高低和精神特征的借用词，可以通用。不过我觉得"风格"的含义更广阔一些，它不仅可以表示道德水平和思想境界的高低，而且还可以表示个人道德行为的特殊性格。道德风格是个人对共产主义道德体系有了一定程度的认识的情况下，个人的主观道德要求在行动中的表现。由于各个人的生活条件不同、政治觉悟不同、工作环境不同、个人爱好不同、所受的教育不同、性格不同、道德自觉性（即自我要求）不同，等等，可以表现出高低不同的道德水平和多种多样的道德风格。道德风格的构成，包括道德认识、道德情感、道德实践和道德意志，所以，它受着个人的世界观、人生观、政治信念和政治觉悟的作用。一个具有共产主义世界观、共产主义人生观和共产主义信念的人，就会决心为实现共产主义理想而努力奋斗，而不惜牺牲自己的一切。因而共产主义道德的自觉性越高，对自己的道德要求也就越高。毛泽东同志讲到白求恩同志的高尚的共产主义道德风格时说："白求恩同志毫不利己专门利人的精神，表现在他对工作的极端的负责任，对同志对人民的极端的热忱。""他以医疗为职业，对技术精益求精；在整个八路军医务系统中，他的医术是很高明的。这对于一班见异思迁的人，对于一班鄙薄技术工作以为不足道、以为无出路的人，也是一个极好的教训。"①这是一个国际共产主义者的高度共产主义道德风格的表现。他的风格之所以高，主要表现在两个"极端"上。他所以对人民对同志能够有极端的热忱，对工作极端的负责任，是由于他有高度的无产阶级政治觉悟和坚定的共产主义信念。列宁曾说过："为巩固和完成共产主义事业而斗争，这就是共产主义道德的基础。"②就是说，共产主义道德的高风格是建筑在共产主义的政治觉悟和集体主义的道德准则的高度自觉基础上的。做好本职工作应该说是共产主义道德的最低要求，当一个人充分认识到了自己的工作在共产主义事业或社会主义建设中的重要意义时，就会对自己的工作提出高度负责的道德要求，千方百计地发挥自己的聪明才

① 《毛泽东选集》第 2 卷，第 621 页。
② 《列宁选集》第 4 卷，第 355 页。

智，对社会作出出色的贡献，因而就会达到共产主义道德的高风格。周恩来同志讲雷锋精神是"公而忘私的共产主义风格"。陶铸同志说："我想：共产主义风格就是要求人的甚少，而给予人的却甚多的风格。所谓共产主义风格应该就是为了人民的利益和事业不畏任何牺牲的风格。"这里都是讲的高风格。共产主义道德体系本来就是包含有自我牺牲精神的当代最高的道德体系。高风格并不在个人能力的大小和贡献的多少，而是如毛泽东同志所说的："我们要学习他毫无自私自利之心的精神。从这点出发，就可以变为大有利于人民的人。一个人能力有大小，但只要有这点精神，就是一个高尚的人，一个纯粹的人，一个有道德的人，一个脱离了低级趣味的人，一个有益于人民的人。"① 这里说得明白，共产主义道德的高风格，并不在于能力的大小，而在于能够从毫无自私自利之心出发，为了共产主义事业贡献自己的一切力量的人，就可以达到相当高的共产主义道德水平。

那么，共产主义道德最起码的风格是什么？怎样从低风格达到高风格呢？谢觉哉同志讲到负责精神时，曾经分为低级与高级两种负责精神，我认为可以帮助我们理解道德风格的高低。他说："'舍得干'即是负责。负责的态度有二：一是交给我的我一定负责，没交给我的我不管；另一种是对革命负责，即没交给我，我也要管。前者的负责精神是低级的，后者是高级的。必须有高级的负责精神，才能长久地'舍得干'，工作日见做好，能力日见提高。""负责"精神是共产主义道德的起码要求，能够对交给自己的事情一定负责做好，这就达到了起码的道德要求。但是，没交给自己的工作就不管，这表明对向谁负责和为什么要负责还认识得不够清楚或不够全面，还缺乏社会主义社会主人翁的

---

① 《毛泽东选集》第2卷，第621页。

责任感。所以，这种低级的负责精神，如果没有对革命负责的高级负责精神也是不易长久的。反之，如果有对革命负责的社会主义社会主人翁的责任感，对本职工作极端的负责任，认真钻研业务，不断提高工作效率，而且能够长期坚持不懈地出色地完成任务，那就成为共产主义道德的高风格。问题在于充分认识个人工作的社会意义，明确自己的社会责任之后，才会有为实现崇高的社会理想而长久的极端负责精神。

负责精神是个人对待社会集体的态度，在资产阶级道德体系中也是一种道德规范。但是，共产主义道德体系中的"负责"精神的低级姿态，也要比资产阶级道德体系中的高风格要高得多。因为它们有根本性质的区别。比如，求实精神可以说是美国人的高尚民族传统，对工作负责，讲求效率是资产阶级个人奋斗，求得个人成功的不可缺少的生活态度，也可以叫做个人主义道德体系中的高风格。但是，这是一种由私有制的资本的自由竞争所决定的特殊性格，因为一个企业的工作效率的高低，是关系到利润大小和资本竞争的成败问题。个人对工作是否负责，则是个人能否保持职业的生死攸关的问题。所以，尽管对工作负责在资本主义社会也是一种美德，然而它的出发点和目的都是为了个人利益，是个人主义道德体系中的高风格。而共产主义道德体系中的对本职工作的负责态度，则是从集体利益出发的"先公后私"、"公而忘私"或"大公无私"的集体主义道德风格；因此，它能不惜牺牲个人的一切。当然，我们不能排除在具有共产主义道德风格的人的思想里，也会残存有个人主义道德体系的某些影响，但是他们的主导思想和行为是属于共产主义道德体系的。因此，共产主义道德风格的高低，是和个人思想意识中残存的剥削阶级道德意识的多少有关。剥削阶级的个人主义道德意识残存得多、影响深，共产主义道德认识和自觉性可能就差，表现在道德行为上的水平可能就低；反之，个人主义道德意识残存得少、影响浅，共产主义道德认识和自觉性可能就高，道德实践中的道德风格就会高。因此，我们可以由此找出共产主义道德风格由低级向高级发展的途径，就是在党的教育和社会舆论的支持下，自觉地向个人主义道德体系的影响进行斗争，努力克服资产阶级的个人主义意识，提高共产主义的思想觉悟，在生活实践中认真锻炼为共产主义事业奋斗的坚强意志，从小事着手，坚持为人民、为社会主义建设事业做好事，便会逐渐提高自己的共产主义思想境界和道德风格。所以，在道德舆论上必须明确指出，自私自利的观念和行为是资产阶级个人主义道德体系的核心，在共产主义道德的最低风格里也是不允许其容身的。

三

道德风格有高低，道德体系有先进与落后。道德风格和道德体系中的诸因素的关系，是个人主观要求如何符合社会道德准则、规范的客观要求的问题；反过来说，就是社会道德准则、规范等客观要求，转变为社会成员个人的主观的道德要求和实践的问题。道德准则和规范是一些比较原则性的规定，而道德风格则是道德准则、规范体现在个人的道德行为（实践）中的具体的思想境界和精神状态。这种精神状态是个人对于道德准则、规范的客观要求有了一定认识和情感的表现。因此，随着个人的政治觉悟、道德认识和道德情感的不断提高，道德风格也会不断提高。甚至可以创造出达到道德理想的最伟大的事迹和最高尚的人格。

共产主义道德风格的形成，是一个复杂的认识过程，也是一个顽强的斗争过程。特别是在我国当前正处在一种新的情况下，更需要充分认识这一点。经过十年动乱，共产主义道德准则遭到了严重地破坏，在人们思想上对共产主义道德观念造成极大的混乱。此外，为了更好地进行社会主义现代化建设，对外要实行开放政策，对内要进行经济改革，因而不可避免地会带来资产阶级个人主义、利己主义的道德体系的影响。因此，对于共产主义道德的必然性和必要性的认识，要在广大人民思想上普及是需要有一个过程的。前面我们已经讲到，共产主义道德体系是社会主义公有制（包括劳动者集体所有）的经济关系的必然反映，我们在对外开放政策必须坚持的情况下，进行共产主义道德的宣传教育以及提出作为全国各族人民的道德要求更是非常必要的。共产主义思想和道德，是现代化建设的社会主义方向的思想保证；是社会主义精神文明的重要内容；是抵制资产阶级思想腐蚀的精神力量。所以，在各项社会政策的贯彻和教育过程中，必须结合共产主义道德教育，提高广大人民群众对共产主义道德的认识。同时，要提倡在社会生活诸领域里制订具体的道德规范，使大家看到共产主义道德的客观要求是切实可行而又必行的。为了提高人们对共产主义道德的认识，可以广泛宣传、介绍一部分对共产主义道德准则有比较深刻的认识，并且体现在个人行动上的各种道德范例。像《谱写共产主义凯歌的人们》一书中介绍的事迹，对加深共产主义道德的认识是有益的。今后还需要不断编辑出版各种先进的道德事迹的资料和书籍，帮助人们具体地体会，如何把共产主义道德准则、规范的客观道德要求，变为个人的主观要求，从而激发个人的道德情感，创造出多种多样的共产主义道德风格。多种多样的道德风格，不仅可以帮助人们提高对共产主义道德的认识，激发人们的道德情感，而且还可以充实、完善共产主义道德体系的客观要求。人们对于道德准则、规范的认识提高了、加深了，对自己的道德要求也就随之提高了。由此看来，道德体系和道德风格之间，存在一种社会的客观要求与个人的主观要求的辩证关系，这种辩证关系的运动过程，就是共产主义道德的普遍发展和提高的过程。

一个人做一件好事并不太难，可贵的是长久地坚持，一辈子做好事。这些好事哪怕是平凡的、细小的，只要能够长久地坚持，就是一种高尚的共产主义道德风格。但是，长期的无论在何种情况下都能坚持共产主义道德准则是不容易的，一定会遇到各种各样的阻力和斗争。因为道德行为总是涉及到许多复杂的人事关系和是非问题。有社会责任感和有共产主义思想认识的人，可能给予支持和鼓励；有个人主义思想的人或反对共产主义道德的人，可能加以阻挠、反对、讽刺、打击。像陈燕飞那样舍己救人的高尚道德行为，不是还有人说风凉话吗？有些先进分子受表扬之后，不是受孤立、遭打击吗？所以，共产主义道德实践，在社会主义这个历史阶段，是会遇到各种形式的斗争的。特别是保护社会主义社会的公共财产，维护社会主义建设利益而揭发坏人坏事的道德行为，更需要有顽强斗争的勇气和坚强的意志，需要有大公无私和自我牺牲精神。由此看来，共产主义道德准则、规范的客观要求，转变为个人的道德行为和形成道德风格的过程，是一个尖锐复杂的斗争过程。以电视剧《卖大饼的姑娘》为例来看，就是在那样一个平凡的岗位上，要做好本职工作，履行为人民服务的道德要求，剧中的主人公经过了多少斗争啊！同事的议论、顾客的批评、男朋友的误解及其母亲对服务行业的轻视，弄得几乎把朋友关系吹掉。但是，她不灰心，积极主动地以团结友爱的精神去启发、教育店里青年职工安心工作，改变了劳动态度和服务作风。为了适应群众需要，店里还增加了饮食品种，扩大了业务范围，并为方便群众送货上门，受到了广大人民群众的称赞。同时，也改变了某些人轻视服务行业的剥削阶级思想。她的斗争方式不是去训斥和责难，而是以身作则，耐心地说服教育，帮助职工和群众解决实际困难，受到群众的赞扬，从而教育了有落后思想的人，提高了服务行业职工对本行业工作的社会意义的认识。这说明，道德实践和一个人的道德风格的形成，是要经过复杂斗争的。由此看来，共产主义道德风格是具有顽强的战斗性的。人们在道德实践的战斗过程中，既改造着客观世界，同时也改造着主观世界。共产主义道德体系的最低要求，通过人们的不断实践便逐渐提高。共产主义道德理想也在人们的实践中不断实现。所以，道德实践的过程就是道德理想变为现实的过程。道德理想既是指引和激励人们前进的道德方向；渗透着道德理想的具体道德规范又是从实际出发的切实可行的道德要求。因此，共产主义道德作为社会主义社会道德，是完全与社会主义社会经济基础相适应的。这正是恩格斯在《反杜林论》中所说的："当代主张变革现社会的代表——代表着将来的那种道德，即无产阶级道德，肯定拥有最多的能以长久保持的因素。"[①] 无产阶级道德就是没有私有财产（指生产资料）、没有剥削制度的社会的道德；对资本主义社会说来，就是未来的道德。因此，这种道德体系的客观要求是无法降低的。实际上，只要是对共产主义道德有一定认识的人，在他们的道德实践上总是要超过具体的道德规范的要求的。

至于说到当前我国已进入一个新的历史时期，出现了新的情况，经济政策有了新的变化，这是我国社会主义社会发展的需要。但是，社会主义社会公有制的经济关系或经济基础根本没有变化。赵紫阳总理在 1981 年第五届全国人民代表大会第四次会议上的政府工作报告中指出："我国社会主义农业早已建立并且巩固起来。广大农民中蕴藏着极大的社会主义积极性，他们一方面要求坚持社会主义农业集体化的道路，坚持土地等基本生产资

---

① 《反杜林论》，第 99 页。

料的公有制；另一方面要求摆脱过去管理体制上的集中过多、生产上的瞎指挥、分配上的平均主义和各种不合理负担。""我们必须认真研究和总结实践中出现的新情况、新问题，坚持社会主义集体化道路和土地等基本生产资料公有制长期不变，坚持农业集体经济实行生产责任制长期不变，努力改进和完善各种类型的农业生产责任制和农村各项经济政策。"这里非常明确地讲到社会主义农业经济的方针不变，即农业的土地和基本生产资料公有制坚持不变，农业集体化道路坚持不变。新的改革和经济政策的变化是什么呢？是改变过去管理体制、生产指挥、分配和负担等方面不合理的结构问题，而社会主义社会公有制的根本的经济关系没有变。我国宪法新的修改草案中，在总纲里也重申了这一点。"草案"第六条写道："中华人民共和国的社会主义经济制度的基础是生产资料的社会主义公有制，即全民所有制和劳动群众集体所有制。它消灭了人剥削人的制度，实行各尽所能，按劳分配的原则。"第十七条指出："国家在社会主义公有制基础上实行计划经济。国家通过经济计划的综合平衡和市场调节的辅助作用，保证国民经济按比例地协调发展。禁止任何组织或者个人利用任何手段扰乱社会经济秩序，破坏国家的经济计划。""公有制"、"农业集体化"和"计划经济"就是社会主义社会的共产主义道德体系的物质基础，共产主义道德的集体主义准则是完全适应社会主义经济基础的客观要求的。现在的问题是如何使共产主义道德准则具体到社会生活的各个领域里去，使共产主义道德体系完善起来；在加强共产主义思想和道德的教育过程中，使共产主义道德准则和规范更容易转变为广大人民群众个人的自觉的道德要求，在社会主义精神文明建设中发挥更好的作用。

（《哲学研究》1982 年第 7 期）

当前仍要发扬集体主义精神

一

　　集体主义原则是社会主义社会的基本原则,也是共产主义道德的基本准则或道德标准。中国共产党一贯地遵循这一原则团结了广大劳动人民群众,取得了抗日战争和解放战争的胜利。解放后,集体主义原则成为整个社会主义建设事业所遵守的基本精神,从而取得了建国初期经济建设的巨大胜利。从道德方面来说,共产主义道德的集体主义精神,在建国后的50年代到60年代中期,就已经成为全国各族人民的行为准则;并且在较短的时间之内,就改变了半封建半殖民地的旧中国的社会道德堕落的状况。除去涌现出大批的英雄模范人物之外,社会道德风尚也出现了崭新的面貌。由此也充分地显示出了社会主义社会的优越性。现在是开始社会主义现代化建设的新时期,同时还要建设高度的社会主义精神文明,就更需要发扬共产主义道德的集体主义精神的威力,才能顺利有效地取得两大建设的成功。因为,集体主义原则是由社会主义公有制(包括劳动者集体所有制)所决定的,适应社会主义社会关系需要的根本精神。所以,丢掉或离开这一精神，社会主义方向就无法保证，现代化建设的社会主义性质也就难以实现。

但是，经过十年动乱之后，社会主义的许多原则和集体主义精神都遭到了破坏。林彪、"四人帮"横行时期，他们提倡极端个人主义和无政府主义的思想；同时，他们为了满足自己的政治野心，又以虚假的"革命利益"为借口，抹杀广大人民群众的个人利益以满足他们的权势欲。因而把共产主义道德的集体主义精神扼杀了、搞乱了。这当然不是集体主义精神本身的过错。但是，由此却引起了一些人对共产主义道德的集体主义精神产生了许多疑虑、误解和动摇。比如有的人认为，集体主义原则要求个人利益服从集体利益，就是否定个人利益、否定个人自由和个人价值，这不符合人的"自私"本性的要求。于是有的人要求提倡"自私"，要求一切为了个人利益，不应再提倡共产主义道德或集体主义精神。有的人认为，集体主义精神和当前的经济政策和经济改革不相适应；当前实行农业包产到户和个体劳动，提倡一部分人先富起来，再强调集体主义原则就会发生矛盾。诸如此类的思想显然是不正确的，思想方法是不对头的。同时，社会生活中也出现了一些损人利己、损公肥私和违法乱纪的现象；这种现象对社会主义现代化建设，已经产生了重大的危害。因此，除去给予法律制裁之外，必须从理论上和思想上批判和纠正各种利己主义思想和形而上学的片面性；大力宣传并发扬集体主义精神。

我们知道，个人利益服从社会、国家的集体利益，眼前利益服从长远利益，局部利益服从全局利益这一集体主义原则，不是某个人可以随意定出来的，它是一定的经济关系所决定的社会意识形态，是一种客观规律。私有制社会的经济关系是生产资料归私人所有，因此，私有制社会的政治制度是保证私有财产的竞争。封建社会是土地的竞争和兼并；资本主义社会是资本的竞争和垄断。资产阶级革命时期公开提出了"人的本性"是"自私"的，个人利益是道德的基础，个人主义和利己主义是道德的基本原则。这是符合它的经济基础要求的社会意识形态。不过，每个人都为个人利益打算，必然要出现相互利益的冲突和斗争。所以，他们在政治和法律上规定：私有财产是神圣不可侵犯的，以便保障有产者的个人利益。同时，也不得不划出一个个人利益或个人自由的界限，即所谓"自由就是指有权从事一切无害于他人的行为"（法国《1791 年宪法》第四条），也就是说个人利益的追求，以不妨害别人利益为界限。实际上，这完全是虚伪的不可能做到的。无产阶级在资产阶级的统治下，因为没有财产这一自由和个人竞争的物质基础，他们的个人自由和个人利益就不可能不被侵占。资产阶级统治的社会里，经济关系要求的自由竞争所形成的道德原则，必然是个人主义或利己主义。当然，资本主义国家也要讲社会公益，讲国家民族的整体利益；这种社会公共利益和广大劳动人民的个人利益是对立的，矛盾的。国家实际上是听从最大资本的支配，对于个人主义的行为妨害别人利益的活动是无法控制的。所以，由资本的自由竞争所决定的个人主义和利己主义的道德准则所造成的公开的利害冲突、社会秩序的不安宁，以及大量的犯罪和道德败坏、种族歧视和大批失业等严重的社会问题，资本主义制度本身是无法解决的。这是和它的生产社会化同生产资料的私人占有的根本矛盾分不开的，这种社会制度的发展必然是走向没落，最后由消灭私有制的社会主义制度所代替。

在社会主义社会里，生产资料实行公有制之后，个人利益和社会集体利益从根本上一致起来，广大社会成员都是社会生产资料的主人。生产资料不再是剥削劳动人民的资本，而成为全体社会成员为自己生活需要而生产的物质基础。这就是社会主义社会的经济关系。社会公有财产的利益就是社会成员的个人利益，也是保证个人利益实现的社会集体利益。社会、国家是为全体社会成员谋利益的组织机构，社会集体利益就成为个人利益的保证和个人利益的体现。因此，社会主义制度是社会公共财产、公共利益成为神圣不可侵犯的保障。因为社会集体利益之中包含着每一个社会成员的个人利益，它又是提高每一个成员个人利益的物质基础；所以，个人在他应得利益之外，非法地侵占公共利益，也就是侵犯了全体社会成员的个人利益。那么，适应这种经济关系所需要的道德准则，只能是集体主义原则；同时集体主义原则也是社会主义社会的经济、政治、法律及其他方面的基本原则。由此可见，集体主义原则是社会主义社会发展的客观规律，是社会主义社会经济关系的根本需要，任何个人意志是无能为力的。

二

在集体主义原则中，个人利益和社会集体利益本来是互相依存、互相渗透、互相转化的辩证统一关系，为什么有些人会发生误解，认为集体主义精神就是否定个人利益呢？这可能有各种不同的原因，但总的说来，是由于资产阶级个人主义思想影响，把许多概念混淆了。比如把个人利益和"自私"混为一谈，于是就把集体利益和个人利益对立起来；把现实生活中看到的资产阶级个人主义的"自私"现象当作普遍的永恒不变的"人性"；并把好事、坏事的动机都归之为"自私"的本性，于是善恶的界限没有了。他们就是这样把这些混乱的概念连缀成为抵制或反对集体主义精神的理论。对这种现象，我们不应该忽视和放纵。

我们说"自私"和个人利益根本是有原则区别的两码事。而主张"自私"的人则说"自私"是人天生的本性，"自私"还是社会发展的动力。理由嘛，一是说，人们说话都是说"你的"、"我的"，这就说明人总是从"自私"和"自我"出发，谁也不会把工资白给别人而自己不吃饭。二是说，社会主义政策不是也讲国家、集体、个人三者利益相结合吗？这不就是根据"自私"的本性吗？三是说，无产阶级不是说解放全人类才能解放无产阶级自己吗？解放全人类不也是出于解放无产阶级自己的"自私"动机吗？如此等等。这些说法显然是把许多本质不同的概念混为一谈了。

"自私"和"你的"、"我的"等观念，不是人类天生的本性，是私有制度的产物；在私有制出现之前，人类是没有这类观念和语言的。"自私"是和剥削或侵犯别人的利益紧密相连的，即在个人应得利益之外还要取得更多的利益；正如列宁所说的那样，自私的人就是"自己付出的尽量少些，自己收入的尽量多些"。最好的也是只顾个人私利不管别人死活。简单地说，"自私"就是损人利己、损公肥私，它是剥削制度的产物，不过是侵占或妨害别人利益的方法和程度不同而已。投机倒把、贪污受贿是由自私而犯罪，就是日常生活中的"自私"表现也是妨害别人利益的。乘公共汽车一个人占两个人的座位，放上自己的提包，不肯让别人坐，我们说这个人"自私"。在生产中有人为了个人多得超额奖金而不顾产品质量和设备的损坏，我们说他"自私"。一个宿舍楼里，有人为了个人快乐放现代音乐，狂歌乱舞直至深夜而不管邻居的休息，我们说这是"自私"。总之，"自私"是超出公共生活中个人应得利益之外的损害别人利益的行为和思想。这决不能和个人利益相提并论。至于"你的"、"我的"的字眼，也是私有制的产物，在最早的原始共产制社会里，根本没有这种观念和语言。许多古代史或古代社会史等名著中，都不谋而合地描绘了原始氏族社会的公有制，没有私人财产也没有私有观念，根本没有"我的"、"你的"这种字眼。18世纪法国的一位自由思想家拉翁登曾肯定地说:"野蛮人不知'我的'和'你的'这种字眼,因为人们可以说属于这个人的一切,同样也属于另一个人。"① 原始共产制的时代,一切财产都归氏族所公有,个人离开氏族集体就无法生存,他们没有个人财产,也就不可能有"自私"观念,自然也不会有"我的"、"你的"等字眼。这些史实,充分说明,人类最早的社会生活里没有"自私"的观念和"自私"的字眼。所以说,"人类的本性"是"自私"的是没有根据的。相反地,原始社会的人们的集体观念是惟一的支配观念,从行动上也是只有集体的表现。美国人类学家摩尔根在他的最后一篇著作中,描绘北美印第安人的共同生活情况时说:"住在平原而又以肉类为主食的部落,在打猎中也显示出自己的共产主义。'黑脚种人'在猎取水牛时,男男女女一大群人骑着马追逐兽群的活动开始时,猎人把杀死的兽丢下,让给随后赶到的第一个人所有,这种分配方法一直继续到所有人都有了为止。"② 这说明人类最早的生产状况和生活方式决定了人类的本性不是"自私"的;而是团结友爱,互相帮助,他们对孤寡和残废者亲切照顾,他们都有著名的好客风气,他们相信一切东西都应当属于部落中的一切人。所以,集体主义精神是原始共产主义的时代特征。但是,我们并不由此得出结论说:人类的本性是大公无私的。我们按照马克思主义的基本原理,认为人类的观念是由社会生产方式或经济关系所决定的;公有制的经济关系决定人们的道德观念是集体主义的、大公无私的;私有制的经济关系决定人们的道德观

① 《拉翁登旅行记》,转引自拉法格《财产及其起源》,第56页。
② 《美洲土人的家庭和家庭生活》,华盛顿1881年版,转引自拉法格《财产及其起源》,第47页。

念是"自私"的、利己主义的。这是一般的客观规律。

那么，个人利益是怎么一回事呢？它和"自私"的根本区别在哪里呢？个人利益是一个社会成员维持正常的个人物质生活和精神生活的需要，是个人在社会的分工协作的劳动（包括体力和脑力劳动）创造出来的社会集体财富中个人应得的份额（除去扩大再生产和集体公用所需的部分）。可是，这种正当的个人利益在私有制社会里，劳动人民是得不到的。因为，劳动人民所创造的财富被地主、资产阶级不劳而获地侵占去了。所以，历史上的奴隶起义、农民起义以及无产阶级革命，都是为了反抗剥削阶级的剥削和压迫，为了争得被剥削、被压迫的阶级自己所创造的财富中应享有的个人利益和权利，根本不是为了侵占别人的利益来满足个人"自私"的欲望。无产阶级的解放，只有在全人类获得解放后才能彻底解放自己。这是无产阶级和共产主义者的崇高理想，也是社会发展的客观规律。这句话的含义是说无产阶级的解放，可能在一个国家里实现并建立社会主义，但是在一国和数国（即还存在有资本主义国家时）不可能建成共产主义社会，因为还需要有国家、法制等等；所以也不可能完全消灭阶级差别和某些限制。只有全世界完全消灭了私有制、消灭了剥削和阶级，才能建成共产主义高级社会，无产阶级和全人类才能彻底解放。那时每个人都能得到个人需要的个人利益，集体利益和集体主义精神又成为支配人类社会生活的主要思想。这种伟大的为无产阶级和全人类求解放的革命行动，正是说明无产阶级为争取阶级的集体利益和个人解放的行动，是在集体主义思想的指导下进行的，是在集体利益实现的前提下，求得个人利益的实现的。这和"自私"的动机毫不相干。

在资本主义社会里，以"自私"为基础的个人利益，就是自由竞争和侵害别人利益。自由竞争所获得的个人利益，就是把自己的幸福建立在别人的痛苦上。法国著名作家维克多·雨果，曾通过关伯仑之口说："原来有钱人的幸福是建筑在穷人的痛苦上的。"① 资本家剥削工人的利益自然是不讲自明的；同时，资产阶级内部也同样存在着激烈而残酷的竞争。所谓"大鱼吃小鱼，小鱼吃虾米"，就是资产阶级内部相互吞食的写照。因此，在资本主义社会里，人与人之间都是互相敌视的。恩格斯曾指出："一块土地和另一块土地对立着，一个资本和另一个资本对立着，一个劳动力和另一个劳动力对立着。换句话说，由于私有制把每一个人孤立在他自己的粗鄙的独特状况中，又由于每个人和他周围的人有同样的利害关系，所以地主敌视地主，资本家敌视资本家，工人敌视工人。正是由于利害关系的共同性，所以在这种共同的利害关系的敌对状态中，人类目前状况的不道德达到了登峰造极的地步，而竞争就是顶点。"② 这里描述的资本主义社会人与人之间的关系都是互相对立的，即使是工人阶级由于经常有大批失业，也是互相竞争的。资本主义制度下的个人利益是建筑在"自私"，即剥夺或侵占别人的个人利益的基础上的。在资产阶级看来，个人利益就是"自私"，"自私"就是个人利益。所以，"自私"和个人利益等同起来的观念是资本主义的自由竞争和剥削的反映。个人利益的真正含义与此完全不同。

　　无产阶级在资本主义社会里，既得不到应有的个人利益，也不会有"自私"的意识。他们为争取工人的合理利益的斗争，是为了争取个人应得的个人利益，而不是为了侵占别人利益的"自私"。在阶级斗争的经验中，无产阶级很快就发现了工人之间的竞争是资产阶级剥削与奴役无产阶级的手段。因此，无产阶级和

---

① 《笑面人》，第 344 页。
② 《马克思恩格斯全集》第 1 卷，第 612 页。

资产阶级的斗争，首先要争取工人阶级的内部团结，从而打破工人之间的竞争枷锁，绝不能为了个人的利益而损害争取工人阶级的集体利益的斗争。所以马克思曾指出：　"工会应该向全世界证明，它们绝不是为了狭隘的利己主义的利益，而是为了千百万被压迫者的解放进行斗争。"① 历史经验证明，无产阶级和一切被剥削、被压迫人民的个人利益，是和整个阶级的和社会发展的集体利益联系在一起的。所以，在无产阶级看来，个人利益的含义是个人作为一个社会成员对社会尽了义务之后的个人应得利益和权利。但是，无产阶级的个人利益在资本主义制度下是无法实现的。只有在争得无产阶级和被压迫人民的解放之后，即消灭了私有制、消灭了剥削和阶级之后，无产阶级和广大劳动人民的个人利益才能实现。也就是说，建立了社会主义公有制之后，私人都没有了剥削他人的生产资料，而每一个社会成员都是公有的（包括劳动者集体所有）生产资料的主人。每一个人的个人利益都是个人和国家、社会应该关心的，而且国家制度给以应有的保障。所以，在社会主义国家里，　"自私"就意味着剥削或侵害别人的个人利益；是不为人民所允许的不道德的思想和行为。

在社会主义制度下，国家、社会的集体利益是保证每一个公民的个人利益不受侵犯，保证个人利益的实现和不断增长；所以个人利益和社会集体利益从根本上是一致的。不过，在社会主义历史阶段，部分人或个别人的眼前利益和局部利益，在一定情况下、一定问题上是会同国家和社会集体利益与长远利益发生矛盾的。因此，为了保障绝大多数人的长远利益和国家的全局利益，就需要个人利益服从国家社会的集体利益，眼前利益服从长远利

---

① 《马克思恩格斯全集》第 16 卷，第 221 页。

益，局部利益服从全局利益。这个集体主义原则就成为社会主义社会里保证广大人民个人利益的基本原则；也是调整人与人之间、个人和社会集体之间关系的共产主义道德的基本准则或道德标准。由此可见，集体主义道德准则，并不抹杀或否定个人利益，只是要求在个人利益、局部利益同国家、社会集体利益发生矛盾时，个人和局部利益必须服从国家社会集体利益；在考虑个人利益时，也以集体利益为前提。而这种集体利益正是为了社会全体成员（包括服从者自己）的个人利益都能实现和提高。正如陈云同志所说："要使大家吃得饱、吃得好，但是现在还不能吃得太好。"就是说我们还要留一部分资金发展生产，才能保证以后的生活不断提高。这就是社会主义社会的个人利益和国家、社会的集体利益的正确关系的最好说明。也就是说，国家、社会集体在考虑集体利益时是为了满足和发展广大人民的个人利益；所以国家、集体和个人利益的合理安排，是以满足个人的应得利益，而不是以人的"自私"本性为依据的。在社会主义制度下，人民群众是社会的主人，因而他们的劳动性质（包括体力劳动和脑力劳动）不是为资本家扩大利润而劳动，而是为广大人民自己的生活需要而生产。所以生产目的是为了改善人民生活。但是，这种改善人民生活的需要，必须是在国家统一计划全面安排、保证扩大再生产的条件下实现；并且首先创造出来的是国家和社会集体利益。这种社会集体利益通过按劳分配，一部分财富转化为个人利益，一部分作为社会集体利益的再生产。而个人利益的不断满足和提高，又激发每个成员的智慧、才能的发挥，创造出更多的社会集体利益，集体利益的增长和发展，又保证社会成员个人利益的实现和提高。两者之间是互为条件、互相渗透、互相转化的辩证统一关系。决不可形而上学地把两者对立起来。

三

集体主义基本原则是建筑在社会主义社会成员的共同利益上的，为实现社会主义、共产主义社会的统一目的而保证统一思想和统一行动的根本原则。因此，集体主义原则渗透到每一个社会成员的思想行动中去，便会产生一种鼓舞人心的精神力量，发挥协调各种关系的作用，从而在人们的社会实践中，激发个人聪明才智的充分发展；最后，人们的智慧和才能转化为物质力量和物质成果。就我国当前社会主义现代化建设来说，就更需要把集体主义精神贯彻到经济改革和调整的各种政策措施中去，贯彻到体制改革和政治制度中去，贯彻到整个思想政治工作中去。只有把集体主义精神贯彻到社会主义现代化建设的各个方面去，才能把全国各族人民的思想集中统一到社会主义现代化建设上来；使我国亿万人民积极主动地发挥个人的智慧和才能，不断提高社会主人翁的责任感，为建设富强的社会主义祖国贡献自己的力量。

现在有些人对于我国当前的经济改革和经济政策不很理解，表现在行动上，一种是有抵触情绪，迟迟不动；一种是误认为农业生产责任制就是回到土改时期的分田单干，不择手段地搞个人发财；有的认为经济政策放宽了，一部分人先富起来就是可以搞歪门邪道，不受国家计划、国家法纪约束地"捞钱"。所以就出现了一些实际问题和违法乱纪现象。这正说明一部分人对当前的经济改革和经济政策的认识不正确，忽视或忘掉了社会主义政策的基本精神——集体主义精神。共产党的任何政策决不会离开社会主义、共产主义方向，决不会放弃在社会主义公有制基础上建立起来的集体主义根本原则，而倒退到资本主义的自由竞争和损害广大劳动人民利益的个人发财致富的道路上。所以，正确地理解当前经济政策和改革的关键问题，是从集体主义原则出发，结合我国经济发展的具体情况，选择和改进社会主义农业集体化道路的具体方式和更完善的管理制度，调整劳动生产中的关系，而不是从根本上改变农业生产资料所有制关系。1981 年第五届人民代表大会第四次会议上赵紫阳总理的《政府工作报告》中，已经明确地指出："我们必须认真研究和总结实践中出现的新情况新问题，坚持社会主义集体化道路和土地等基本生产资料公有制长期不变，坚持农业集体经济实行生产责任制长期不变，努力改进和完善各种类型的农业生产责任制和农村各项经济政策。"这里说得明白，农业责任制是在农业集体经济范围内的一种生产管理制度的改革。它的目的还是为了尽快地更好地发展社会主义农业集体化和机械化。城镇的个体劳动者和街道集体经济是为了补充国营经济之不足，为了更好地满足人民生活需要；同时也使待业青年能够尽快地生活在为建设社会主义现代化贡献力量的大集体行列之中。所以在就业前的职业训练中，在就业后的个体或小集体的经营管理中，都更需要加强集体主义的思想教育，使在个体和小集体经济工作中的职工正确地认识到，他们的发展前途或方向也是社会主义集体化道路，是国家计划经济的一个组成部分。他们和国营经济中的职工一样是建设社会主义社会的主人翁，而不是搞私人资本主义或低人一等。这样就把城乡个体劳动者及集体经济根据实际情况和人民生活需要纳入到国家计划之中，充分发挥了一切劳动者的积极性和社会主人翁的责任感。当然，在实践过程中可能会发生许多实际困难和思想问题；但是只要把这部分经济纳入国家和地方经济计划之中，同时加强经济战线上职工的集体主义思想教育，把集体主义精神贯彻到具体政策中去，问题是会逐步解决的。因此，集体主义精神对社会主义现代化建设中的经济改革，不但不会发生矛盾，同样会起保证其正确实现的作用。

四

在社会主义现代化建设的同时，还要建设高度的社会主义精神文明。精神文明的内容是极为丰富而复杂的，但是，精神文明在绝大部分社会意识形态和社会生活的实践中，贯穿着一个共同的时代精神，即代表社会主义本质的精神，就是集体主义精神。马克思曾说过："真正的哲学都是自己时代精神的精华"，"是文明的活的灵魂。"[①] 因为这种代表时代精神的哲学可以渗透到社会生活的各个领域，成为指导人们思想行为的精神力量，所以它是时代文明的活的灵魂。共产主义道德的集体主义精神是社会主义社会的时代精神，那么，说它是社会主义精神文明的灵魂，应是当之无愧的。

在资本主义社会里，物质文明发展比较快，在科学、文教方面也有一定成就。但就整个精神文明来说，它的基本特点就是"金钱万能"。"金钱确定人的价值：这个人值一万英镑，就是说，他拥有这样一笔钱。谁有钱，谁就'值得尊敬'，就属于'上等人'，就'有势力'，而且在他那个圈子里在各方面都是领头的。"[②] 因此，在资本主义社会生活的各个方面都是"金钱"的自由竞争、追求个人物质享受和自私自利，在精神生活上则是空虚、孤独、互相隔绝、互相敌视和欺骗。恩格斯在描述最早发达的资本主义国家英国的城市生活的时候说："每一个人在追逐私人利益时的这种可怕的冷淡、这种不近人情的孤僻就愈是使人难堪，愈是可恨。虽然我们也知道，每一个人的这种孤僻、这种目

---

① 《马克思恩格斯全集》第 1 卷，第 121 页。
② 《马克思恩格斯全集》第 2 卷，第 566 页。

光短浅的利己主义是我们现代社会的基本的和普通的原则，可是，这些特点在任何一个地方也不像在这里，在这个大城市的纷扰里表现得这样露骨，这样无耻，这样被人们有意识地运用着。人类分散成各个分子，每一个分子都有自己的特殊生活原则，都有自己的特殊目的，这种一盘散沙的世界在这里是发展到顶点了。"[①] 这种社会的精神状态，证明了以"自私"为生活目的、为社会前进的动力（只是某些人主观认为）的现象在历史上有过，但是，那是私有制的产物。随着"自私"的自由竞争的发展，在资本主义国家的社会生活中，人与人的利害冲突日益尖锐化，"自私"便成为阻碍社会发展的障碍。现代资本主义国家的社会生活中的精神文明证明，"自私"的唯利是图的状况已经达到了登峰造极的地步。例如，在现代物质文明最发达的美国，竟出现了以贩卖婴儿图利的人口黑市。据报载美国哥伦比亚波哥大的警方最近破获了一个大的黑市贩卖婴儿集团，这个集团包括三名"青少年法庭"的法官，六名公证人，两家产科诊所的护士及数名政府官员。贩卖婴儿集团的头目在两年内便赚了3383000美元[②]。至于青少年犯罪率在资本主义国家是普遍增长，婚姻家庭关系日益恶化，达到了崩溃的程度，老年人的生活孤独、凄凉更是难以想象。这些事实都说明，"自私"和利己主义生活准则是资本主义社会精神文明的主要特征。这些腐朽的"精神文明"，像瘟疫一样到处蔓延；我国随着国际交往的发展，也会不断地受到它的侵袭。因此，在积极建设社会主义精神文明的过程中，共产主义道德的集体主义思想的宣传教育就成为社会主义精神文明建设的中心环节，集体主义精神就成为批判和抵制资产阶级利己

---

①　《马克思恩格斯全集》第2卷，第304页。

②　《光明日报》1982年2月5日第四版。

主义思想侵蚀的思想武器。结合中央的各项政策，从各行各业的不同角度积极发扬集体主义精神，逐渐形成全国规模的群众性的统一的道德舆论，使"自私"的理论和自私自利的行为没有容身之地，社会主义精神文明在社会生活实践中的根本特征——集体主义的团结一致，朝气蓬勃地为建设现代化的祖国而献身——就会有成效地表现出来。

因此，我们说，大力发扬集体主义精神，仍然是切实有效的取得社会主义现代化建设胜利的保证。

（《齐鲁学刊》1982 年第 3 期）

社会主义人道主义是一项伦理原则

　　胡乔木同志在《关于人道主义和异化问题》一文中，首先明确地指出，人道主义概念有两种不同含义，给人以深刻的启发，对于长期关于人道主义问题上的争论，是一次科学总结，在理论上是新的突破。人道主义作为世界观和历史观的含义，它是资产阶级思想体系和唯心主义历史观，决不可和马克思主义辩证唯物主义的世界观和历史观相混淆；更不能以此来"补充"或"代替"马克思主义思想体系。因为资产阶级人道主义的历史观的出发点是抽象的人性论，由此引伸出来的一系列的理论原则，都是和马克思主义历史观相对立的、不科学的。但是，作为一项伦理道德原则和规范，是可以批判地继承下来，改造成为社会主义社会生活中一项对待人方面的原则规范的。这一原则性的根本区分，对于坚持马克思主义世界观和历史观，对于解决当前关于人道主义问题讨论中的争论，对于清除有关的理论和文艺方面的精神污染，是有十分重要意义的。那么如何正确理解和宣传作为一项伦理原则和道德规范的社会主义的人道主义，批判资产阶级人道主义就成为当前伦理学研究中的重要课题。我想就此提出一点个人的学习体会，请大家指正。

（一）作为一项伦理原则和道德规范的人道主义，是社会主义的人道主义的实质。

胡乔木同志在文章中指出："社会主义的人道主义，是作为伦理原则和道德规范的人道主义，它立足在社会主义经济基础之上，同社会主义的政治制度相适应，属于社会主义的伦理道德这种意识形态；作为一项伦理原则，它是以马克思主义世界观和历史观为基础的。"这一段话，非常清楚地说明，社会主义的人道主义的实质是作为一项伦理原则和道德规范的人道主义；它是和社会主义社会的政治、经济制度相适应的道德这一意识形态的一项原则和规范。从理论的角度来说，这种作为道德意识形态中的一项伦理道德原则的人道主义是建立在马克思主义的世界观和历史观的基础上的，它本身不是什么思想体系；它必须适应社会主义社会的经济和政治制度，而不是社会主义社会一切工作的指导思想；它仅仅是共产主义道德体系中对待人方面的一项较"低层次"的具体伦理原则和道德规范。这样把社会主义的人道主义的含义，明确规定下来，是非常重要的。因为这样就可以防止"社会主义的人道主义"这一概念被人误解或扩大为社会主义社会一切工作的指导思想，从而改换成为一种思想体系的性质。同时也可以防止，把作为伦理道德原则、规范之一的人道主义，扩展为马克思主义伦理学或道德体系的指导原则，从而把马克思主义伦理学和共产主义道德体系，改换成为"人道主义"伦理学和"人道主义"的道德体系。因此，这一关于社会主义的人道主义的定性式的叙述，从根本上划清了社会主义的人道主义同资产阶级人道主义的界限，区分开了它们的根本不同性质和内容。这是澄清关于人道主义争论的关键问题，是清除有关方面的精神污染的思想武器。

（二）作为一项伦理原则和道德规范的人道主义，是共产主义道德体系中的对待人方面的一项道德原则和规范。

共产主义道德体系，是无产阶级革命时期和适应社会主义公有制的经济基础的需要而形成的现代最高级的道德形式，它以实现共产主义社会、全心全意为人民服务为道德理想，以集体主义原则为道德标准。这是共产主义道德体系的最高层次。在集体主义这一最高的或基本的原则下，贯彻到社会生活领域的各个方面，就是我国新宪法中所规定的社会公德和公民义务，即爱祖国、爱人民、爱劳动、爱科学、爱社会主义以及爱护公共财产等社会主义时期的共产主义道德原则或规范。这是共产主义道德体系中低一级的层次。这些道德原则表明社会主义国家的公民对待国家、人民、劳动、科学（包括科学文化知识和实事求是的科学态度）和对待社会主义革命和建设事业的道德要求。这些要求实际表现在每个人的行为上，是通过每个人的具体的现实生活——政治的、职业的、婚姻家庭的和社会公共生活等，直接指导人们活动的行为规范而实现的。这些行为规范是共产主义道德体系的最低层次。

那么，作为一项伦理道德原则和规范的人道主义，究竟属于哪个方面和哪个层次呢？胡乔木同志的文章中讲得清楚：作为一项伦理原则和道德规范的社会主义的人道主义，是"社会主义社会生活中对待人的一项伦理原则，是共产主义道德总体中的'较低层次'"。我认为这和共产主义道德体系中的几个道德原则和规范相衔接，对待人的伦理（可与"道德"同义用）原则，应属于"爱人民"这一原则方面。爱人民这一道德原则，是体现社会主义国家的广大劳动人民之间的"同志"式的新型社会关系，体现社会主义社会里广大人民之间，互相爱护、互相关怀、互相帮助、互相信任和互相尊重的集体主义精神。同时，也体现社会主义国家的各种公务人员应具备的为人民谋利益的政治职责和道德品质。这种爱人民的精神，既表现在一切公务人员对人民负责、尊重人民意见和关心人民生活等工作态度和工作作风方面；也表现在适应一定形势和特定条件的需要，一定的行政机构所采取的某些具体政策措施。这些政策措施，体现了社会主义制度爱护人民、尊重人民和保障人民利益的原则。"爱人民"这一共产主义道德原则，是一项比较广泛地渗透到社会主义社会生活各个方面的人与人之间新的关系的伦理道德原则。社会主义的人道主义作为一项共产主义道德体系中的伦理原则，我认为是和"爱人民"的社会主义社会公德相吻合的。或者说，作为一项伦理道德原则和规范的人道主义，属于"爱人民"这一对待人的方面和层次是适宜的。当然，作为一项伦理道德原则的社会主义的人道主义，可能适用的范围更广泛一些，例如，在执法过程中，对某些真诚认罪、决心改过的罪犯，可以宽大处理；对于战争俘虏或放下武器的敌人，也应以社会主义的人道主义精神宽大处理。对待伤病员，不管是被俘的敌人还是有敌对的政治态度和行为的人，都应该给予治疗挽救其生命。这些都是我们一贯实行的革命人道主义。现在，当然也可以叫做社会主义的人道主义。不过它不属于"爱人民"这一道德方面而可以属于同一层次。总之，社会主义的人道主义这一伦理道德原则和规范，是属于共产主义道德体系中，集体主义这一最高标准下面的一个层次，也是某一职业道德中的具体规范，它应该贯穿着共产主义思想指导下的集体主义精神。

（三）作为一项伦理原则和道德规范的人道主义，是马克思主义伦理学中的一项具体的道德原则。

马克思主义伦理学，是以辩证的唯物主义历史观为理论基础的科学的道德学说。马克思主义创始人根据历史唯物主义的立场、观点、方法，研究分析了人类历史上的道德关系、道德准则及其发生发展的规律，科学地解决了前人所没有解决的道德根源和道德本质问题，解决了个人与社会的辩证关系问题。从而在共产主义社会必然代替资本主义制度的科学结论的基础上，提出了适应社会主义社会（共产主义社会的低级阶段）经济基础的共产主义道德体系。作为一项伦理道德原则和规范的人道主义，它和共产主义道德体系的关系，前面已经谈过，那么，从理论上来说，它在马克思主义伦理学中的地位和性质又应该怎样理解呢？首先可以肯定，它不是马克思主义伦理学的指导思想。因为马克思主义伦理学的指导思想是马克思主义的世界观和历史观。但是，人道主义这一概念，在资产阶级思想体系中，作为历史观的含义和作为伦理道德原则的含义，往往是混同使用的。资产阶级人道主义作为历史观使用时，很自然地用来作资产阶级道德学说或伦理学的理论基础；它们当作伦理道德原则的含义使用时，又往往体现为整个道德学说或伦理学的最高指导原则和道德体系的最高准则。这就是通常所说的"人道主义伦理学"；它是资产阶级伦理学中的一个重要学派。

这种人道主义伦理学，是从资产阶级的人性论出发，以抽象的自然人性——生存欲望或趋乐避苦的心理情绪为道德的根源和本质，从而把抽象的个人自由、个人尊严、个人欲望的实现，作为道德的最高准则或基础。实际上，就是把个人自由、个人尊严、个人欲望和权利绝对化，使个人脱离现实的一切社会关系和社会生活状况，这种抽象的人道主义要求，不仅在资本主义社会是空想的、虚伪的、不可能实现的；而且在任何社会里都是不可能实现的。因为，个人的欲望和自由都是相对的、受着一定的社会经济状况和社会关系所制约的，是在一定的经济、政治和科学文化状况的条件下存在和实现的。就是在消灭了剥削的公有制的社会主义、共产主义社会里，个人的自由和欲望的满足，也不可能是无限的，也是受着一定的社会物质生活条件和科学文化的发展水平的限制的。个人的欲望的满足不可能超过现实物质生产和科学文化的水平。总之，个人总是生活于社会集体之中，个人的一切要求，必然要受着一定的社会集体的制约。因此，从抽象的"人"和"人性"出发的资产阶级人道主义伦理学，用抽象的和绝对的个人自由和个人欲望作道德的根本原则和尺度，是不现实的、不科学的。人道主义伦理学必然会导致"个人至上"的个人主义或利己主义的道德体系。由此看来，作为社会主义社会的伦理原则和道德规范之一的社会主义的人道主义，切忌同"人道主义伦理学"这一概念相混同。胡乔木同志的文章特别强调作为"一项"伦理原则的社会主义人道主义，就是说它不是马克思主义伦理学的总的指导原则，总的指导原则是唯物主义历史观。

我国目前在一定范围内还存在有阶级斗争的情况下，为了维护广大人民的安全和权利，必须对罪大恶极的犯罪分子严加惩处。在社会主义历史阶段，人民民主专政的根本政治制度，是不能用资产阶级人道主义来代替的。而社会主义的人道主义是适应人民民主专政和阶级斗争的需要的。从道德的角度来看社会主义法制，正是由于它贯彻了在一定范围内的阶级斗争和人民民主专政，保障了广大人民的利益，才有革命人道主义或社会主义的人道主义的意义。关于这一点，胡乔木同志在文章中指出："资产阶级人道主义以不能触犯资本主义制度为界限；社会主义人道主义则相反，它以实现消灭剥削制度、建立社会主义制度为前提。资产阶级人道主义诉诸人性、人的理性，诉诸全人类，诉诸剥削者和压迫者的善心，鼓吹勿抗恶，反对革命暴力；社会主义人道主义则相反，它以实现无产阶级和劳动人民反对反动统治和剥削的阶级斗争，以人民革命和人民民主专政为条件。在社会主义社会中，剥削阶级作为阶级虽已消灭，阶级斗争在一定范围内仍然存在，在这种情况下，宣传和实行社会主义人道主义，仍然必须同打击和反对各种反社会主义的敌人的阶级斗争联系在一起。……"总之，一句话，以上这一系列的对立原则，充分表明，作为一项伦理原则的社会主义的人道主义，是在共产主义思想体系指导下，为社会主义社会的经济、政治、科学文化建设服务的一项伦理道德原则和规范。它是属于马克思主义伦理学的理论体系中的一个具体原则。资产阶级上升时期提出的人道主义，从它的唯心主义的思想体系中剥离出来，并给予科学的分解和改造，是可以为我们所利用或借鉴的，但是，这样经过批判地继承的人道主义，已经完全改变了它的资产阶级性质。至于资产阶级人道主义的伦理道德原则和规范，哪些需要批判地继承？哪些不可以批判地继承？如何批判地继承？这乃是马克思主义道德科学需要认真加以研究的新课题。

（《道德与文明》1984 年第 2 期）

坚持共产主义思想
坚持共产主义道德

——学习《邓小平文选》札记

1980 年 12 月，邓小平同志提出了一个非常重要的任务，就是："要教育全党同志发扬大公无私、服从大局、艰苦奋斗、廉洁奉公的精神，坚持共产主义思想和共产主义道德。……没有共产主义思想，没有共产主义道德，怎么能建设社会主义?"① 这就是说，坚持共产主义思想和坚持共产主义道德，不仅是当前社会主义现代化建设实践的迫切任务；同时也具有重大的理论指导的意义。后来，在党的第十二次代表大会的报告中，这一思想得到理论上的进一步阐发。报告中提出以共产主义思想为核心的社会主义精神文明，是社会主义社会的基本特征之一；共产主义思想建设保证社会主义精神文明和物质文明建设的性质和方向。而共产主义道德则是共产主义思想建设的重要内容。

无产阶级的先锋队——中国共产党所领导的革命斗争，是以科学的共产主义思想体系为指导思想，以共产主义道德约束革命队伍的言论行动的。而且经过长期的革命斗争实践的考验，取得

---

① 《邓小平文选》（一九七五至一九八二年），人民出版社 1983 年 7 月出版，第 326 页。下引此书均只注页码。

了新民主主义和社会主义革命的胜利，形成了中国共产党和革命队伍的光荣的高尚革命传统，赢得了国内外广大人民和进步人士的拥护和称赞。尽管经过十年动乱，共产主义思想和共产主义道德遭到了严重的破坏，但在粉碎"四人帮"之后很短时间内，又出现了许多坚持共产主义思想和共产主义道德的模范事迹和英雄人物。他们代表着社会主义事业发展的方向，全国各族人民都在向他们学习。但是，也要看到建国以来，在某些政策上出过一些偏差，特别是"文化大革命"十年动乱，完全把人们的思想搞乱了。因而在粉碎"四人帮"之后，曾出现了一种否定共产主义思想和共产主义道德的错误思潮；并且对现实社会风气产生了坏的影响。现实生活的经验说明，没有共产主义思想作一切工作的指导，没有共产主义道德作人们言行的规范，社会主义建设是得不到进展的。因此，要真正搞社会主义现代化建设，就必须坚持共产主义思想和共产主义道德。邓小平同志说："我们在新民主主义革命时期，就已经坚持用共产主义的思想体系指导整个工作；用共产主义道德约束共产党员和先进分子的言行，提倡和表彰'全心全意为人民服务'，'个人服从组织'，'大公无私'，'毫不利己、专门利人'，'一不怕苦，二不怕死'。现在已经进入社会主义时期，有人居然对这些庄严的革命口号进行'批判'，而这种荒唐的'批判'不仅没有受到应有的抵制，居然还得到我们队伍中一些人的同情和支持。每一个有党性、有革命性的共产党员，难道能够容忍这种状况继续下去吗？"[①] 这种严厉的批评，充分体现了马克思主义的革命战斗精神，使社会上那些荒唐的思潮有所收敛。但是，实际上，有的人又在另外的形式下否定共产主义道德和高尚的革命传统。所以，坚持共产主义思想，坚持共

---

① 第 326—327 页。

产主义道德，是共产党员和一切先进分子的长期的战斗任务。

为了坚持共产主义思想和坚持共产主义道德，邓小平同志提出了一系列对错误思潮的批评，明确了在宣传教育工作中必须提倡的思想作风，尤其是指出了"批评的武器一定不能丢"和"思想斗争"的重要性。他说："要加强坚持四项基本原则的宣传、教育，要多写这方面的文章。要批判'左'的错误思想，也要批判右的错误思想。"①"批评的方法要讲究，分寸要适当，不要搞围攻、搞运动。但是不做思想工作，不搞批评和自我批评一定不行。批评的武器一定不能丢。"②针对有些人认为批评妨碍"双百"方针的贯彻，小平同志指出："坚持'双百'方针也离不开批评和自我批评。批评要采取民主的说理的态度，这是必要的，但是绝不能把批评看成打棍子，这个问题一定要弄清楚，这关系到培养下一代人的问题。"③这些说明，要坚持共产主义思想、坚持四项基本原则的宣传教育，就必须对错误思想进行批判，开展正常的批评和自我批评，这是纠正错误思想和进行自我教育的有效方法。特别是对于某些有恶劣影响的错误思潮和反动思想，决不能允许其自由泛滥，必须进行严肃的思想斗争。1980 年，邓小平同志在指出了当时存在某些思想混乱情况之后，提醒大家说："不能否认，这种混乱状况确实给一些惟恐天下不乱的人的活动，提供了一方面的有利条件。尤其严重的是，对于这些不正确的观点、错误思潮，甚至对于一些明目张胆地反对党的领导、反对社会主义观点，在报刊上以及党内生活中，都很少有人挺身而出进行严肃的思想斗争。"这的确是一个值得深思的问题。由

---

①　第 334 页。
②　第 345 页。
③　第 347 页。

于林彪、"四人帮"横行时期，把思想斗争和政治斗争混淆了，破坏了思想斗争的声誉，所以现在一提思想斗争和批评，就容易使人联想到又要搞政治运动，从而引起反感。于是尽量回避思想斗争。同时还会有人误认为对错误思想的批评就是在压制民主和不符合"双百"方针。实际上，思想斗争固然包括对敌对思想的斗争，但也包括同志间的不同意见和观点的正常论争与思想交流，以及个人思想上的矛盾斗争。如果不能开展正常的批评和自我批评或思想斗争，不仅各种错误思潮不能纠正，共产主义思想和共产主义道德难以坚持，而且社会主义的科学文化事业也不可能迅速发展。

那么，批评和纠正什么，提倡和坚持什么，才能坚持共产主义思想和共产主义道德呢？我体会有下列几点是特别需要注意的。

（一）加强坚持四项基本原则的宣传教育；坚决肃清由"四人帮"带到党内来的无政府主义思潮和形形色色的自由主义思潮。邓小平同志指出，实现四个现代化所必须坚持的四项基本原则，虽然不是什么新问题，"但是这些原则在目前的新形势下却都有新的意义，都需要根据新的丰富的事实作出新的有充分说服力的论证。这样才能够教育全国人民，全国青年，全国工人，解放军全体指战员，也才能够说服那些向今天的中国寻求真理的人们。这是一项十分重大的任务，既是重大的政治任务，又是重大的理论任务。"① 具体地说，就是"要大力宣传社会主义的优越性，宣传马克思列宁主义、毛泽东思想的正确性，宣传党的领导、党和人民群众团结一致的威力，宣传社会主义中国的巨大成就和无限前途，宣传为社会主义中国的前途而奋斗是当代青年的

---

① 第166页。

最崇高的使命和荣誉。"① 从实际出发，结合现实社会生活中的实际情况进行宣传教育活动，就会在人们思想上树立起共产主义人生观，掌握反对和抵制精神污染的思想武器。

坚持共产主义思想和共产主义道德，是为了使全党全国各族人民统一思想，统一行动，沿着共产主义方向前进。因此，对于各种不利于共产主义思想和道德的错误思潮，就必须批评和纠正。邓小平同志指出："如果人人自行其是，不在行动上执行中央的方针政策和决定，党就要涣散，就不可能统一，不可能有战斗力。因此，必须坚决肃清由'四人帮'带到党内来的无政府主义思潮以及在党内新出现的形形色色的资产阶级自由主义思潮。"② 林彪、"四人帮"踢开党委闹"革命"，闹出了个十年灾难；现在也有少数人企图摆脱党的领导闹民主，这是不允许的。如果离开四项基本原则，抽象地空谈民主，也是会造成不良后果的。我们一定要教育好下一代，一定要搞好我们的社会风气，所以，一定要"打击那些严重败坏社会风气的恶劣行为"③。

（二）要坚持集体主义原则和全心全意为人民服务的精神，肃清封建主义残余和资产阶级思想的影响。集体主义原则是共产主义道德体系中的核心问题，是共产主义道德的最高准则。"在社会主义制度下，个人利益要服从集体利益，局部利益要服从整体利益，暂时利益要服从长远利益，或者叫做小局服从大局，小道理服从大道理。我们提倡和实行这些原则，决不是说可以不注意个人利益，……而是因为在社会主义制度下，归根到底，个人

① 第 219 页。
② 第 236 页。
③ 第 164 页。

利益和集体利益是统一的，局部利益和整体利益是统一的，暂时利益和长远利益是统一的。"① 这本来是社会主义制度本身所产生的必然原则，不是以个人的意志为转移的，所以邓小平同志着重指出："我们经常按照统筹兼顾的原则来调节各种利益的相互关系。如果相反，违反集体利益而追求个人利益，违反整体利益而追求局部利益，违反长远利益而追求暂时利益，那么，结果势必两头都受损失。"② 重申这一原则是十分必要的。十年动乱，不仅把人们的思想搞乱了，而且严重地毒害了部分人和青少年的心灵。一些人盲目地羡慕资本主义国家的物质享受，极少数人为了追求个人利益和享受可以不顾一切。更值得注意的是，少数理论工作者也在抽象地、不适当地强调个人的物质利益和享受，强调"自我中心"，从而否定共产主义道德的集体主义原则，这对社会风气中出现的一种"向钱看"的不良现象，是有一定影响的。因此，我们不仅要坚持集体主义原则，而且还要提倡全心全意为人民服务的精神。全心全意为人民服务是中国共产党建党的基本要求之一；是共产主义道德理想。我们党领导广大人民在长期革命斗争中形成了全心全意为无产阶级和劳动人民的解放事业奋斗的自我牺牲精神。过去我们发扬了"大公无私和先人后己的精神，压倒一切敌人、压倒一切困难的精神，坚持革命乐观主义、排除万难去争取胜利的精神，取得了伟大的胜利。搞社会主义建设，实现四个现代化，同样要在党中央的正确领导下，大大发扬这些精神。如果一个共产党员没有这些精神，就决不能算是一个合格的共产党员。不但如此，我们还要大声疾呼和以身作则地把这些精神推广到全体人民、全体青少年中间去，使之成为中

---

① 第161—162页。

② 第162页。

华人民共和国的精神文明的主要支柱。"① 这是邓小平同志对全党全国各族人民发出的庄严号召。这说明共产主义道德理想和准则，不仅是共产党员必备的条件，而且要共产党员身体力行地推广到全国人民中间去，成为全国的社会主义精神文明的主要支柱。这对那些认为共产主义道德阻碍按劳分配的社会主义原则的实现，或超越历史时代的观点，是一种最好的教育。全心全意为人民服务的精神和集体主义原则，是共产主义者的理想和行为准则；同时也是社会主义国家一切公民的道德信念和实践规范。要实现社会主义现代化建设，没有这种精神，只是一味地追求个人利益，是根本不可能的。因此，必须批判并肃清一切剥削阶级的腐朽思想影响。

邓小平同志反复强调，"在思想政治方面肃清封建主义残余影响的同时，绝不能丝毫放松和忽视对资产阶级思想和小资产阶级思想的批判，对极端个人主义和无政府主义的批判。"并且指出："我国经历百余年的半封建、半殖民地社会，封建思想有时也同资本主义思想、半殖民地奴化思想互相渗透结合在一起。"②在社会生活中，的确存在有不少的封建思想残余，危害社会主义精神文明的建设。比如，干部缺乏民主的家长制作风，宗法观念，等级观念，上下级和干群关系中的不平等现象，法制和权利、义务观念淡薄，经济领域里的"官办"工商业的老爷作风，婚姻家庭生活中的家长包办一切和门第观念，轻视和虐待妇女的思想以及生育中的溺弃女婴等等，都是封建思想残余的影响。特别是近几年来，由于国际交往增多，在引进先进科学技术的同时，也受到资产阶级生活方式和某些错误思潮的影响，不仅出现

---

① 第 327 页。
② 第 296 页。

了崇洋媚外的现象，也出现了一切"向钱看"的倾向；搞"关系学"、走后门的不良风气广泛流行，从而为经济领域里的犯罪活动、破坏社会治安的不良分子，开了方便之门。有的同志认为国家实行对外开放的政策，国内经济改革和个体经济的发展，都要讲求利润；于是他们把共产主义道德和经济完全割裂开来、对立起来。似乎在经济领域里不必要和道德发生联系。其实，邓小平同志早已讲清楚了这个问题，他说："党和政府愈是实行各项经济改革和对外开放政策，党员尤其是党的高级负责干部，就愈要高度重视、愈要身体力行共产主义思想和共产主义道德。否则，我们自己在精神上解除了武装，还怎么能教育青年，还怎么能领导国家和人民建设社会主义！"[1] 否则，"就会被种种资本主义势力所侵蚀腐化。"[2] 这是从领导思想上要求在经济改革和对外实行开放政策的条件下，必须坚持共产主义思想和共产主义道德，对于当前经济领域里某些错误倾向，也提出了严肃的批评。他提醒大家说："也要看到一种倾向，就是有的人、有的单位只顾多得，不但不照顾左邻右舍，甚至不顾及整个国家的利益和纪律。""有些商品乱涨价，也与一些企业追求多得奖金有关。"[3] 有些人为了搞钱，违法乱纪，走私受贿，投机倒把，不惜丧失人格、国格，这是非常可耻的。因此，他反复强调"必须把肃清封建主义残余影响的工作，同对于资产阶级损人利己、唯利是图思想和其他腐化思想的批判结合起来。"[4] 这里充分说明，经济工作讲求利润是必须的，但是，在什么前提下，采取什么手段，通过什么途径实现利润，却是和国家的法纪有关，也和共产主义道德有密

---

[1] 第 326 页。
[2] 第 328 页。
[3] 第 222 页。
[4] 第 298 页。

切联系。当前在集中力量打击经济领域里的罪犯，就是要在从事经济工作的干部思想上，在经济的各行各业的从业人员中，树立起社会主义的法制观念和纪律，树立起经济工作中的共产主义道德观念。"我们提倡按劳分配，承认物质利益，是要为全体人民的物质利益奋斗。每个人都应该有他一定的物质利益，但是这绝不是提倡各人抛开国家、集体和别人，专门为自己的物质利益奋斗，绝不是提倡各人都向'钱'看。要是那样，社会主义和资本主义还有什么区别?① 这一批评是多么深刻呵!"

（三）坚持艰苦创业精神和爱国主义精神教育；批判、纠正"特殊化"和一切不正之风。邓小平同志指出："必须再一次向干部和群众进行教育，我们是个穷国、大国，一定要艰苦创业。"②艰苦朴素，勤俭节约，爱护劳动人民辛勤创造的劳动成果——社会主义公共财产，是无产阶级和一切劳动人民的本色，是中国共产党领导全国各族人民创建社会主义事业的一贯方针。我们要不断改善人民生活，但必须建立在发展生产的基础上。要使大家懂得，我们的资金来之不易，我们生产出来的东西来之不易，任何浪费都是犯罪。为了振兴中华民族，建设具有现代化水平的富强的社会主义祖国，需要全国各族人民齐心协力、艰苦奋斗。邓小平同志号召，首先是"党员、干部，特别是高级干部，一定要努力恢复延安的光荣传统，努力学习周恩来等同志的榜样，在艰苦创业方面起模范作用。"③ 为此，一定要开展一场反对特殊化的斗争。特殊化不仅是部分高级干部有，各级、各部门都有，而且有的还很厉害。有的干部不仅自己搞特殊化，而且影响到自己的

---

① 第 297 页。
② 第 222 页。
③ 第 224 页。

亲属和子女，把他们都带坏了。这是恢复艰苦创业精神必须纠正的重要问题。艰苦创业中的最大的问题，还是各种浪费，生产管理和劳动效率不高是最大的浪费。此外是为了多"得"而乱发奖金，结果反掉了"大锅饭"，又出现了奖金上的平均主义；实际上，只是浪费了国家财产，起不到奖励多作贡献的作用。因此在坚持共产主义思想和共产主义道德的宣传教育中，要特别注意加强热爱社会主义祖国和爱护社会主义公共财产的教育。

《邓小平文选》中关于坚持共产主义思想和坚持共产主义道德的精辟论述，是指导社会主义精神文明建设的基本思想。我们要认真学习，深刻领会，这对进一步开展道德科学的研究，对加强共产主义道德教育，从根本上改善党风民风，都具有重要意义。

（1984 年编入学习《邓小平文选》的文集
——《发展和繁荣社会科学》）

孔子的"仁"与"礼"及其对
伦理学的贡献

【内容提要】

孔子的中心思想可以说是"仁"。而"仁"的实质则是"克己复礼",重点在"克己"、"敬人"。他从人性论出发,对"仁"与"礼"进行了心理分析,阐述了二者的内在联系,总结了古代统治者德治的经验和礼的社会作用,从而把"礼"的总评价提高到仅次于"圣"的"仁"(价值观念)的高度,使古代道德观念理论化,为中国古代伦理学奠定了理论基础。

关于孔子思想体系的中心思想是"仁",还是"礼",是中国学术界长期争论不下的重要问题,一直到现在还是各持己见,评价不一。由此影响到对中国文化传统的看法,这一现象吸引着广大的中外学者对孔子进行广泛研究。现在已经有大量的研究成果和问题争辩的论著出版,然而继续从各个角度去分析探索还是有广阔余地的。

一 孔子生活的时代

孔丘生于春秋末期(公元前 551—前 479),当时诸侯争霸,侵伐频繁,周天子虽然还存在,但已不能行令于天下。礼坏乐崩，子弑父，臣弑君的现象层出不穷，社会秩序动荡不安，国无宁日。这标志着奴隶主贵族统治势力在急剧衰退，新兴的生产力与生产关系已经由萌芽而发展。各诸侯国中的土地私有者和私商巨富逐渐增多，而且往往影响到各诸侯国的政治活动，孔丘生在这样的社会条件下，而且生活在创制周礼的周公的封地——鲁国，他抱有消除社会弊端，恢复以周礼为准则的社会秩序的志愿，是十分自然的。如当微生亩问孔子为什么这样凄凄惶惶、东奔西走到处游说时，孔子回答道："非敢为佞也，疾固也。"[①] 就是说，他认为当时社会太不知礼义，想以"道"去改变它，并不是为巧诣于人。子路和孔子有一段对话，也可以看出孔子是要恢复"礼"来整顿社会秩序。卫国的国君灵公欲得孔子为政，子路便问孔子："卫君待子而为政，子将奚先？"孔子说："必也正名乎。"子路曰："有是哉，子之迂也！奚其正。"孔子很不以为然，说："野哉由也！……名不正则言不顺，言不顺则事不成，事不成则礼乐不兴，礼乐不兴则刑罚不中，刑罚不中则民无所措手足。"[②] 这里的所谓"正名"自然是按照周礼所规定的上下贵贱等级的名分，来纠正当时已经乱了的名分秩序。因为，当时的名分已混乱到君不君、臣不臣、父不父、子不子的程度；所以如果卫君要他为政，他首先要做的是整顿这种名分关系，否则无所依据，什么事都办不成。这话听起来很自然，但是，当时的大势所趋，已经很难恢复周礼所规定的名分了。因此子路说他"迂"，并不过分。孔子到齐国，齐景公想用他，晏婴不同意。理由是："崇丧遂哀，破产厚葬，不可以为俗。游说乞贷，不可以为国。自大贤之息，周室既衰，礼乐缺有间。今孔子盛容饰，繁登降之

---

① 《论语·宪问》以下凡引《论语》，只注篇名。
② 《子路》。

礼，趋详之节，累世不能殚其学，当年不能究其礼。君欲用之以移齐俗，非所以先细民也。"① 说明那种崇丧厚葬以及学不完的繁文缛节，已经不适合齐国的民俗。于是齐景公告诉孔子说，"吾老矣弗能用也"②。孔子奔走各诸侯国之间，终不得为用，原因也就在此，是"知其不可而为之"的幻想。毋庸讳言，这种以复周礼自任的意愿是保守的，但是也不能由于这种主观愿望，而作出孔子整个思想体系是保守的、反动的这类结论。我们必须把孔子放在当时那个时代里去研究他的思想体系。当时，奴隶主贵族阶级的统治虽然正在迅速崩溃，但新兴的社会势力，还在新生时期，力量不够强大。周天子毕竟还存在着，各诸侯国的统治者还都是奴隶主贵族，诸侯之间还多以违犯周礼为借口而互相征伐。在这种情况下，要求生活在鲁国的孔子不以复周礼自任，恐怕也不太现实。孔子并不是完全看不到当时社会经济、政治的变化，他承认周礼应该有所损益，而且他对周礼也作了一些损益。他所增益的伦理道德和教育思想，正是他被后世封建社会尊为圣人的依据。

二　"仁"与"礼"的实质及二者的关系

孔子对周礼有所增益，增益的内容主要是"仁"，这是大多数学者所公认的。作为孔子的伦理思想体系，以"仁"这一概念为核心是很鲜明的。但问题在于对"仁"如何理解，"仁"与"礼"的关系怎样？这就存在着很大分歧。总的说来，大致可以归结为三种观点：一曰：对颜渊问仁的回答——"克己复礼为

① 《史记·孔子世家》。
② 同上。

仁"，是孔子的"仁"的真义；目的在复周礼。二曰：对子贡问仁的回答——"夫仁也者，己欲立而立人，己欲达而达人"，是孔子的"仁"的本质；是人道主义。三曰："仁"是主观意念，"礼"是客观准则，二者互为表里。这些观点都有一定的道理，但是深究起来，似乎还捉摸不透这些概念之间的内在联系。其实，"仁"与"礼"之间是存在有一个共同本质的，这个共同本质就是"克己"、"敬人"。由这一本质可以贯穿起孔子关于仁与礼的各种论述。我们从下述孔子的言论中可以得到证明。

颜渊问仁，孔子说："克己复礼为仁。一日克己复礼，天下归仁焉。为仁由己，而由人乎哉。""非礼勿视，非礼勿听，非礼勿言，非礼勿动。"[1] 这里第一句话，是一个极为简洁的"仁"的定义。即以礼的规范为准则克制自己的欲望就是"仁"。怎样做才能复礼呢？一切视、听、言、行都按照礼的规定去做就是复礼；而且一旦君子们能"克己复礼"，天下的人就会归附于"仁"。即所谓君子的言行，以礼约之，而礼的实践则需要"克己"、"敬人"。

在《里仁》篇孔子曾讲道："富与贵，是人之所欲也，不以其道得之，不处也。贫与贱，是人所恶也，不以其道得之，不去也。"这里所说的"道"，自然包括着礼，道与礼是调节个人喜富贵、恶贫贱的欲念的规范。前面所说的"克己复礼"，也就是克制自己的欲念使符合礼的规范。做到了使"欲"符合于"礼"，就达到了"仁"的思想境界。这从孔子对许多德目的解释中，也可以看出克己欲是礼与仁的共同本质。例如，当时有人对孔子说申枨"刚"。孔子不同意，说："枨也欲，焉得刚。"[2] "刚"是周

---

① 《颜渊》。
② 《公冶长》。

礼的一个德目，申枨这个人情欲多，孔子认为他不可能有"刚"的品德。而"刚"也是仁的一种品质，即所谓"刚、毅、木、讷近仁"①。所以，克欲是德与仁的共同要求。樊迟问仁，孔子回答说："居处恭，执事敬，与人忠，虽之夷狄，不可弃也。"②"言忠信，行笃敬，虽蛮貊之邦行矣。"③ 这里说的"恭"与"敬"都是礼的重要精神，即使到缺少礼义的夷狄之邦，也不能抛弃这种精神就是"仁"。这仍然是克己敬人的意思。

孔子又用"恕"来解释"仁"。仲弓问仁，孔子回答说："出门如见大宾，使民如承大祭。己所不欲，勿施于人。在邦无怨，在家无怨。"④"夫仁者，己欲立而立人，己欲达而达人。能近取譬，可谓仁之方也已。"⑤ 这两个回答，还是一个"敬"字贯穿在里边。"出门如宾，承事如祭，仁之则也。"⑥ 这是古已有之的话，是礼之"敬"德。能敬人，也就能推己及人，己之不欲则勿施于人，己之所欲则施诸于人。这种恕道，就是行仁的方法。所以子贡说"博施于民，而能济众"是仁，孔子认为不能这样说，因为"博施于民，而能济众"的行为，是尧舜都难做到的"圣"，而不是"仁"。现今的人，通过"恕"道而达到"仁"就不错了。这说明"仁"作为价值概念，比"圣"低一个层次。而且己之欲与不欲推及别人，也是需要有克制己欲而敬人的精神才能做到的，所以达到"仁"的境界也是不容易的。

孔子所讲的"立人"、"达人"，是教育人立于礼，达于德。

---

① 《子路》。
② 同上。
③ 《卫灵公》。
④ 《颜渊》。
⑤ 《雍也》答子贡之问仁。
⑥ 《左传》僖公三十三年。

子张曾问过什么是"达",是不是"在邦必闻,在家必闻"?孔子说不是。"夫达也者,质直而好义,察言而观色,虑以下人。"①这又是能恭敬而践礼才谓之"达"。因此,孔子之"达人",只是帮助他人通达礼义而谦敬处人处己而已。这种忠恕之道,主要是着眼于教育,也就是伟大教育家诲人不倦的精神。它的内涵实质仍然是礼的克己敬人。由此看来,一以贯之的忠恕之道,与"克己复礼为仁"的定义是息息相通的,是由克己敬人的根本精神把它们联结在一起的。

有些学者认为,孔子所讲的忠恕之道是仁者爱人的表现,体现有平等待人的思想。这当然也是可以理解的。孔子回答樊迟问仁时,就是说"爱人"②。不过孔子所讲的"爱人",是和他的时代紧密相关的,是有等级性的。虽然他说过:"汎爱众而亲仁",但是,他强调"名分",他认为,"民可使由之,不可使知之"③。不知,自然谈不上"立"与"达";不立、不达也就无所谓被"爱",至多是"使民以时"而已。至于"民"是指什么等级且不说,表明孔子的"立人"和"达人"、"爱人",是不包括"民"这一等级的。这些概念是在抽象的一般形式下蕴藏着那个时代的具体内容的。即他的"人"是有阶级或等级性的。而且孔子鄙视体力劳动和劳动人民,在他的言论中随时有所流露。如果我们把孔子同管仲的"仁"和"爱民"思想对照来说,就更容易理解孔子思想的特点。

管仲是从政治角度谈论"以民为本"和"爱民"精神的。齐桓公问:"寡人欲修政以干时于天下,其可乎?"管子对曰:

---

① 《颜渊》。

② 《子路》。

③ 《泰伯》。

"可。"桓公又问："安始而可?"管子对曰："始于爱民。"① 齐桓公问："敢问何谓其本?"管子对曰："齐国百姓,公之本也。……公轻其税欲,则人不忧饥;缓其刑政,则人不惧死;举事以时,则人不伤劳。……近者示之以忠信,远者示之以礼义。行此数年,而民归如流。"② 这里说的"爱民"是指上对下的"爱",虽不一定包括奴隶,但劳动平民是"爱"的主要对象是肯定的。而爱民的内容是具体的、于民有实际利益的。孔子说的"爱人"是指君子贤士对于"民"(自由庶民)以上等级中的人的"爱",爱的内容则是空泛的教人立于礼、达于德。爱民的目的,管子明确提出"用之爱之",从而治国。而孔子"爱人"或仁的目的,则在于个人(君子、王公大人)人格的自我完善,从而化民治国。管仲主张顺民心,利民生。他说："政之所兴,在顺民心;政之所废,在逆民心。民恶忧劳,我佚乐之;民恶贫贱,我富贵之;民恶危坠,我存安之;民恶灭绝,我生育之。……故从其四欲,则远者日亲;行其四恶,则近者叛之。故知予之为取者,政之宝也。"③ "彼欲利,我利之,人谓我仁。"④ 这里,管子所讲顺民心、从民欲,其内容和目的是现实的、具体的,重利民治国。而孔子的"爱人"的内容,则为克己制欲,重在君子个人的道德修养以化民,即所谓"上好礼,则民易使也"⑤,"君子修己以安人"、"修己以安百姓"。

　　由上述比较对照来看,孔子的仁恕、爱人和好礼的思想,显得抽象而含糊。他设想通过空洞的道德说教来恢复以周礼为准则

① 《管子·小匡》。
② 《管子·霸形》。
③ 《牧民》。
④ 《管子·枢言》。
⑤ 《宪问》。

的社会秩序，便陷于空想多于现实。管仲是当时的当权者，说了就可以做，他在齐桓公的支持下，对齐国进行了经济、政治、法制和礼制的改革，于是帮助齐桓公九合诸侯一匡天下，成为各诸侯国的霸主。孔子虽然对管仲违犯周礼很不满意，说他只能相诸侯，不能辅天子，但他不能不承认："桓公九合诸侯，不以兵车，管仲之力也。如其仁，如其仁。""管仲相桓公，霸诸侯一匡天下，民到于今受其赐。微管仲，吾其被发左衽矣。"① 孔子在这里极力称赞管仲"仁"。从王、霸之道来说，孔子主张法先王的王道，为什么这样赞赏齐国称霸呢？问题就在于齐桓公九合诸侯，是以尊周天子为名，有利于恢复诸侯与天子之间的君臣之礼。这和他所说的"赐也，尔爱其羊，我爱其礼"② 有同样的自欺欺人的"迂"气。明知道事实已经不在于遵礼，他还是以礼的形式而自慰。不过，我们也应该看到，孔子对于管仲相齐后齐民是受益的，给予了肯定，这无形中表现孔子对管仲的某些改革是默认的。这是孔子的进步和开明之处。

从孔子的"仁者爱人"这一含义来说，"仁"是"礼"的道德规范体系中的一项原则；从"非礼勿视"、勿听、勿言、勿动为仁的含义来说，"礼"是"仁"的标准，而"仁"是对"礼"的一种总评价，是一个抽象的价值概念。以此评价人，仁人比圣人低一级，比善人又高一筹。这种对"礼"的总评价，就使"礼"突出了一种宽厚、中庸的精神。这也正是"克己"、"敬人"的表现形式。

不过，在这方面也暴露了孔子的等级观念。他认为，只有少数君子实践了礼才能达到仁的高度。他说："君子而不仁者有矣夫，未

---

① 《宪问》。
② 《八佾》。

有小人而仁者也。"① 即君子不仁者是有的，而小人就根本不可能有仁者。小人主要是指庶民和劳动者（也包括有不肖者），庶民小人都是无知无识之辈，不可能成为仁者；同时，小人也不是被"爱"者。所以，尽管孔子强调了仁的宽厚精神，但是，由于仁的实质在于"克己复礼"（坚持等级名分），那么，宽厚的范围和程度就都是有限的了。因此，孔子思想中保守和消极的东西是很多的。

三　孔子思想中的消极因素

孔子基本上是站在当时奴隶主贵族阶级立场上，企图通过德治对当时社会制度加以改良。所以他以周礼为主要准则，从心理学角度分析、论述当时的伦理关系和道德实践问题。他思想中的消极因素，首先表现在孔子鄙视劳动人民。他说："唯女子与小人为难养也。近之则不孙，远之则怨。"② 这不只是表现他鄙视妇女，而且表明了他对待被压迫等级的根本态度。这里的所谓"养"，有两个含义：一是"对待"的意思，一是"养活"的意思。孔子认为"唯女子与小人为难养"，透露出一种主人对奴隶、贵族对平民的鄙视心理。"女子"与"小人"属于同一个为君子、士大夫提供一切生活需要的低贱等级，即只"可使由之，不可使知之"的等级。他们既"不知命"，不知礼、又不知克己，因而和他们亲近了，他们就不断提出要求没个满足，疏远了就怨怨不已。这正反映了当时日益崩溃的奴隶主贵族统治者与被统治者的关系，也反映了像孔子这样"君子"的一种心态。孔子鄙视劳动人民还表现在对樊迟的看法上。樊迟向孔子请学农事，孔子说自

---

① 《宪问》。
② 《阳货》。

己不如老农。这当然是真的。但是当樊迟出去之后，他却说："小人哉，樊须也！上好礼，则民莫敢不敬；上好义，则民莫敢不服；上好信，则民莫敢不用情。夫如是，则四方之民，襁负其子而至矣，焉用稼。"[①] 这里表明，"小人"正是指供养王公大人、君子、士大夫阶级的劳动者；也暴露了上好礼义的虚伪性，只是为了使被统治的庶民不敢不敬重和服从统治者，是统治阶级进行统治的手段之一。

其次，孔子强调亲亲之德，有些论点陷于自相矛盾。例如，孔子说："父为子隐，子为父隐，直在其中矣。"[②] 这样的亲亲至上原则，就使"直"这种美德屈从于"孝"德之下，同时也同他主张的"举直错诸枉，能使枉者直"[③]，"举直错诸枉，则民服；举枉错诸直，则民不服"[④] 等原则相矛盾。这种思想上的矛盾，反映了当时奴隶社会急剧崩溃时期的社会矛盾；同时，也充分反映了孔子极力维护奴隶社会宗法家族利益至上的落后思想。

第三，孔子明哲保身的消极处世哲学。孔子没有完全摆脱"天命论"的世界观和人生观，他提倡："君子有三畏：畏天命，畏大人，畏圣人之言。小人不知命而不畏也，狎大人，侮圣人之言。"[⑤] 由孔子看来，天命和圣人之言，都是人力所不能改变的。因为"天命"是至高无上的"天"所决定的；圣人是生而知之的，他的言论都是不可违抗的真理；至于大人（诸侯、卿、大夫之流），则是握有现实最高权力者，所以必须对他们畏惧。这是孔子世界观中最大的弱点，影响到他的整个人生态度。他一遇到

① 《子路》。
② 同上。
③ 《颜渊》。
④ 《为政》。
⑤ 《季氏》。

困难的时候，就呼天喊命。"知我者，其天乎！"① "道之将行也与，命也；道之将废也与，命也。公伯寮如其命何！"② 当子贡问："贫而不谄，富而不骄，何如？""子曰：可也。未若贫而乐，富而有礼者也。"③ 看来子贡讲的人生态度还是比较现实的；而孔子要求的"贫而乐"的克己精神，就有些不现实了。这和他的生死有命、富贵在天的命定论思想是有联系的。孔子自己的克己精神和明哲保身的修养是很好的。例如，陈成子弑简公，孔子非常气愤，于是他"沐浴而朝，告于哀公曰：陈恒弑其君，请讨之。公曰：告夫三子。孔子曰：以吾从大夫之后，不敢不告也。君曰：告夫三子者。之三子告。不可。孔子曰：以吾从大夫之后，不敢不告也。"④ 按礼当告君，不当告三子（三卿），孔子服从君命告之三子，三子曰不可。孔子也就不敢坚持讨伐而自止。这里说明孔子知礼而又能明哲保身，免得国君不同意而自找麻烦。子贡问"友"的时候，孔子就说："忠告而善道之，不可则止，毋自辱焉。"⑤ 孔子提倡："不在其位，不谋其政。"甚至"危邦不入，乱邦不居；天下有道则见，无道则隐。"⑥ 这种消极的明哲保身之道表现得十分明显。

　　总之，孔子过于强调克己、敬人，不能摆脱天命论的束缚，使他在唯心主义世界观支配下，在政治上不能适应当时社会发展的需要，奔走各诸侯国而终不见用。也正是因为这样，使他退而在教育和道德方面有所建树。

---

① 《宪问》。
② 同上。
③ 《学而》。
④ 《宪问》。
⑤ 《子路》。
⑥ 《泰伯》。

四　孔子对伦理学的贡献

孔子讲人性的话很少，但是，抽象的人性论的观点，在他的伦理和教育思想体系中却占有重要地位。"性相近也，习相远也。"① 这是孔子提出的有关人性的重要命题，也是他的教育和伦理思想的主要依据。虽然他认为"唯上知与下愚不移"，但是"中人"还是可以教育的。所以他的著名的"有教无类"的教育思想便由此产生了。当然，他所谓的"无类"，也只是包括士和某些庶民，大多数庶民劳动者和奴隶，是不可能受教育的。不过这反映了春秋中期以后，私人办学已逐渐成为普遍现象，土地私有和私人工商业的发展，在民间产生了富有者，他们需要突破官学的限制而使自己的子弟上学。

孔子认为人性的相近表现在欲望方面也是一样的。他说："富与贵，是人之所欲也；不以其道得之，不处也。贫与贱，是人之所恶也；不以其道得之，不去也。"② 就是说，人的本性都是欲富贵、恶贫贱，但是不按正道获得或除去，都是不对的。这里所说的"道"，肯定是包括着礼和道德规范的。所以，"克己复礼为仁"的论断，是和孔子的人性论密不可分的。即人有需要克制的欲望或情欲，是"礼"和"仁"产生和存在的自然根源。只有用"礼"或"仁"来调节人的欲望，才能使人"欲而不贪"③，并与犬马等动物区别开来。正是由于以抽象人性为伦理道德的出发点，所以孔子对礼的许多德目和规范进行了一系列的心理分析

---

① 《阳货》。
② 《里仁》。
③ 《尧曰》。

与概括，构成了以"仁"为形式、以克己敬人为实质的道德理想，以"恕"为实现方法的人生哲学或伦理学体系。这种体系尽管不科学，但是把道德实践中的各种要求，第一次提升到较为系统的理论，这是孔子在伦理学方面的重大贡献。

孔子是古代伟大的教育家，强调实践和身教的作用。在政治上主张德治，并总结了中国古代圣贤德治的经验，从而使过去的许多德目具有了理论性。例如，子张问仁，孔子回答说："能行五者于天下，为仁矣。"哪五者呢？曰："恭、宽、信、敏、惠。恭则不侮，宽则得众，信则人任焉，敏则有功，惠则足以使人。"① 从这些道德实践的效果上，揭示了道德活动所引起的心理活动规律；用在政治上，统治者实践了这五种品德，便可以获得良好的德治效果，可谓仁政矣。子张问从政，孔子说："尊五美，屏四恶，斯可以从政矣。"又问何谓五美，孔子说："君子惠而不费，劳而不怨，欲而不贪，泰而不骄，威而不猛。"子张又问是什么意思，孔子进一步解释说："因民之所利而利之，斯不亦惠而不费乎？择可劳而劳之，又谁怨？欲仁得仁，又焉贪？君子无众寡，无小大，无敢慢，斯不亦泰而不骄乎？君子正其衣冠，尊其瞻视，俨然人望而畏之，斯不亦威而不猛乎？"② 这里把"欲而不贪"，解释为"欲仁得仁"，表明"仁"的克己精神，具有控制或约束个人欲望而不至发展到"贪"的作用。也就是把"欲"控制在不违礼的范围，而不是禁欲主义。不过，孔子有时夸大克己制欲的客观作用。例如，季康子患盗，问孔子怎么办时，孔子说："苟子不欲，虽赏之不窃。"③ 这种说法，就夸大了

① 《阳货》。
② 《尧曰》。
③ 《颜渊》。

克欲和德治的作用，否定了物质生活状况的意义。从以身作则来说，统治者的道德实践还是很重要的，例如"其身正，不令而行；其身不正，虽令不从"。① 这些话还是有道理的。

在品德与道德规范的关系上，在个人的学习和修养方面，孔子进行了具体分析概括。例如，"恭而无礼，则劳；慎而无礼，则葸；勇而无礼，则乱；直而无礼，则绞。"② "君子义以为上，君子有勇而无义，为乱；小人有勇而无义，为盗。"③ 这些分析说明，个人品德的修养，要以礼的规范为准则，所以对于礼的学习、掌握必须重视。孔子曾对子路提出六言六蔽来阐述"学"的重要。他说："好仁不好学，其蔽也愚；好知不好学，其蔽也荡；好信不好学，其蔽也贼；好直不好学，其蔽也绞；好勇不好学，其蔽也乱；好刚不好学，其蔽也狂。"④ 这里又从反面论述了不学礼，品德修养是得不到好结果的。既证明了学习的重要，又进一步说明道德规范与品德的密切联系。孔子个人是虚心好学的，也教育他的学生虚心好学。他说："三人行必有我师焉，择其善者而从之，其不善者而改之。"⑤ "过则无惮改。"⑥ "躬自厚而薄责于人，则远怨矣。"⑦ 诸如此类的言论，对于学习和个人修养都是有积极意义的。

此外，孔子对于礼的德目或道德规范有所增益。比较明显的是在君臣关系上提出："君使臣以礼，臣事君以忠"的"忠"德。奴隶制的西周时代，以亲亲为主，以"孝"为最高道德原则。因

---

①　《子路》。
②　《泰伯》。
③　《阳货》。
④　同上。
⑤　《述而》。
⑥　《学而》。
⑦　《卫灵公》。

为西周是以氏族为基础的宗法制度，天子和诸侯、卿大夫的关系，都是有血缘关系的宗子、宗孙和姻亲亲属关系，以"孝"亲、"孝"祖这一道德原则即可约束臣下为天子和国君效力。这在今文《尚书》中见不到"忠"字透露了这一信息。到春秋初期，已开始有异姓或血缘日远的人作卿大夫，初步突破了以血缘为纽带的君臣关系。而且随着社会经济的发展，各诸侯国势力的强大，诸侯对天子、大夫对诸侯国君，已不那么亲近和尊重，都在发展个人的势力，而不一心一意为国君和天子效力。因而在礼的规范中，仅只靠"孝"道已经不能约束臣下，必须另有一种新的行为规范才能保证君、王之位的稳固和尊严。在孔子以前可能已有了"忠"的要求，到孔子便正式列为臣事君的主要道德规范。春秋末期的"孝"实际上只是子事父母的主德，尽管仍以"孝弟为仁之本"，但毕竟出现了与孝并列的忠德。忠在孔子的言论里，还有与他人（包括诸侯之间）交往时应该"忠信"的含义，但都是尊承诺、不二心的意思。这是适应于以后封建社会君臣道德关系的，也成为孔子被封建社会尊为圣人的重要条件之一。

孔子知识渊博，思想并不完全僵化，他还提出了不少有价值的格言式的命题。例如"知之为知之，不知为不知，是知也。"[①]"三军可夺帅也，匹夫不可夺志也。"[②]"欲速，则不达；见小利，则大事不成。"[③]"君子不以言举人，不以人废言。"[④]"今吾于人也，听其言而观其行"[⑤]等等。这些简短而精粹的语言，富有深

---

① 《为政》。
② 《子罕》。
③ 《子路》。
④ 《卫灵公》。
⑤ 同上。

刻的哲理，所以为中国历代有识之士所推崇。作为中华民族的优秀文化传统，现在也是可以批判地继承和发扬的。

　　由上述粗略的探讨，可以看出，孔子以抽象人性论为出发点，用仁这一价值概念，概括一切道德规范的总和，成为孔子的道德理想和伦理学体系的标帜；对于周礼的增益、分析、总结，给道德准则转化为个人的主观信念和实践，提供了一条明确的道路——克己、敬人、由己及人的忠恕之道，从而创建了中国第一个伦理学体系。这在中国伦理学史上是一重大贡献。

（《孔子研究》1988 年第 4 期）

论孝与忠的社会基础

孝与忠是中国伦理思想史上的两个重要范畴。一般的多是笼统地说，孝与忠是中国奴隶社会和封建社会的共同道德准则与规范，我过去也是这种看法。认为奴隶制时代和封建制时代都是以农业为主的自然经济基础，都是以大家族为基本的生产和生活单位的宗法制度，因而两个社会形态有共同的道德准则和规范。但是，仔细想来，奴隶社会和封建社会毕竟是两种不同性质的社会形态；在经济关系的发展上是两个不同性质的阶段；在政治、法律、科学、文化等方面也有很大的差异。那么，反映在道德观念和道德实践上，是否也应该有一定"质"的区别呢？我想是应该有的。后来在大量的历史文献和有关资料中，发现了一些奴隶社会和封建社会中有不同的道德痕迹。所以深入地探讨一下孝与忠的发生、发展过程，分清奴隶社会和封建社会的道德区别，对于道德科学的进一步研究，对于深入理解马克思主义道德观，都是必要的。

一　孝的道德观念的发生时代

孝作为道德准则和规范，是宗法家族制度的产物，这是学术界所公认的。而宗法家族制度又产生在中国的什么时代，这在我国古代史料中是可以查到的。

根据中国现有的历史文献来看，宗族家法制度和孝的道德观念与实践，可以说产生于殷（商）周时代的奴隶社会。商朝以前的夏代，史学界认为是奴隶社会的开始时期。但可靠的文字史料不多，有的多是一些神话和传说，就是夏代的创始者禹这个人物，也还是一个说法不一的传说中的英雄形象。不过，夏代作为奴隶制开始的历史时代，史学界还都是承认的。

我们研究"孝"德发生的时代，只能根据有文字可考的史料。我国最早的文字史料，是出土的记录商代占卜情况的甲骨文，也叫做卜辞。据史学家的考证，卜辞中没有明确道德含义的"孝"字，只有作地名的一例。商代金文中又有"孝"字作为人名的一例："孝卣；觑赐孝。"[①] 但是，有地名和人名用"孝"字，就表明这个"孝"字在当时的实际生活实践中，是有一定的具体含义的。商代是奴隶制和父权制的社会，尊祖、祭祖的观念和实践已经很盛行。殷人万事求卜，"卜"这一概念，就是指请求祖先降命指示奴隶主统治者的行动。求卜和祭祖的活动，除去其宗教意义之外，就是尊祖和孝亲的意识和重要活动形式。这正是奴隶社会早期父权制确立之后的主要表现。《尚书·盘庚上》中记载，商王盘庚迁都于殷时对"百姓"（指各级官员）说的一段话："人惟求旧，……古我先王，暨乃祖乃父，胥及逸勤，予敢动用非罚，世选尔劳，予不掩善，兹予大享于先王，尔祖其从与享之。……"这里的大意是说：用人总是求故旧，你是国家的旧人，过去我的先王和你的祖父和父亲共事，逸劳与共，我念你祖先的功劳，不掩蔽你家的善德，我大祭先王时，你的祖先

---

① 见李裕民：《殷、周金文中的"孝"和"孔丘孝道"的反动本质》，载《考古学报》1974 年第 2 期。

也都配享先王。这段话表明盘庚迁殷时遇到了困难，就利用朝臣们尊祖观念要求他们一心一德与商王共渡迁都的难关。由此可见，尊祖在盘庚时已很重视。

但是，宗法制度在殷代是否建立，史学界看法不一。考证家王国维认为："商人无嫡庶之制，故不能有宗法；借曰有之，不过合一族之人，举其贵且贤者而宗之，其所宗之人，固非一定不可易，如周之大宗小宗也。周人嫡庶之制，本为天子、诸侯继统法而设，复以制通之，……于是宗法生焉。"① 而郭沫若则认为，殷"帝乙的长子是微子启，但因为启的生母身份微贱，不能继位为王，纣是少子，由于其生母是帝乙的正妻，就继承了父位。由此可知，以区别嫡庶为核心的宗法制度到商末已经形成了。"② 此外，《中国史稿》中还有一段叙述殷代已经有了宗法制度。"商王对其祖先的祭祀，也反映着商朝奴隶主贵族之中宗法制度的形成过程。根据甲骨卜辞，在武丁时的祭祀，已经以自身所出的直系先王为'大示'，以旁系先王为'小示'。合祭大示的宗庙称为'大宗'，合祭小示的宗庙则称为'小宗'，这就是宗法制度中'大宗'、'小宗'的起源。"③ 由此看来，郭沫若论述殷代后期已经形成了宗法制度是有道理的。由此还可以看到一点，小宗中除包括庶出的子孙之外，还包括嫡出的次子的宗统。同时也可以说明，当时商王的祭祀活动中，体现着尊祖孝亲的道德观念。不过，殷代的宗法制度还不够完善，到周朝时才形成比较完善的守法制的以亲亲为原则的家族和政治体制，明确确定嫡长子是继承王位的宗子，是大宗，其庶子和王的弟兄为小宗，并分封于王所

---

① 《观堂集林·殷周制度论》。
② 《中国史稿》第 1 册，第 206 页。
③ 同上。

统辖的各邑为诸侯（称公）。而诸侯的嫡长子继承诸侯的职位，是诸侯国内的大宗，其庶子和弟兄则封为大夫，是小宗。所以在中国的奴隶制时代，君臣关系是一种具有血缘关系的宗族关系。因此，在政治关系和亲族关系上还是没有分化的统一体，在道德上，家庭道德和政治道德也没有分开，以同一个原则来调整、维护政治和道德关系，即以"孝"为最高的行为准则。孝的内容和作用，是以尊祖敬宗（保持祖先的显赫地位）为约束一切臣属（宗族）的精神力量。

　　西周的典籍中，讲到孝的地方就很多了，例如今文《尚书》中，《康诰》有"矧惟不孝不友，子弗祗服厥父事，大伤厥考心。"《文侯之命》有："父义和，汝克昭乃显祖，……追孝于前文人。"《诗经》中讲到孝的也不少。如"吉蠲为饎，是用孝享"①。"假哉皇考！绥予孝子。"②"永言孝思，孝思为则。"③"威仪孔时，君子有孝子。孝子不匮，永锡尔类。"④ 这些诗的意思是说，有好饭菜拿来祭祀孝敬祖先；伟大的先父，您安抚我这孝子；永遵祖训尽孝道；孝子的孝心永不竭。⑤ 由此可见，西周时期仍以尊祖为孝道的最高价值，尊祖敬宗既是亲亲，又是尊尊的表现。这是周袭殷礼的一个重要方面。

　　殷、周两代是中国奴隶社会由早期至成熟和兴盛时代，孝道是维系宗法秩序的奴隶社会道德的主要标志。殷与西周的历史文献和典籍中，都没有用"忠"字来表示君臣关系的道德概念。这表明奴隶社会的鼎盛时期，还没有产生忠君的道德观念。究其原

---

① 《小雅·保民》。
② 《周颂·雝》。
③ 《大雅·下武》。
④ 《大雅·既醉》。
⑤ 程俊英：《诗经译注》。

因，这不能不说和奴隶社会的经济基础与政治制度有密切关系。我国奴隶社会的经济关系，是国有（或部族所有）或王有土地；劳动者是完全丧失权利和自由的奴隶。殷周时代都以农业为主，殷代还有一定数量的牧畜业，造酒、制陶等制造业也已经很兴盛，商业多为实物交换。周朝继承了殷代的经济基础，更进一步发展了农业和其他行业。殷周时代的农业，和封建社会的以小家庭农业生产的自然经济迥然不同。殷周时代是以领主农业生产为主，由大批奴隶集体劳动在公室的田地里，制造业也是由奴隶集体生产劳动。工具也比封建社会落后，周朝虽已经有了铁器，但还没有以畜力代替人力耕地的现象。所以奴隶社会里的奴隶，既是生产劳动者，又是生产工具。至于奴隶的生活条件，也仅是能够维持生存而已。

殷、周时代的政治制度和社会结构，是大奴隶主贵族专政，在奴隶制大家族（或氏族）的宗法制度下，社会等级的贵贱是以血缘关系为标准。王公大人都是奴隶制大家族的大族长，国家组织以“王族”为主体，联结着许多直系、旁系、支系的贵族大家族，从而形成政治统治网。例如，大奴隶主的宗子（即嫡长子）掌握政权，宗子的弟兄、庶出的子侄和外姓姻亲，则分封到一定范围的领地上掌管政治经济事务。奴隶则随着土地分属于各级领主，他们大都是异姓和被征服的种族奴隶。奴隶主贵族的王、公都有很大权力，因而在奴隶制大家族的政治统治网中，逐渐孕育出较完整的宗法制度，嫡长子继承制是宗法制度的核心。而兄终弟及的传位制，在殷代后期便逐渐废除了。

由于以上奴隶社会的政治、经济状况，形成了中国奴隶社会的特点是：国家和奴隶大家族为一个统一体。因而政治关系、家族关系也是统一的；政治道德和家族道德都由一个“孝”的亲亲原则来指导。所以，“孝”作为奴隶社会的最高道德原则，是有其社会根源的。

二 忠的道德观念的形成

"忠"作为政治道德准则，在西周奴隶社会的鼎盛时期还没有产生。王国维根据他的考证说："自殷以前天子与诸侯君臣之分未定也，故当夏后之世，而殷王庆、王恒，累叶称王，汤未放桀之时，亦已称王。当商之末而周之文、武亦称王，盖诸侯之于天子，犹后世之诸侯于盟主，未有君臣之分也。周初亦然，于《牧誓》、《大诰》皆称诸侯曰'友邦君'，是君臣之分未全定也。"① 这里说的是天子与诸侯之间君臣之分未定，实际上，诸侯国内也不像后世的君臣关系，而是宗族关系。相传周武王、周公、成王先后建置七十一国，其中兄弟十五人，同姓四十一人，其他异姓诸侯多属姻亲关系。这就表明西周天子与诸侯的君臣之分未全定的实质，乃是宗族关系统率着君臣之间的关系。反映在政治道德关系上，只用一个"孝"的道德准则，便可以维系全国的政治秩序。由此可见，今文《尚书》、《诗经》中没有"忠"字，是当时社会情况的实际反映。

那么，忠君的道德观念究竟是在什么时候发生和形成规范的呢？根据现有史料来看，忠君思想是在封建经济关系出现之后发生的。随着生产力的发展，生产关系和政治制度也逐渐发生变革。到春秋战国时期，各诸侯国的奴隶主、奴隶主贵族，都利用奴隶的劳动力开辟田地归自己私人所有，有的则利用奴隶经营商业和制造业积累财富。这样便逐步形成了大夫比诸侯富，诸侯比天子富的局面。有了财富就有了政治势力；政治势力又刺激更大

---

① 《观堂集林·殷周制度论》。

的生财欲望和政治野心。于是诸侯争霸，大夫夺位的现象层出不穷。诸侯、大夫们为了争霸、夺位和自保，诸侯和大夫都争相养士招贤，作为自己的谋士和助手；天子与诸侯、大夫之间的血缘关系也日益疏远。因此，各诸侯国招纳了许多没有血缘关系的谋士做官，便逐渐突破了宗族关系的政治体制。于是君臣关系便开始从亲族关系中分离出来，形成比较独立于宗族之外的政治关系。同时，嫡庶之争也影响着君臣关系的矛盾日益尖锐化，因而自春秋末期齐桓公称霸开始，到整个战国时代，臣弑君、子弑父的事件时有发生。周天子日益腐败衰弱，而诸侯势力日盛，周天子不但不能统率诸侯，而且成为诸侯大国征讨弱小诸侯国的招牌。这个时期奴隶社会已走向衰亡，在诸侯互相征伐兼并的战争过程中，封建经济关系逐渐成长起来。由于上述的社会发展变化，统治阶级的思想家便产生了尊君抑臣的思想，要求增强君主的权力。并且认为仅仅用孝道已经不能维持君臣之间的政治关系，必须用一种新的行为准则来约束臣属对君主的关系。因而这一时期的著作中便出现了关于"忠君"的论述。比如《左传》、《管子》、《论语》等历史文献中，都可以见到关于"忠"的论述。

《左传》鲁桓公六年（约公元前 708 年）春，季梁说："所谓道，忠于民而信于神也。上思利民，忠也。"鲁僖公四年（约公元前 658 年），有人说："守官废命，不敬；固仇不保，不忠。失忠失敬，何以事君？"僖公九年，荀息说："公家之利，知无不为，忠也。"鲁文公六年（约公元前 619 年），臾骈说："以私害公，非忠也。"以上《左传》中所讲的"忠"，多和利民、利公相联系，包括君与臣的言行，不是专指臣事君的道德要求。

《管子》书中，以"忠"表示君臣之间道德关系的提法较多。但是该书可能成于春秋末年或战国初期，且非一人之笔，其中还有一些后人的追续篇章，显得庞杂不一。不过在后世学者所公认的符合管仲原意的篇章里，例如《管子·君臣》篇中，讲到的君臣关系的内容可以知道管仲的有关主张。兹举数例于下：

（一）"上能言于主，下致力于民，而足以修义从令者，忠臣也。"①

（二）"君善用其臣，臣善纳其忠也。"②

（三）"能据法而不阿，上以匡主之过，下以振民之病者，忠臣之所行也。明君在上，忠臣佐之。"③

以上数例比较具体地提出了君与臣的各自职守。然而，其主要精神还是重在公正无私，利民尽职即是忠臣。而且君臣之间有相互义务。孔子生于管仲之后，而《论语》一书成于何时，无从考查。但是《论语》中讲到许多管仲的行事，孔子可能见到过《管子》一书也未可知。《论语》书中讲到忠的，多属于"忠信"和"忠恕"的意思，是属于人际关系的品德要求，只有一处讲到"君使臣以礼，臣事君以忠。"④ 这一表示君臣道德关系的命题，看来是孔子针对当时君臣关系不正常的见解，也就成为由奴隶社会向封建社会过渡时期的君臣关系的道德要求。当时，已到了"君不君，臣不臣，父不父，子不子"的程度，当权者争位夺利，广大人民群众遭殃，因而民众和奴隶纷纷逃亡奔难，生活极不稳定。某些王公大人们也是忧心忡忡，也希望君臣之道有所改变。所以一时出现了，"忠，民之望也"的呼声。这种新的道德观念的出现，是和当时的经济发展与政治改革密切相关的。

春秋、战国之际，奴隶主阶级的私有土地和私人工商业大发展，这促使各诸侯国的经济政策不得不有所改变。例如齐国管仲

---

① 《君臣》上。
② 同上。
③ 同上。
④ 《论语·卫灵公》。

为相时制定改革方案，规定士、农、工、商各自分别聚居，便于发展经济，同时有力地破坏了氏族公社制度。在鲁宣公十五年（约公元前592年），鲁实行了"初税亩"政策，清查土地，按土地的肥瘠纳税给公室，这是正式承认私有土地为合法，也是地主阶级产生的开端。富商大贾已成为非贵族的富豪。这些富人集团出现于民间，促使了教学下移，学者收门生的私学出现。私学的生徒可以学而优则仕，结果扩大了士大夫阶层的队伍，君臣之间的宗族血缘关系的纽带迅速被割断，变成了买卖关系。《韩非子·外储篇》中曾讲到："主卖爵，臣卖智力。""周巩简公，弃其子弟而好用远人。"① 这些变化引起了统治阶级的内部矛盾更加尖锐化，诸侯国之间的相互兼并征伐，造成一种战乱不息的时代，人民生活痛苦无比，国人（即自由平民）和奴隶到处起来反抗或逃亡。在这种情况下，出现"修政招民"、"忠于社稷、公室"的思想是很自然的。

但是，对于忠德的需要和倡导，并不等于在社会生活中就能普遍实行，事实上，是经过了一个漫长的混乱和酝酿过程。臣报父仇而弑君，嫡庶争权而杀兄，君听谗言而杀臣诛子，诸侯国之间互相结盟、毁约而征伐战争等等，不绝于史。正是由于这样混乱杀伐频繁，激发了加强君权和尊君抑臣思想。一方面，大国的公卿假借维护周天子的权威而号令诸侯和兼并小国；另一方面，民众也希望有些忠诚的大臣辅佐国君停止战争以休养生息。因此秦始皇消灭六国、统一天下之后，忠君思想便达到成熟时期。史学家顾颉刚曾说过："自秦始皇一统之后，君臣之义无所逃于天地之间，忠君的观念大盛。"② 秦始皇即位之后，为消除阻碍统

---

① 《左传》定公元年。
② 《古史辨》第1册，《自序》。

一的地方豪族势力，迁徙天下富豪十二万户到咸阳，使其失去地方威势，建立起以法治维护君权和君主专制制度。《资治通鉴》记载："初，秦有天下，悉纳六国礼仪，采择其尊君抑臣者存之。"[①] 但秦朝积极排儒尊法，寿命不长，忠君之礼未得完备。到西汉时期，才把"忠君"的道德准则抬到最高地位。汉朝名义上是以"孝"治国，实际上，孝已退居服从忠君的地位。从此，忠、孝便成为封建道德的总纲领，也是封建道德的主要特征。

孝道之所以仍为封建道德的重要准则之一，是由于中国的封建社会，是由宗法家长制的奴隶社会脱胎而来的，氏族公社虽然已经解体，但是豪门大姓的宗法组织始终是封建社会的社会基础。妻妾、嫡庶之分的婚姻家庭制度以法律形式确定下来，嫡长子继承权是封建制度的支柱。因此，孝德不能不是封建道德的重要准则之一。同时，孝德可以约束庶民不敢犯上作乱，因而孝德也是巩固君权所不可缺少的条件。但是，孝与忠毕竟是两个不同范围的行为规范，孝是家庭道德的主纲，忠是政治道德的主纲，二者有一致的一面，同时也有矛盾的一面。在一定情况下，忠与孝不能两全。

三　孝与忠的关系

西汉从建国开始就宣称以"孝"治天下，极力提倡孝道，把一切道德规范和品德要求，都纳入孝这一道德范畴之内。《孝经》上说："夫孝，始于事亲，中于事君，终于立身。""以孝事君则忠，以敬事长则顺，忠顺不失，以事其上，然后能保其禄位，而

---

① 《古史辨》第 1 册，《自序》第 375 页。

守其祭祀，盖士之孝也。""谨身节困以养父母，此庶人之孝也。"
这几句话，包含的意思很多，但主要的体现了封建道德的阶级
性。地主阶级和士大夫阶层的孝道是和忠君有联系的，目的在光
宗耀祖，保持显赫的社会地位和爵禄，并传之后代。因而忠君成
为孝行的一个重要环节。而忠君的内容强调敬顺，而忽视了利公
利民和匡正君过的内容，是把忠君当作显贵个人亲族、保持个人
禄位的一种手段。这只是少数统治阶级的孝道准则。对于庶人的
孝道要求则只能是勤俭养亲就可以，因为他们是被统治者、不做
官，当然就没有忠君这一孝行的环节，而且他们也没有光宗耀
祖、立庙祭祀的权利和义务。这是占全国人口大多数的劳动人民
的孝道。由此可知，孝与忠没有必然联系，而且实际上还有矛盾
冲突的内在因素。例如，西汉武帝时期，李陵率兵五千迎击匈
奴，兵败后投降匈奴。这当然是不忠于君主、不忠于国家民族，
然而司马迁当时曾称赞他"事亲孝"。由此可见，孝子并不一定
是忠臣。所以一个人是否既孝且忠，需要根据实际情况进行具体
分析。在一般情况下，孝与忠可以统一于一身；但是，有些情况
下，孝与忠是难以两全的。

　　在封建社会里，君臣之间已经没有什么血缘关系。所以在士
大夫以上的统治阶级的孝道中增加一个"忠君"的内容，表面看
来，是孝的内容扩大了，孝不仅仅是家族道德，而且还包含了忠
于君国的政治道德。实际上是，事亲和事君的道德准则从此分开
了，事亲的孝行退居到事君的忠德之下，即在一定情况下，孝亲
必须服从于忠君的要求。因为孝与忠是表示个人对两个不同对象
的道德关系，两个不同对象之间必然会有矛盾的一面；所以，在
一定时间、一定情况下，孝与忠是不可能两全的。

　　自从忠的道德观念产生之后，在史书的记载中，孝与忠的价
值地位逐渐发生着变化。兹举数例以供分析。《史记·管晏列传》

中记载，管仲说："吾尝三战三走，鲍叔不以我为怯，知我有老母也。"鲍叔是管仲的好朋友，向齐桓公推荐他作宰相。这里说管仲"三战三走"，鲍叔都不认为管仲为了孝养老母而不为国奋战是无勇或不忠，这反映当时孝行的道德价值高于忠德。《史记·循吏列传》中记载，春秋末年，楚昭王的时候，有个名叫石奢的人为楚相，出去巡视，路上遇到一个杀人的，他追赶上一看是他父亲。石奢便"纵其父而还自系焉。使言之王曰：杀人者，臣之父也。夫以父立政，不孝也；废法纵罪，非忠也；臣罪当死。"于是自刎而死。这个例子表明，石奢见他父亲是杀人犯之后，他思想上的斗争是很激烈的。抓起父亲治罪，在他来说是不孝；放了罪犯又是不忠于王法。怎么办？结果他放走了父亲以全孝道，自己以死来抵不忠之罪。这里说明，当时孝行的价值在人们的心目中仍然高于忠德，但同时又知道放走杀人的父亲是不忠于王法，是有罪的。想不出两全的办法，于是只有尽了孝道而牺牲了忠德。这正是春秋战国之际，孝行与忠德矛盾关系的反映；同时，也表明当时正是奴隶社会开始向封建制度过渡的阶段，忠德在人们心目中已经存在但还没有占压倒优势。

愈是往后，对于孝与忠相冲突的事实的处理原则和评价，则愈强调"孝"要服从"忠"。还以李陵的例子来说。司马迁因为李陵辩解而罪受宫刑。这个例子表明，李陵虽为孝子，但是叛国投敌总是不可宽容的，甚至为李陵辩解的人也由此得祸。可见在西汉初期，忠于君主、国家和民族，已经是最高的政治道德要求。与此同时，出使匈奴的苏武，被匈奴扣留劝降，苏武艰苦斗争十九年而不屈降。后来被汉朝使者接回，被誉为爱国忠君的民族英雄传之后世。由此证明，忠君这一政治道德准则，在当时已经和忠于国家、保持民族尊严紧密联系在一起，是封建社会最高的道德准则。后来到了东汉时期，忠义高于孝行在人们心目中就更明确了。比如，东汉灵帝熹平六年（公元176年），辽西太守赵苞，派人去接他的老母和妻子，回来途经柳城，被鲜卑人劫去，作为进攻辽西的人质。赵苞率两万人迎击鲜卑军，鲜卑军出赵母以示苞，赵苞见后悲号对母亲说："为子无状，欲以微禄奉养朝夕，不图为母作祸。昔为母子，今为王臣，义不得顾私恩，毁忠节，唯当万死，无以塞罪。"这位母亲对赵苞说："人各有命，何得相顾以亏忠义，尔其勉之。"赵苞于是立即进攻敌人，大破鲜卑军；而母亲和妻子都被敌人所害。后来赵苞深以舍母全忠义而悲痛，呕血而死。这一实例说明，当时人们的道德观念认为：忠于职守、忠于以君主为代表的国家民族是公义和大节，孝于父母是私恩小义，在忠孝不能两全的情况下，需要全大义舍私恩。由此可知，西汉以后，忠德高于孝行已经深入人心，而且已经形成为普遍的价值观念。在中国历史上这一类大义灭亲的事实数不胜数。

　　孝与忠的矛盾，产生于它们是处理两种不同的道德关系的准则与规范。孝是个人对于父母和家庭长辈的道德准则与规范；忠是个人对待君王和国家民族的道德准则与规范。在和平时期，遇到贤明的皇帝能够辨别忠奸、正邪，又善于知人任事，在这种情况下，忠直之臣可能做到忠、孝两全。但是，在战乱时期，或者遇上昏庸的皇帝，以顺己意为忠，又易听谗言，不辨忠奸正邪，这样，忠正刚直的良臣便容易因进忠言而得罪，由此株连父母亲属受祸。仅就这一点来说，忠君是绝对高于孝亲的。尽管各个时代的学者，极力倡导忠与孝的一致性，但实际生活实践中，封建社会里忠与孝往往是不能两全的。不过，封建社会对于民间的孝子贤妇还是表彰奖励的，同时还有父母死亡准许辞官守制以尽孝道的制度。所以，忠孝并重是封建社会道德的主要现象，而忠高于孝是其实质。奴隶社会只有孝道是维系社会关系的准则，当奴隶社会向封建社会过渡的时期，家族道德和政治道德开始分离，忠于君国的观念已经出现时，则是孝行高于忠德。这些特点就是封建社会和奴隶社会道德准则的本质区别。

（《孔子研究》1990 年第 4 期）

论道德科学的立论依据

近几年来出现了一种思潮,以社会是由"人"组成的为理由,抓住"人"这个概念作为一切社会活动的主体大做文章,形成一种人本主义思想的回潮。于是"人性自私"论、"人的主体"论、"人的需要"论、"个人本位"论等,便在社会科学的一些学科里活跃起来,并成为各种"创新"的理论依据。在道德科学的领域里,同样受到这类思潮的影响,这主要表现在以"人的需要"为研究道德问题的出发点和理论依据,从而引伸出一系列与马克思主义的道德观不同的原则与结论。由此看来,道德科学的出发点和立论依据,是个带有世界观性质的需要问题。在科学领域里提出一些新的问题进行探索是很必要的,但是,有些带根本性的理论问题是需要认真讨论的。

一

"人的需要"作为道德科学的出发点和立论依据,它的实质意味着什么呢?它意味着从抽象的自然人出发,把"人的需要"当作人的本性(本质),从而代替马克思的"人的本质是一切社会关系的总和"的论断。有的著作明确提出他讲的人,是指"人类的一个一般概括",即"人的共相或一般"既不等于个人,也不等于社会,实际就是脱离一定社会关系的抽象的、孤立的、自然生成的人的共性。这种抽象的"人的一般"有什么"需要"呢?很难说出有什么"需要"。"需要"是具体的,是某种机体(个人、社会、国家、集体等)对客观条件的依赖性或渴求的存在状态,抽象概念不会有什么具体的需求。如果说,赋予抽象的人以生命,他们的生理共性的需要是饮食、男女、生命的延续之类,即所谓人的"自然属性"。这种脱离社会关系的人的自然属性,和动物的自然属性应是没有什么区别的。它不能代表"人"的自然属性。马克思并不否认人的自然属性,但他说的是由一定的社会关系所决定和制约的人的肉体需要,这种需要是包含在"一切社会关系的总和"之中的。从全面概括人的本质来说,应该表述出"人"不同于其他动物的质的规定性,而"人的需要"这几个字表达不出人所特有的质的规定性。因为"人的需要"这个概念的含义不明确、不确定,如果用这种含糊不清的概念作为"人的本性(本质)",从而作为道德科学研究的出发点和立论依据,那就很难得出比较科学的结论。

马克思主义道德观是以唯物主义历史观为立论依据,也就是从一定的经济关系和社会关系出发,并以此作为立论的依据。马克思是以"一切社会关系的总和"来概括人的本质的。人不同于其他生物的"质"的规定性,就表现在人体现着一定的社会关系的总和。任何个人都必须在一定的社会制度下、一定的社会关系中生存与活动,任何个人的需要(肉体的和精神的)与活动,都受着一定的社会关系的决定和制约。从人类的生成过程看,人从类人猿演变而来的关键是劳动。在劳动过程中,一方面逐渐形成着有组织、有秩序的适应当时劳动需要(即生产力水平)的社会及社会关系，另一方面，同时形成着"人"的肉体感觉器官及其需要。换句话说，"需要"之所以成为"人"的需要，是由于类人猿制造工具来获取食物的劳动创造了人和人类社会，使类人猿脱离了动物界而变成社会化的人，这样才有了不同于动物的"人"的感觉、需要和意识。马克思所以用"一切社会关系的总和"概括人的本质，就是由于人在劳动过程中，形成了人类得以生存和发展的特殊的社会性世界（社会关系的总和），这种社会性世界是一种内在地构成人的本质特征的东西，它决定并制约着人们的需要、活动、感觉和意识等的发展变化。

马克思曾指出："不管个人在主观上怎样超脱各种关系，他在社会意义上总是这些关系的产物。"① "人们在生产中不仅仅同自然界发生关系。他们如不以一定方式结合起来共同活动和相互交换其活动，便不能进行生产。为了进行生产，人们便发生一定的联系和关系，只有在这些社会联系和社会关系的范围内，才会有他们对自然界的关系，才会有生产。"② 这里说明人们和他们在劳动生产中形成的社会关系是多么密不可分。猿的脑髓受劳动和语言的影响，逐渐变为人的脑髓。人的脑髓发展的同时，感觉器官及其功能也随之发展起来。这些器官和功能的发展，反转来又推动劳动生产和社会关系的发展。马克思主义创始人所创建的唯物主义历史观，是以劳动创造"人"及人类社会为前提的，人是这种劳动生产的产物和结果。而劳动生产必须在一定社会关系中进行，因而认为人的本质是一切社会关系的总和，人们的社会物质生产方式是人类生活和历史运动的基础。因此，马克思主义道德观认为，研究道德问题的出发点或立论依据，应是社会及其

---

① 《马克思恩格斯全集》第 23 卷，第 12 页。
② 《马克思恩格斯全集》第 1 卷，第 342 页。

关系这一整体，而不是什么别的。

二

人是个人道德实践的主体，这是毫无疑问的，但是由此引申出道德准则和规范必须符合人的需要和意向，否则便是人性以外的力量强加于人的"他律"，这样的看法就值得怀疑了。其实，康德应说是西方自律道德论的创始人，他认为，自律是"只受自己制定的普遍规律约束"，而建立在人性基础上的快乐论、幸福论、功利主义等等都是他律。他认为只有摆脱了个人利益关系、爱好功名、为他人造福等附加动机的行为才是自律的道德，即"为义务而义务"才是自律。照此说来，"人的需要"论，把满足"人的需要"（欲望和意向）视为道德行为的动机，正是康德所谓的他律道德论。而且康德的自律道德论强调理性和约束的作用，因为要摆脱和个人有利害关系的动机，是需要高度的自我约束力的。由此看来，道德自律说并不否认道德规范的约束作用，否定了行为规范的约束作用，道德也就失去了调节社会关系（包括个人与个人之间）和维护社会秩序的根本意义。

马克思主义者并不否认道德的自律性。但道德不是由什么先验的良心或道德感所决定的，也不是由"人的需要"决定的，而是由一定的社会关系所决定的调整和维护社会关系和社会秩序的行为规范，是一定社会经济基础的意识形态和上层建筑，是一定的社会整体结构的组成部分。因此，道德规范体系和社会经济关系、社会关系具有内在联系，而作为调节社会关系的道德准则和规范，是社会这个人类生活整体道德的自律，不是人类社会生活以外的力量强加于现实社会生活的他律。只有来自上帝（神）的宗教道德戒律、来自现实社会以外的"绝对精神"或先验的"良心"之类的唯心主义道德律，才是外力强加于人的他律。从道德实践来说，社会道德的准则和规范，是通过个人这个道德实践的主体对准则与规范的理性认识，从而把社会道德准则和规范转化为个人的自觉自愿的选择实践来实现，这是个人道德的自律表现。由于道德本身是一种自律性的行为规范，不是强制性的，所以道德规范的实践，总是通过教育、培养、社会舆论的倡导和个人的自我修养，通过个人自觉自愿的选择而实现的。

个人作为道德实践的主体，他的主体性表现在哪里呢？可能有人会说，表现在个人自由自主地根据自己的需要选择自己的行为。这未免显得太笼统。更确切地说，个人道德的主体性主要表现在：个人具有运用理性克制自己妨害他人和社会利益的需要和贪欲的能力，也就是自觉地用现实道德准则与规范指导自己的行动。一个人的主体性和自觉性的有无、强弱，就表现在个人的理性统率和调整自己的需要和欲望的程度上。一个任性、自私、只顾个人需要的人，往往总是和别人闹矛盾、合不来，甚至不能通情达理；这就是缺乏理智和觉悟不高的一种表现。所以道德教育的任务，就在于培育提高人们的理性认识，了解并掌握自己的优点与弱点，逐步克服弱点发扬优点。这是成才者的客观成长过程，个人的主体性和自觉性也就表现在这一前进过程之中。在社会主义社会里，个人在道德活动中的主体性，主要表现在正确认识社会主义制度的必然性，正确认识社会主义和共产主义道德的合理性和必要性，从而使社会主义道德准则与规范转化为个人的自觉的社会责任感和实际行动，在这种自觉自愿的道德实践过程中，培育和发展个人应有的价值，培育并提高个人的高尚人格，铸造自己的社会主义新人的个性；同时也就克服掉个人妨害他人利益也危害个人价值的不良个性。由此看来，理性认识和自我克制能力在个人的主体性表现中占有重要地位。

　　从道德教育方面来说，组织一些为人民服务的集体活动，是有效的道德教育方式之一。但是，在开始几次参加为人民做好事的活动时，可能有的人不是完全自觉自愿的，比如有的人爱面子怕别人说自己落后，有的人是随大流等，这样的人在开始活动时可能感到受约束；但是经过一段活动之后，亲身体验到服务对象的热情欢迎与幸福感，同时受到社会舆论的肯定与称赞，于是会逐渐认识到自己为人民服务活动的社会意义和人生价值，从而由不自觉变为自觉的道德认识和道德实践。由此可以说明，勉强的不自觉的道德活动是道德教育和道德修养锻炼的一个必要阶段。对于这种不自觉的活动绝不能说没有道德价值，也不能说不是道德主体性表现。因为有的人初次道德行为的动机虽然是不自觉的，然而是他通过自己的理性选择，是自主地实践社会主义的道德准则与规范，他作为道德实践者来说，并不失为道德的主体，而且会得到社会的肯定和赞誉。我们不是单纯的动机论者，我们主张动机与效果的统一，动机可以通过效果来检验，效果是可见的、是主要的。如果有的人在道德活动中感到受约束和抑制他的个性发展，以后就"跟着感觉走"，不再遵守社会主义道德准则与规范，那么，这个人一定会走向道德败坏甚至犯罪。因此我们可以说，在个人的道德主体性表现中，理性对感性需要和意愿起着制约与统率作用，它可以不断提高人们的社会责任感和自觉能动性。

三

　　道德如何调节个人利益（需要）与社会利益（需要）之间的关系，是由道德准则表现出来的，是不同道德体系的重要标志之一。资产阶级的道德体系是个人主义的，主张个人利益是目的、高于社会和他人利益。无产阶级的社会主义道德体系是集体主义的，主张社会、国家利益高于个人利益。这两种不同的道德体系，对于个人与社会利益之间的关系，是相互颠倒的。

在资本主义社会里，每一个人都是以自己所有的物质条件和能力进行生存竞争，因而反映在人们的头脑里，便形成个人的需要和愿望支配着人们的一切活动的观念。在他们看来，社会、国家只不过提供一种个人竞争和角逐的场所和条件而已。但是，由此却表现出一种鲜明的、现实的经济关系，有产者或资本家阶级不仅能够充分满足个人的生活需要，而且更主要的是满足他们对扩大利润和资本的追求。他们的需要不仅是肉体和精神上的享受，更重要的是增加个人的财富，这种财富的增长是建筑在剥削工人的劳动基础上的。所以资本家能够明确地感觉到自己的主体地位、主体作用以及主体的一切权利。相反地，没有任何财产的工人阶级，只有他们自己的劳动力可以出卖给资本家去创造利润，才能获得仅够延续生命的生活资料。无产阶级因为自己的物质生活条件，他们的劳动是被迫的、被别人支配的，所以他们感受不到自己的主体地位和主体作用，更不可能体验到"自我肯定"与"自我实现"。这种分裂为对抗性阶级关系的社会现象，并不是由什么"人的需要"决定的，而是由资本主义的经济关系和生产方式决定的。在阶级对立的私有制社会里，道德准则也是分裂为阶级的，即资产阶级道德标准是个人利益至上，而无产阶级道德标准是阶级集体利益和社会利益至上。

（《道德与文明》1990 年第 4 期）

关于道德建设中的几个理论问题

　　道德建设是我国当前社会主义现代化建设的一项重要任务，是社会主义精神文明建设的核心内容之一，也是我国理论界和广大人民群众最关心的问题之一。最近报刊上探讨改革开放和发展社会主义市场经济条件下道德建设的文章日益增多，就是一个最好的证明。这是非常可喜的现象。大家各抒己见，互相启发，互相补充，对加深社会主义道德建设的思考十分有益，对促进马克思主义伦理学的理论研究和深入发展，也是非常重要的。对于最近读到的一些文章所提到的有关道德与市场经济的关系，如道德与功利、自律等问题，也想提出一点个人意见，参与共同探索，但并不是向某人或某文质疑或辩论，只想从马克思主义创始人对有关问题的看法谈起。

一　道德的本质及其特征

　　要想弄清马克思主义道德观关于道德与功利、自律等概念的关系，需要从道德的本质及其特征中去寻求正确答案。马克思曾指出："以观念形式表现在法律、道德等等中的统治阶级的存在条件（……），统治阶级的思想家或多或少有意识地从理论上把它们变成某种独立自在的东西，……统治阶级为了反对被压迫阶级的个人，把它们提出来作为生活准则，一则是作为对自己统治的粉饰或意识，一则是作为这种统治的道德手段。"① 这里所说"统治阶级的存在条件"，就是当时社会的生产关系和所有制关系，这些条件表现为法律、道德等观念。就是说，道德观念是由一定社会的生产关系和生产资料所有制中引申出来的。后来在《反杜林论》中，恩格斯也曾指出："人们自觉地或不自觉地，归根到底总是从他们阶级地位所依据的实际关系中——就是说从生产和交换所依以进行的经济关系中，吸取自己的道德观念"②；在阶级社会里，"道德总是阶级的道德；它或者是为统治阶级的统治和利益辩护，或者是当被压迫阶级足够强大时，它代表对于这个统治的抗争和被压迫阶级的将来的利益"③。这里明确地表明，道德是一定社会经济基础的产物，是一定社会形态的上层建筑和意识形态，是人类社会结构内部的重要组成部分，是和人们的利益紧密联系在一起的。因此，道德的本质及其特征具有社会功利性。但是，这种"功利"性和资产阶级伦理学所讲的狭隘的个人主义功利主义有本质区别。后面再分析。

　　道德准则和规范的实现，是社会成员对一定的社会道德正确认识后自觉自愿的实践，不是被迫的强制性行为；这种"自觉自愿"是和道德的本质紧密联系在一起，而且自觉地调整社会关系，维护一定社会的协调有序发展。所以，马克思说："道德的基础是人类精神的自律。"④ 但在同一篇文章中马克思又说："你

① 《马克思恩格斯全集》第 3 卷，第 492 页。
② 《反杜林论》，第 99 页。
③ 同上书，第 100 页。
④ 《马克思恩格斯全集》第 1 卷，第 15 页。

们竟不根据行为来判断人，而根据你们杜撰出来的那一套对人的意见和行为的动机的看法来判断人。"[①] 在这一对普鲁士政府检查官的指责中，充分表明，马克思是不同意单纯以行为的动机来判断人的。这样，马克思所讲的"自律"就和康德所讲的"为义务而义务"的唯动机论的"自律"观点区别开来了。马克思的"自律"观点含有两个意思：一是道德根源来自人类社会内部物质生活条件之中，而不是来自人类社会之外的"神"；二是社会成员个人在对社会的道德准则和规范认识的基础上，自觉自愿地实践，而不是被迫的强制性的行为。

最后，道德还有一个特征是：一定社会制度下占统治地位的道德准则，可以涵盖全社会的各个生活领域（包括政治的、经济的、文化的、家庭的、社会集团等方面的社会关系和人际关系），是每个社会成员个人应该遵循的统一的价值标准和行为准则；只是不同的活动领域的道德规范和具体要求有所不同。但总的道德体系的基本准则是一致的。比如社会主义社会的道德基本准则是集体主义原则（包括爱祖国、爱人民、爱社会主义等），社会（国家）利益高于个人利益。资本主义社会的道德准则是利己主义、享乐主义等等，即个人利益至上。

上述的道德本质及其特征之间是互相联系的，是马克思主义世界观，特别是辩证唯物主义社会历史观的客观体现。因此，我认为道德的本质特征是具有功利性的，但有别于狭隘的以个人主义为基础的功利主义；是自律的，但不是唯心主义的唯动机论；一定社会形态的道德体系是统一的，不是多元的，或某一部分社会生活领域排除于道德约束之外。

---

① 《马克思恩格斯全集》第 1 卷，第 19 页。

二　动机、效果与"自律"、他律之间

马克思主义道德观的理论基础是唯物史观，是从人类的社会性和社会整体出发，揭示出道德这一社会上层建筑和意识形态的本质特征，是人类社会内部物质生活条件的表现形式。因此在动机、效果和自律、他律等概念的看法上，同以唯心史观为理论基础的资产阶级伦理学的各个学派的看法有本质区别。

马克思在讲到人类社会的历史发展时，讲过这样一段话："已经得到满足的第一个需要本身、满足需要的活动和已经获得的为满足需要用的工具又引起新的需要。这种新的需要的产生是第一个历史活动。从这里立即可以明白，德国人的伟大历史智慧是谁的精神产物。①"这里告诉我们，人类生产活动的动机是由人们的劳动生产活动满足人们生活需要的实践和效果产生的。而新的生产动机的实践又产生新的效果。如此循环往复，即形成了人类社会历史发展的客观规律。这一规律同样适用于道德活动。所以马克思主义认为行为的动机和效果具有辩证统一的关系。毛泽东同志对这一问题，曾有最精辟的论述。他说："这里所说的好坏，究竟是看动机（主观愿望），还是看效果（社会实践）呢？唯心论者是强调动机否认效果的，机械唯物论者是强调效果否认动机的，我们和这两者相反，我们是辩证唯物主义的动机和效果的统一论者。为大众的动机和被大众欢迎的效果，是分不开的，必须使二者统一起来。为个人的和狭隘集团的动机是不好的，有为大众的动机但无被大众欢迎、对大众有益的效果，也是不好的。检验一个作家的主观愿望即其动机是否正确，是否善良，不是看他的宣

---

①　《马克思恩格斯全集》第3卷，第32页。

言，而是看他的行为（主要是作品）在社会大众中产生的效果，社会实践及其效果是检验主观愿望或动机的标准。"① 这里讲得非常明白，行为的动机既是受一定的效果（预期的目的）所驱动，又要受效果的检验，两者有内在的统一关系。因为任何一种正常的行为，总是有一定的预期效果的。正如马克思所说："任何事情的发生都不是没有自觉的意图，没有预期的目的的。"② 由此可见，毛泽东同志所阐述的动机和效果的辩证统一关系，和马克思主义创始人的观点是完全一致的。这种观点是和道德本质特征，即道德的功利性紧密相连的。毛泽东同志在同一篇文章中断言："我们是无产阶级的革命的功利主义者，我们是以占全人口百分之九十以上的最广大群众的目前利益和将来利益的统一为出发点的，所以我们是以最广和最远为目标的革命的功利主义者，而不是只看到局部和目前的狭隘的功利主义者。"③ 这和马克思所讲的"既然正确理解的利益是整个道德的基础，那就必须使个别人的私人利益符合全人类的利益"④ 又是完全符合的。所谓"全人类的利益"和"最广大群众的目前利益和将来利益"，实际上就是社会发展的利益。这是马克思主义道德观的功利性本质特征，是同资产阶级以个人利益为基础的狭隘功利主义的根本区别所在。由此也表明，马克思主义创始人所讲的道德是人类的精神"自律"的内涵，同康德所讲的"自律"是根本不同的。

康德所讲的"自律"是指先验的纯粹理性的绝对命令，这种"绝对命令"不涉及个人自身以外的任何目的，用康德自己的话来说就是："真正的最高道德原则，无不超于一切经验，并完全

---

① 《毛泽东选集》第 3 卷，第 825 页。
② 《马克思恩格斯全集》第 21 卷，第 341 页。
③ 《毛泽东选集》第 3 卷，第 821 页。
④ 《马克思恩格斯全集》第 2 卷，第 167 页。

以纯粹理性为根据";"不掺杂外来感性欲望的任何成分的纯粹义务观念（即道德规律的观念），通过它的理性，影响人心，比来自经验的一切动机更为强大有力"[①]；"使行为有绝对的道德价值的东西，并不是欲望的目的，也不是行为所欲求实现的、作为意志的目的或动机的结果";"按这个法则观念行动的人，不管他希望他的行为所产生的结果是否会真正发生，他就已经是一个在道德上的善良人了"[②]。根据这些看法，康德把"真正的道德原则"称为意志"自律"，其他有目的、追求行为结果的行为叫做"他律"。这就非常明显，康德的"自律"概念同马克思所讲的"自律"概念，有着根本对立的内涵。因为康德否认效果，否认道德的功利性，把建立在先验的理性基础上的动机绝对化。实际上，这种行为在现实社会生活中是罕见的。而马克思主义创始人所讲的"自律"，正好与康德相反。马克思主义肯定动机和效果的统一，效果是动机的内在动因，又是检验动机的标准，所以效果自然包含在自律范围之内。而效果是和利益联结在一起的，因而马克思主义道德观并不把社会（集体主义）的功利原则作为"他律"的依据，而是把外在于人类社会生活的神学道德和强制遵守的法律作为"他律"的。这是两种社会历史观在道德概念上体现出的原则性区别。由于这样的区别，那么，就不可能把社会主义市场经济活动排除在社会主义道德准则的指引和约束之外。

三　社会主义市场经济与道德

市场经济活动的一个显著特点是按照商品交换原则和价值规

---

① 见《西方伦理学名著选辑》下卷，第360、361页。

② 同上书，第356、358页。

律运行，它以追求物质利益的最大限度的增长为主要任务；通过市场活动的中介满足人们的生活需要。但是，社会制度不同，市场经济活动的目的也不相同。例如：建立在生产资料私有制基础上的资本主义社会商品生产者的惟一目的是获取剩余价值，正如马克思所揭示的："生产剩余价值或榨取剩余劳动，是资本主义生产的特定内容和目的"[①]，就是剥削劳动者的剩余劳动而增加私人的资本是惟一目的，至于满足人们生活需要只是一种获取私利的手段。但是我国社会主义商品生产，则是建立在以生产资料公有制（包括劳动人民集体所有制）为主体基础上的，它的生产任务是解放生产力、发展生产力，目的则是消灭剥削，消除两极分化，最终达到共同富裕，逐步改善、提高广大人民生活水平。邓小平同志指出："坚持社会主义的发展方向，就要肯定社会主义的根本任务是发展生产力，逐步摆脱贫穷，使国家富强起来，使人民生活得到改善。"[②] 也就是说，社会主义商品生产或市场经济的目的，是为了保证劳动人民的合理需要得到满足。当然，等价交换、价值规律是商品生产的经济规律，社会主义商品（市场）经济也不例外。正是由于等价交换原则和价值规律是商品生产或市场经济的特殊规律，所以只能适用于经济活动的范围之内，而不能套用于社会生活的其他领域。因此，把经济活动规律和道德准则严格分开是正确的。当前社会生活里的"权钱交易"、拜金主义、贪污受贿等腐败现象的滋生蔓延，正是由于市场经济活动的交换原则侵入了社会生活的非经济活动领域的严重表现，所以把反腐败斗争作为长期任务，首先在全国各族人民思想上明确等价交换原则只能适用于经济活动范围之内，是有重要意

---

① 《马克思恩格斯全集》第23卷，第330页。

② 《邓小平文选》第3卷，人民出版社1993年10月出版，第264、265页。

义的。

　　但是，道德准则和规范却不能因为经济活动有"功利"性而排斥在经济活动领域之外。因为道德是一种社会上层建筑和意识形态，是调整社会生活各个领域里的个人与社会、国家、集体及人际关系、局部与整体、局部与局部之间的关系的行为准则和规范；而市场经济运动包含有生产、交换、分配、消费等诸多环节，这些环节的运行过程中必然涉及社会关系和人际关系，这些关系除去需要法律、法规和行政的规章制度的调节规范之外，同时还需要道德准则和规范的调节、指引，特别是法律规范已有明确规定的，经过道德舆论的评价和道德意识的提高，可以增强遵纪守法的自觉性，同时也提高道德准则在市场经济活动中的作用，从而有效地保证市场经济健康发展。所以当前认真建立经济领域里的职业道德，对社会主义市场经济的正常健康的发展是极为重要的。全国各行各业的职业道德是社会主义道德的重要组成部分，而经济领域的职业道德，则是物质文明建设和精神文明建设一起抓的最好结合点。

　　社会主义道德对于商品经济领域里的调节作用，首先表现在各类经济实体的经济活动和国家、社会利益之间的关系上。以国有（即公有）企业为例，《中共中央关于经济体制改革的决定》中提出："社会主义的根本任务就是发展社会生产力，就是要使社会财富越来越多地涌现出来，不断地满足人民日益增长的物质和文化需要"；"使生产符合不断满足人民日益增长的物质文化生活需要的目的，这是社会主义经济优越于资本主义经济的根本标志之一。"① 这一社会主义商品经济活动的目的，不仅体现了国家、人民和商品经济实体之间的经济关系，而且也体现了社会整

――――――――――

　　① 《中共中央关于经济体制改革的决定》单行本，第10、15页。

体与国有企业之间的道德关系。其次表现在企业同本企业职工之间的关系上，按"物质利益原则"坚持社会主义按劳分配，从根本上改变过去那种忽视个人利益的平均主义的分配方法，使每一个劳动者在自己的岗位上体现主人翁地位，从而使职工都重视企业效益，人人的工作成果同他的社会荣誉和物质利益紧密相连。这种分配原则使国家、集体、个人利益相结合，这正是列宁所讲的社会主义经济管理上的"物质利益原则"，也正是毛泽东同志所提倡的"反对自私自利的资本主义的自发倾向，提倡以集体利益和个人利益相结合的原则为一切言论行动的标准的社会主义精神"①，也就是我们当前社会主义初级阶段必须遵循的集体主义道德体系的最基本的准则。在国有企业的领导人正确贯彻了职工在企业中的主人翁地位的前提下，通过思想政治工作提高职工的思想素质，便会出现国有企业职工为了建设社会主义现代化企业，为发展社会主义经济实力而艰苦奋斗和无私奉献的精神和行动，从而使国有企业奋发出极大活力，不断地提高企业的经济效益和社会效益。这在当前我国许多国有大中型企业的成功经验中已得到证实。

最后在生产和交换环节中的经济主体和消费者的关系中，道德要求主要表现在各个经济行业的职业道德规范的作用上。例如商品质量要求合格，向消费者负责，价格应该适度，即我国商业道德传统中的"货真价实"。其次，"诚信无欺"也是商业道德的重要基本规范之一。只要私人企业和个体户的经济活动能够自觉地遵守职业道德，从消费者的需要出发，为消费者的利益着想，都会促进本身经济的发展，树立起好的信誉。这也充分表明市场经济活动和社会主义道德存在有内在联系。

---

① 《毛泽东选集》第5卷，第244页。

　　至于我国的私人经济（包括外资企业）活动的目的，主要是为了赚钱，甚至还会有相当多的剥削，但这在当前我国社会主义初级阶段是合法的，对于我国的社会主义生产力的发展和增加国民经济实力是有益的。对于私人经济（包括外资）活动的道德要求和对国有企业经济活动的要求有所不同。但是，在私人经济和外资经济实体中的从业人员，同样需要遵循我国社会主义道德准则和职业道德的具体规范约束。特别是私营企业和外资企业经济活动过程中，企业主和职工的关系，不单纯是经济上的雇主和雇员的关系，除去应该遵守国家的政策和法规之外，还存在有道义上的关系。所以，在经营管理上应该尊重职工在社会主义国家的政治地位（主人翁），尊重职工的人格，关心劳动条件的改善和福利待遇；协调劳资关系的矛盾，才能激发职工的积极性。单纯的用经济手段处理劳资关系，是很难收到最好效果的。例如当前某些私人企业和外资企业按照资本主义的资本家贪得无厌的管理方法，简单地用经济手段处理业主和职工的关系，不尊重职工的权益和人格，于是形成日益紧张的劳资关系，劳资纠纷时有发生。这种现象也可以表明市场经济条件下的私人企业同样需要有道德规范调节。

　　总之，根据马克思主义所揭示的道德的本质及其特征，我国社会主义道德体系的基本原则，以及社会主义市场经济区别于资本主义市场经济的特点，道德不能排斥于我国经济活动领域之外。当前加强国有企业中的思想政治工作，认真建立起经济领域里的职业道德规范，提高经济活动中全体职工（包括企业领导干部）的思想道德素质，对搞活国有大中型企业，是非常重要的。

（《哲学研究》1995 年第 6 期）

道德与婚姻家庭

　　在社会生活里，道德和婚姻家庭的关系是最密切的，也是最容易被人注意的。家庭是社会组织的细胞，而家庭的基础是婚姻，男女婚配而形成家庭，家庭关系便自然地构成最基本的伦理关系，即道德关系。这种道德关系在社会发展的各个历史阶段都是社会道德生活中为人所重视的问题。各个时代的经济和政治的变革，都影响到婚姻家庭形式的变化，同时也就影响到婚姻家庭方面的道德变化。而家庭道德的变化，又往往影响整个社会道德的进步或堕落。比如，现代资本主义国家的家庭日趋解体，两性关系的混乱，就极大地影响到青少年的教育和健康成长，影响到整个精神文明的全面发展。由此可见，婚姻家庭生活是社会生活的一个重要方面，也是体现社会道德的重要方面。

一

　　严格地说，婚姻和家庭并不是一回事。但是，婚姻实现之后必然产生家庭，所以说，婚姻是家庭的基础，通常把婚姻和家庭联系起来谈，也就成为习惯。在中国古书上关于婚姻的解释，多是从称谓和礼仪上着眼的。他们认为"婚姻之道，嫁娶之礼也"。孔颖达《毛诗注疏》说："男以昏时迎女，女因男而来，……论其男女之身谓之嫁娶，指其合好之际，谓之婚姻，其事是一，故云婚姻之道，谓嫁娶之礼也。"① 郑玄说："婿曰昏，妻曰姻。"② 实际上就是在一定社会制度下男女结合的形式或关系。婚姻关系是一种社会关系，而不是单纯的生物学上的两性关系。黑格尔在《法哲学原理》一书中讲："婚姻实质上是伦理关系。以前，特别是大多数关于自然法的著述，只是从肉体方面，从婚姻的自然属性方面来看待婚姻，因此，它只被看成一种性的关系，而通向婚姻的其他规定的每一条路，一直都被阻塞着。至于把婚姻理解为仅仅是民事契约，这种在康德那里也能看到的观念，同样是粗鲁的。"③ 黑格尔所讲的"伦理关系"，有他自己的特殊理解，但显然是指社会关系。马克思在批判德国《离婚法草案》时写道："立法不是把婚姻看做一种合乎伦理的制度，而是看做一种宗教的和教会的制度，因此，婚姻的世俗本质被忽略了"；他批评有些人"注意到的仅仅是夫妻的个人意志，或者更正确些说，仅仅是夫妻的任性，却没有注意到婚姻的意志即这种关系的伦理实体"④。这就是说，婚姻是一种表现在男女两性关系方面的社会关系。它是随着社会的发展变化而发展变化的，所以婚姻的本质是由生产状况和生产关系所决定的。

　　婚姻是家庭的基础，最基本的家庭关系就是夫妻关系。家庭发展史必然要讲到婚姻发展的历史；同时，还必然联系到社会和国家的发展过程。恩格斯的《家庭、私有制和国家的起源》就是

---

① 参阅《毛诗注疏》《郑风·丰》，《万有文库》第 4 卷，第 419 页。
② 《礼记·经解注》。
③ 黑格尔：《法哲学原理》，商务印书馆 1961 年版，第 177 页。
④ 《论离婚法草案》，《马克思恩格斯全集》第 1 卷，第 182、183 页。

如此，摩尔根的《古代社会》也是如此。这些著作科学地阐述了婚姻家庭和社会生产状况及社会制度的密切关系。社会发展是经过原始氏族社会、奴隶社会、封建社会、资本主义社会和社会主义社会的漫长过程，婚姻家庭的发展也同样经历了群婚制、对偶婚、家长制的一夫多妻和一夫一妻制等一系列变化过程。婚姻家庭制度的变化完全是和社会的经济发展相适应的。比如原始氏族社会的生产力极低，只能是共同劳动、共同生活，生产关系只能是公有制，也就不可能有个体婚制的独立生活的家庭组织形式，群婚制是在当时的物质生活条件下自然形成的。群婚制的最高形式，排除了父母和子女之间、兄弟和姐妹之间的性的关系，而是一个氏族的一群姐妹和另一个氏族的一群兄弟结成婚姻关系。这种婚姻所生的子女，只能确知其母，不能确知其父。随着生产的发展，婚姻的范围日益缩小，一直到一男一女的对偶婚。当私有制和奴隶制产生之后，婚姻家庭才进入家长制的一夫一妻制，实际为一夫多妻制的家庭形式。这种家庭组织成为能够独立生活的社会生产单位和社会组织的细胞，它不仅包括夫妻和子女，还包括着若干数目的奴隶。"这种机体的首长，以罗马的父权支配着妻子、子女和一定数量的奴隶，并且对他们握有生杀之权。"[1]马克思认为："现代家庭在萌芽时，不仅包含着奴隶制，而且也包含着农奴制，因为它从一开始就是同田间耕作的劳役有关的。它以缩影的形式包含了一切后来在社会及其国家中广泛发展起来的对立。"[2] 这就是说，作为社会组织的细胞的家庭，从一开始就是适应私有制的需要而产生的，而阶级出现的同时也在家庭中

---

[1]　恩格斯：《家庭、私有制和国家的起源》，《马克思恩格斯全集》第 21 卷，第 69 页。

[2]　转引自上书，第 70 页。

出现了阶级。恩格斯曾说："在马克思和我于一八四六年合写的一个旧的、未发表的手稿中，我发现了如下一句话：'最初的分工是男女之间为了生育子女而发生的分工。'现在我可以补充几句：在历史上出现的最初的阶级对立，是同个体婚制下的夫妻间的对抗的发展同时发生的，而最初的阶级压迫是同男性对女性的奴役同时发生的。个体婚制是一个伟大的历史的进步，但同时它同奴隶制和私有财富一起，却开辟了一个一直继续到今天的时代，在这个时代中，任何进步同时也是相对的退步，一些人的幸福和发展是通过另一些人的痛苦和受压抑而实现的。"① 由此看来，个体婚制或父权制，是适应了父亲的私有财富的继承必须传给能够确定生身父亲的子女的需要而产生的。父权支配着他所有的一切财产，其中也包括为他生育子女的妻和继承并保持其财产的子女。因此，当时私有制社会的婚姻目的，主要是生儿育女，传宗接代，继承财产。我国古籍中有这类记载，如《礼记·昏义》中说婚姻的目的是："上以事宗庙而下以继后世也。"《孟子》上也说："不孝有三，无后为大。"这都说明，当时婚姻的目的主要在传宗接代，以便保持和发展一姓一家的财富和社会地位。换句话说，一夫一妻制的婚姻制度的出现，其根本原因是财产私有制的产生。摩尔根在《古代社会》一书中曾正确地指出："财产制的发生以及关于财产的直系继承法的制定，……对于向着单偶制方面的进展，给予了一种不断的及经常增加的影响。……随着财产所有者的子孙承袭其遗产法则的成立，严格的单偶家族制才第一次有其可能。"② "财产观念的发达以及将财产传给子女的欲望，实际上，是产生单偶制以确保合法的继承人，并限制他们的

---

① 《家庭、私有制和国家的起源》，《马克思恩格斯全集》第 21 卷，第 78 页。

② 《古代社会》，三联书店 1957 年版，第 591—592 页。

人数于结婚的一对夫妇的真实后裔以内的动力。"[1] 这说明婚姻的形式和目的，是由产生它的根本原因所决定的。在一定的经济关系情况下，婚姻家庭制度及其观念，只能适应经济关系的要求，以保证一定经济关系的巩固和发展。这是一切社会上层建筑和社会意识的特性和历史使命。根据历史事实，恩格斯写道："一夫一妻制是不以自然条件为基础，而以经济条件为基础，即以私有制对原始的自然长成的公有制的胜利为基础的第一个家庭形式。丈夫在家庭中居于统治地位，以及生育只是他自己的并且应继承他的财产的子女——这就是希腊人坦率宣布的个体婚制的惟一目的。"[2]

正是因为婚姻的形成和目的是以经济条件为基础，所以，婚姻及由婚姻组成的家庭的社会职能，也是与一定的经济条件相联系并由经济条件所决定的，同时受社会政治条件所制约。所以，在阶级社会里，"婚姻都是由双方的阶级地位来决定的，因此总是权衡利害的婚姻"[3]。婚姻家庭也成为国家立法的对象，而婚姻的当事人，即男女双方是没有自主权的，通常都是父母包办，以"门当户对"为最高准则。父母去世则由其家族中的近亲长辈作主。我国封建时代流传着一种关于婚姻的格言："父母之命，媒妁之言"。如果没有父母的命令和媒人的介绍而私自结婚，就是最大的不道德；如果不从父母之命而抗婚，也是不会有什么好结果的。婚姻以男女两家的政治的和经济的利益为原则，在资本主义制度出现以前，世界各国都是如此。恩格斯曾说："年轻王公的未婚妻都是由父母选择的，……对于骑士或男爵，以及对于

---

① 《古代社会》，三联书店 1957 年版，第 552 页。
② 《家庭、私有制和国家的起源》，《马克思恩格斯全集》第 21 卷，第 77 页。
③ 同上书，第 84 页。

王公本身，结婚是一种政治的行为，是一种借新的联姻来扩大自己势力的机会；起决定作用的是家世的利益，而绝不是个人的意愿。"① 中外文艺作品中反映这类故事的不胜枚举，史书的记载也不少。以民族婚姻为例，其政治性质最为显著。我国自汉高祖以宗女为公主嫁匈奴单于起，到隋、唐诸朝代都有以公主和亲的事例。比如，汉元帝以王昭君和亲匈奴单于，唐太宗以文成公主和亲吐蕃，后来唐中宗时又以金城公主嫁吐蕃。汉族皇帝亦有纳其他少数民族进女为后妃的，如隋文帝的独孤皇后，唐太宗的长孙皇后，均为鲜卑族人。这些民族婚姻，都具有重要的政治作用。至于封建王朝达官贵人的家庭之间的婚姻关系，也都是带有强烈的政治色彩的。历史事实证明，婚姻家庭的社会职责，不仅是为扩大一家一姓的人口、经济和政治势力，而且还可以在政治集团之间、民族、国家之间的军事、政治关系上起一定作用。姻亲关系可以成为政治联盟的关系；反过来说，也可由政治的需要而结为姻亲关系以形成政治联盟或巩固政治联盟。所以，在封建社会里，有所谓"尊卑不通婚"、"良贱不通婚"、"贫富不通婚"的严格习惯。因此，在青年男女生活中造成种种悲剧。被统治阶级的老百姓的婚姻，虽然也是由父母包办，在本阶级内通婚，但他们所考虑的利害关系，多是从劳动生产方面着眼，因为劳动的好坏，关系着整个家庭的利益。同时，劳动人民的女儿也像财物一样，随时有被强占为妾、奴的屈辱。因此，在阶级社会里的婚姻制度和婚姻观念，带有鲜明的阶级性。婚姻家庭制度有维护本阶级利益和巩固、发展社会经济基础的作用。就这个意义来说，婚姻家庭也是社会上层建筑中的一个方面。资本主义社会的婚姻基础，废除了出身门第的限制，而以金钱代替了一切，婚姻关系

---

① 《家庭、私有制和国家的起源》，《马克思恩格斯全集》第21卷，第91页。

是经济利益，又可以变为政治势力。

由婚姻建立起来的家庭关系，是和社会发展的最初社会关系相一致的，而作为调整人与人之间、个人与社会集体之间关系的道德准则，也是从婚姻家庭形式的社会关系开始的。原始氏族社会的道德关系，就存在于氏族的血缘关系当中，对氏族族长的道德义务，既是社会的道德义务又是家族的道德义务。只有在私有制产生之后，家庭成为社会组织的独立生活的细胞，家庭内部的道德关系和义务，才和社会组织的道德关系和义务分离开。不过两者之间的联系还是十分密切的。如中国封建时代的尊尊亲亲道德准则下的"忠"，就是家庭道德的"孝"的扩大，在家孝父母，在国忠君王。所以婚姻家庭道德虽然成为一个独立的道德方面，然而仍和社会道德有内在联系，婚姻家庭本身还有社会的道德责任。

在阶级社会里，家庭是一个经济单位，它负有生产、消费、交换和分配的职责，并为国家提供税收、物资和其他财力。因此，大财产所有者便成为本阶级政治统治的支柱，家庭的政治倾向也就成为家庭的社会职责，教育子女继承家庭的经济和政治事业也是一种社会道德义务。婚姻家庭道德和社会道德风尚之间有着相互影响的作用。

二

婚姻、家庭关系，本质上是由一定的生产方式所决定的一种伦理关系。家庭成员之间彼此都有一定的道德义务，因而婚姻、家庭同道德之间的关系是最密切的。家庭除去内部的道德义务之外，它还负有一定的社会道德责任。而婚姻家庭道德的准则规范是受一定社会道德的基本准则所制约的，也就是说，婚姻家庭道德是社会道德准则的具体体现。

　　婚姻是家庭的基础，婚姻形成家庭之后便会生儿育女产生家族关系，这种家族关系便自然形成一定的家族道德关系和道德义务，这种家族之间的义务即成为家庭道德的行为规范。随着社会经济关系的不断发展变化，婚姻家庭制度也有一系列的发展阶段，各个发展阶段的道德规范和道德观念也有不同的变化。在最低级的群婚制时期的家族里，很难说出明确的亲族"称谓"关系，因为父母和子女之间、兄弟和姊妹之间都可以成为夫妻，他们所生的子女和他们是什么关系就难说清楚，但这种群婚关系在当时被认为是合理的，也是道德的。只有到了群婚制的高级阶段，禁止族内通婚，并废除了父母与子女之间、兄弟与姊妹之间的通婚之后，才产生了明确的家族"称谓"的关系。一氏族的一群女性和另一氏族的一群男性结婚，互为夫妻，他们所生的子女都是共同的，所有的夫妻也都是任何一个子女的父母。这样才形成了一种最简单的亲族关系，即诸父母与诸子女、诸兄弟与诸姊妹的关系，这种最初的亲族关系，产生了最初的家族道德关系。他们彼此之间有和睦相处、互相帮助和互相抚养的道德义务。因为严格地排除了亲族之间的性关系，所以，如果亲族之间发生性关系或同一氏族内通婚，就成为最不道德的行为。母权制时期，一个氏族内年老妇女具有最高的道德权威，受整个氏族成员的尊敬。当家长制和一夫一妻制形成之后，母权制随之由父权制所代替，妇女在家族中丧失了经济权利，也失去了道德上的威信，而妇女的贞操或对丈夫的忠顺便成为家庭道德中的重要内容。如果妇女违犯了贞操的禁令，丈夫可以随意地严厉惩罚，甚至可以像奴隶一样地处死。然而丈夫却不必遵守一夫一妻制的义务，并且可以多妻、蓄妾，这不仅不受社会道德舆论的指责，而且是合理合法的。多妻或纳妾，都是以"广家族"、"继宗庙"为目的，是符合当时的家族道德的。随着家长制家庭形式的出现，家族关系就复杂了，有妻、妾和嫡、庶之分；兄弟有长幼之分、婚生子女与非婚生子女（家长和女奴隶所生）之分；还有祖孙和兄弟姊妹的子女之间的亲属关系，公婆与儿媳和叔嫂、妯娌之间的关系等等。这些不同的家族成员在家庭中有不同的地位、不同的权利和不同的道德义务，而且这些权利和义务是不可违犯的。比如，嫡母（即家长的妻）所生的长子就有仅次于父亲的权利，母亲和兄弟姊妹都对他有服从的义务；媳妇对公婆和兄弟姊妹也有一套必须遵守的道德规定。于是，便产生了家庭方面的很复杂的道德戒律和规范，并成为社会道德的重要组成部分。从中国古代的婚姻家庭道德来看，除去必须遵守的一套繁琐的婚姻礼法之外，对于妇女和子女还有一套极其严格的道德要求，其中心要求是绝对"忠顺"和"服从"。妻子要忠于丈夫，顺于舅姑（即公婆）。在《礼记·昏义》中有所谓"妇顺"，"妇顺者，顺于舅姑，和于家人，而后当于丈夫，……教以妇德、妇言、妇容、妇功。"汉朝的班昭作《女戒》七篇，其中也极重视女子的"四行"（即上述的妇顺），《后汉书·后纪》称"四德"，违者即成为休妻的根据。在当时还规定有所谓"七出之条"，《大戴礼·本命》篇说妇有七出："不顺父母，为其逆德也；无子，为其绝世也；淫，为其乱族也；妒，为其乱家也；有恶疾，不可与共粢盛也；口多言，为其离亲也；盗窃，为其反义也。"如果妇女违背其中任何一条都可作丈夫休妻的理由，封建社会一直沿用这些规则；但妇女却没有任何离婚的权利，只有"从一而终"，不能提出离婚，丈夫死后也不得改嫁。所谓"三从"、"四德"是妇女应遵守的道德基本准则。"三纲五常"是封建道德的总则，是天经地义的，从国君到家长，都是代表统治者、剥削者向被统治、被剥削者提出道德义务，虽然君王和家长也有一定的道德责任但很少实践。封建社会里，强调"无不是的父母"、"子为父隐"等道德观念，这是和封建经济关系和政治要求相适应的。家长制家庭制度所决定的主要道德准则，就是绝对的等级服从。

男大当婚，女大当嫁，这是人类生活的一种自然需要；同时，也是社会、民族对其成员的一种要求。古代的男子必须履行结婚的义务，这"是一种必须履行的对神、对国家和对自己祖先的义务"[1]。我国的所谓"不孝有三，无后为大"的说法，也是指男子必须履行结婚义务的意思；不仅要结婚，而且还必须生下儿子才算完成了人子的道德义务。社会生活中所需要的道德准则，影响或支配着社会成员的有关婚姻家庭的观念和行为。公娼和通奸实际上又是私有制社会里的婚姻家庭制度的补充。在封建社会里，一夫一妻制的"伴随物"即公娼与通奸，采取了公开的形式，并且蒙上一层所谓高尚、风雅的色彩。在外国许多文学名著中，描写贵族阶层的婚外的情人生活是最典型的。如法国作家斯汤达的《巴马修道院》中的女主人公吉娜，名义上是桑塞维利纳公爵的夫人，实际上，和巴马王国的首相莫斯卡伯爵公开相爱，而且受到上流社会的尊敬和羡慕。反对她的其他侯爵夫人同样也有自己的情人。又如巴尔扎克的《人间喜剧》中有不少篇幅是揭露贵族家庭生活的伪善的，夫妻各自都过着夫妇之外的爱情生活，而且以情妇的美貌和情夫的爵位、文雅而自豪、自尊。比如《高老头》中，高老头的两个女儿都嫁给有社会地位的丈夫。大女儿阿娜斯太齐嫁给一位伯爵，她可以在丈夫的默许下另爱着一位叫马克辛的伯爵；高老头的二女儿嫁给一位男爵纽沁根，也是在丈夫的默许下爱着一位鲍赛昂子爵夫人的本家，而这位子爵夫人却爱着一位阿瞿达侯爵，后来被这位情夫抛弃感到屈辱而出走。高老头为了两个女儿嫁给有钱的爵爷，几乎把自己所有的家产作了陪嫁，后来又为两个女儿的情人的挥霍，而把自己的最后一点生活费拿

---

[1]　《家庭、私有制和国家的起源》，《马克思恩格斯全集》第21卷，第77页。

出去，落得自己贫病而死，两个女儿却谁都不管。这个故事，既揭露了封建没落时期贵族阶层的婚姻道德和公开通奸的并存，又鞭挞了有产阶级家庭关系上的极端自私和父女道德关系的虚伪。这两位法国艺术大师都是资产阶级的进步作家，揭露的是封建社会没落时期的贵族阶层的婚姻家庭道德的败坏。文艺作品对某些人物和情节的描写，可能有一定的夸张，但这类现象在当时西方国家是普遍存在的。在东方国家的封建制度下，严格的家长制婚姻家庭关系和西方国家有很大的不同。中国封建时代的妇女是"大门不出、二门不迈"，公开的情人或通奸是不可能有的。但是，亲友之间的男女非婚姻的私情关系也是存在的。宫廷中的男女关系的混乱不必说，就如《红楼梦》中所写的贾府中的亲族乱伦关系，在封建地主阶级中，也不是个别现象。不过，在中国封建社会里的通奸决不会得到社会公认，而且要受到社会道德舆论的严厉谴责。相反地，公娼和纳妾却是社会所公认的。许多达官贵人、贪官污吏抢夺民女为妾，强占名妓为外室，则是中国封建时代的婚姻制度的补充。这些现象也反映在我国的文艺作品中，有的借描写名妓反抗强暴的故事来抒发作者的情感，如孔尚任的《桃花扇》，既揭露昏君权奸的横暴，又描写了名妓李香君对侯方域的政见的同情和坚贞的爱情。也有一些文艺作品反映了封建时代的妓女的悲惨遭遇，对受摧残的妇女寄予莫大的同情。这是中国封建时期对于婚姻制度"伴随物"的特殊的道德观念。

从以上中外文艺作品所揭露的婚姻家庭关系的事例中，可以清楚地看到一个共同点，就是在私有制度下的婚姻，完全是以两个家族的利益为基础由家长包办的，对婚姻当事人的男女双方的意愿和情感不闻不问，婚嫁完全成为子女必须服从的义务。这样缔结的婚姻，除造成许多家庭悲剧之外，势必会产生正式婚姻之外的性爱关系，作为剥削阶级社会婚姻制度的补充形式。在古代的夫妇之间如果说还有一定情感的话，那是由夫妇之间的义务促成的，而不是主观上的互相爱慕。现代所说的"爱情"，在古代只有正式婚姻之外才有。因此，家庭道德越来越虚伪、越堕落。由于封建社会的男尊女卑特别严重，一切婚姻家庭道德的责任都压在妇女身上，所以说妇女是生活在社会的最底层。到了资本主义时代，资产阶级公开提倡妇女解放、婚姻自由，并高唱婚姻应以男女双方的爱情为基础；实际上，资本主义社会的婚姻自由只不过是契约自由的反映，只是金钱和美色的交换。正如《共产党宣言》中所说的："资产阶级撕破了笼罩在家庭关系上面的温情脉脉的纱幕，把这种关系变成了单纯的金钱关系。"① 现代资本主义国家里，婚姻变态、家庭解体的危机普遍存在；婚姻家庭道德的败坏，影响到整个社会道德的堕落。

　　资产阶级革命时期，废除了封建主义的包办婚姻，在提倡"人权"和人的尊严的口号下，主张由男女双方自己选择配偶，提出以爱情为婚姻的基础，并且摧毁了门第之见和封建买卖婚姻。这当然是一个很大的进步，特别是从婚姻的道德基础来说，进步的意义更为重要。但实际上，它并没有突破从家庭和个人的利害关系上选择对象的束缚，只不过消除了出身和门第的限制，而把婚姻基础上利害关系简化为金钱关系。傅立叶曾精辟地评述资本主义社会的婚姻关系说："年轻的姑娘对于任何一个想把她变为自己独占财产的买主来说，难道不是一种商品吗？……正像在文法中两个否定构成一个肯定一样，在婚姻交易中也是两个卖淫构成一桩德行。"② 这里深刻地揭示了资本主义婚姻基础仍然是不道德的。所以马克思称赞傅立叶这一论断，他的确是击中了

---

　① 《共产党宣言》，《马克思恩格斯全集》第 4 卷，第 469 页。

　② 转引自马克思和恩格斯：《神圣家族》，《马克思恩格斯全集》第 2 卷，第 249 页。

资本主义婚姻关系的要害。《共产党宣言》中指出："现代的、资产阶级的家庭是建筑在什么基础上的呢？是建筑在资本上面的，建筑在私人发财的制度上面的。这种家庭的完全发展的形态，只有在资产阶级中间才存在着，而它的补充现象却是无产者的被迫独居生活和公娼制。"① 这就是说，资本主义婚姻关系受金钱或资本的支配，而无产者担负不起婚后生活的必要开支，被迫过着单身汉的生活。资产阶级则可以用金钱或资本为条件选择妻室或丈夫，此外男性还可以用金钱购买被迫为娼妇的欢笑。这里告诉我们一个真理：只要私有制还存在，就不可能使婚姻摆脱利害关系，也就不可能使以爱情为婚姻的基础成为通例。因为，私有制度下的经济不平等，物质生活不平等，特别是绝大部分妇女在经济上的受压迫，自然就成为建立以纯真爱情为基础的婚姻的最大障碍；而有资本或金钱的男性可以随意玩弄女性。所以，在资本主义制度下婚姻家庭道德无法改善，甚至将日益恶化。

1957 年出版的西蒂所写的《美国社会的形形色色》的小册子中，引用了哈佛大学教授索罗金对于美国婚姻家庭情况的揭露，他指出美国人正陷入"性的无政府状态"，"我们生活在充满了以裸体为癖的裸体表现或者以挑逗为能事的半裸体表现的电视世界中。性的诱惑已经成了商业广告中一个必需的因素。""我们的道德已经起了显著的变化，以致节欲、贞洁和忠诚等美德愈来愈多地被认为是怪癖，被当作是史前时代的化石遗骸一样。"② 这里说明，美国这个资本主义国家，到了 50 年代，在婚姻家庭的道德观念和行为方面起了显著的变化，性生活日趋混乱，影响到社会道德日益堕落。实际上，这正是资本主义经济关系所形成

---

① 《马克思恩格斯全集》第 4 卷，第 486 页。
② 《美国社会的形形色色》，1957 年版，第 33 页。

的极端个人主义的精神空虚的反映，那么，70 年代是不是好转了呢？没有，而是走向家庭的崩溃。1981 年 5 月 6 日《光明日报》刊登的题为《美国的"独身家庭"》一文中，介绍美国的离婚率直线上升，"仅一九七八年，美国每两对结婚的夫妇中，就有一对离婚；到一九七九年，美国就有将近一百二十万对夫妇离婚，几乎是十年前的两倍。"这说明美国的婚姻家庭关系日趋解体，从而造成严重的恶果，使社会道德风尚越来越腐朽。同篇文章上说，到 1980 年为止，美国有一千二百万十八岁以下的青少年的父母已经离婚，每年因父母离婚而遭受"家庭分裂"痛苦的青少年达一百万之多。有的青少年因不堪忍受"独身家庭"父母一方的虐待，愤然潜逃；有的父母为了解脱自身的困境，而把"讨厌"的孩子逐出家门。据统计，目前潜逃的青少年有二百万人。这些孩子流浪街头，举目无亲，衣食无着，因绝望而吸毒、酗酒。有的因贫困、饥饿所迫而走上犯罪道路。日本的离婚率和青少年犯罪率同样迅速上升。日本《朝日新闻》报导，1981 年日本有十五万四千对夫妇离婚，据计算，每三分几十秒钟就有一对夫妻离婚。[①] 离婚率的增高，同样造成了青少年犯罪率的上升。以上材料可以说明，资本主义国家的离婚率日益增长。家庭破裂对青少年道德的恶劣影响是严重的，同时也影响到家庭、婚姻形式的变化。很多资本主义国家成年男女采取"同居"而不结婚的方式，这样既可以逃避特重的结婚税，又可以避免离婚的经济负担，男女双方都互不负责。据美国国情普查局 1980 年的报告说，近十年来在二十五岁以下的青年中实行"同居"而不结婚的增加了八倍。这种婚姻形式的变化和家庭的日趋崩溃现象的发生，原因可能是多方面的，但最根本的还是由资本主义生产方式

---

①　《日本社会上的三个最高记录》，《光明日报》1982 年 3 月 12 日。

所决定的；社会经济不断发生衰退和通货膨胀，苛捐杂税繁多，以及适应资产阶级极端利己主义生活方式需要的什么"性解放"、"性革命"等腐朽思潮都是造成上述现象的原因。婚姻家庭道德的堕落也正是资产阶级极端个人主义的一种特殊表现。同时也反映了资产阶级单纯追求个人主义的物质享受，人与人之间互不关心而形成的精神空虚。

至于资本主义社会里老年人的生活，则是孤独、寂寞和悲惨的，甚至有些人丧失了生活的兴趣。资本主义国家由于婚姻家庭关系的变化而出现的社会道德问题，已经引起了社会学家、法学家、心理学家和教育家的关注，但他们不得不承认在资本主义制度下这是无法解决的难题。这也是资本主义制度发展的必然结果。只有在私有制消灭和阶级、剥削消灭之后，才能彻底解决。恩格斯曾说过："结婚的充分自由，只有在消灭了资本主义生产和它所造成的财产关系，从而把今日对选择配偶还有巨大影响的一切派生的经济考虑消除以后，才能普遍实现。到那时候，除了相互的爱慕以外，就再也不会有别的动机了。"[①] 到那时候，资产阶级的个人主义道德原则的物质基础消灭了，婚姻才能建立在爱情的道德基础上，婚姻家庭和家庭道德与社会道德的关系，才能克服剥削制度下相互间的消极影响，而趋向积极的相互促进作用。

三

在社会主义制度下，婚姻家庭和道德的关系，和剥削阶级统治的社会里的情况大不相同。剥削阶级从来是把妻子当做私有财

---

① 《家庭、私有制和国家的起源》，《马克思恩格斯全集》第21卷，第95页。

产看待，所以，资产阶级一听说共产党主张消灭私有财产制，他们便诬蔑马克思主义的共产主义是要共产共妻。不仅在历史上，资产阶级这样辱骂过共产党，而且现代的资产阶级中也有人这样辱骂共产党所领导的社会主义制度，这种辱骂是根深蒂固的私有观念的必然表现。他们往往既不相信科学，又不肯承认事实，只是用谩骂欺骗人民群众。有些自命为共产主义者或拥护共产主义的人，误认为私有制消灭之后，婚姻家庭关系可以随之消灭，接受资产阶级的"恋爱自由"啦、"性解放"啦、"消灭家庭"啦等想人非非的胡言乱语。在俄国十月革命时期，列宁和德国共产主义女战士克拉拉·蔡特金有过一次谈话，对苏联十月革命胜利初期的"杯水主义"谬论给予了严肃的批判，他说："虽然我绝不是个忧郁的禁欲主义者，但据我看来，青年人的、而且往往也是成年人的所谓新的性生活，却往往是纯粹资产阶级的，是资产阶级妓院的变相。所有这一切，与我们共产党人所理解的恋爱自由，毫无共同之点。你当然知道那个著名的理论，说什么共产主义社会要满足性欲和恋爱的要求，就像喝一杯水那样简单和平凡。这种'杯水主义'使我们的青年人发狂了，简直发狂了。这个理论成了许多青年男女的噩运。信奉这个理论的人硬说这个理论是马克思主义的。……我认为那个著名的'杯水主义'是完全非马克思主义的，并且还是反社会的。"[1] 他接着又说："当然，口渴的时候需要解渴。可是难道正常情况下的正常人会躺到街上的泥泞里，去喝水洼里的水吗？……喝水确是个人的事情。可是恋爱就有两个人参加，并且要产生第三个人，一个新的生命。这里包含着社会的利害，发生着对集体的责任。"[2] 这说明，在共

---

[1]　蔡特金：《回忆列宁》，人民出版社 1957 年版，第 59 页。
[2]　同上书，第 60 页。

产主义者的队伍里，也会出现"资产阶级的"、"反社会的"婚姻恋爱观或性解放的谬论。这些并不是新东西，而是资产阶级过去鼓吹过、现在仍在流行的腐朽思潮，是资产阶级精神空虚、生活日趋堕落的一种标志。同时列宁还说明了无产阶级的婚姻观，是从共产主义的集体主义原则出发的，是对社会集体利益负责的。因此在恋爱问题上绝不能从个人利益出发，必须想到两个人以及缔结婚姻后的家庭利益和幸福的问题。这是和资产阶级的恋爱观的根本区别。在无产阶级取得政权建立起社会主义制度之后，消灭了私有制，消灭了剥削和剥削阶级，为男女平等的婚姻自由创造了物质基础。我国《宪法》上规定，妇女在政治上、经济上、文化上、社会上和家庭生活上各个方面享有同男子平等的权利，男女同工同酬；男女婚姻自由；婚姻、家庭、母亲和儿童受国家的保护。这样就基本上消除了那些在剥削阶级社会里妨碍实现婚姻自由的主要因素，男女双方基本上可以建立以互相爱慕为基础的婚姻关系。在社会主义社会，人与人之间的关系是平等的、互相关心、互相帮助的，在男女关系上还需要男女双方互相信任、互相负责，否则是谈不上爱情的。爱情作为婚姻的道德基础，在社会主义社会里应受共产主义道德准则的指导，因此，爱情从本质上说就包含有共产主义道德的责任感。由这种爱情建立的婚姻关系将是持久的，家庭关系也会是互敬互爱、民主和睦的关系。

恩格斯曾经说："既然一夫一妻制是由于经济的原因而产生的，那么当这种原因消失的时候，它是不是也要消失呢？""可以不无理由地回答：它不仅不会消失，而且相反地，只有那时它才能十足地实现。因为随着生产资料转归社会所有，雇佣劳动、无产阶级、从而一定数量的——用统计方法可以计算出来的——妇女为金钱而献身的必要性，也要消失了。卖淫将要消失，而一夫一妻制不仅不会终止其存在，而且最后对男子也将成为现实。"①
这就是说，一夫一妻制是由私有制的出现而产生的，妇女从此也
丧失了经济上与男人的平等权利，而且成为可以用金钱购买的男
性的玩物。当私有制消灭之后，妇女可以重新获得与男人在经济
上的平等权利，所以社会主义社会里的一夫一妻制，已经不再是
历史意义上的一夫一妻制，而是建立在男女完全平等基础上的、
消除了各种顾虑的、真正由个人自由选择的、互相负责的一夫一
妻制。不仅女方对男方要忠实专一，男方对女方同样要忠实专
一。因为婚姻已经建立在爱情基础上，也就没有了寻找婚外两性
生活的需要。社会主义社会里的婚姻形式，可以说是一夫一妻制
的婚姻家庭形式发展到了更高级阶段。

　　社会发展的各个阶段的婚姻制度都是由特定社会经济关系决
定的，也是维护当时的经济关系的，所以也就符合当时由同一根
源产生的社会道德准则。如果封建社会里不经过"父母之命，媒
妁之言"而私自结婚，则被视为大逆不道和奇耻大辱，甚至受到
法律制裁。而父母之命强使互不相识的两个人结合，只是以家庭
利益为准则，对当事人来说，婚姻的道德基础主要是子女的义
务。这是宗法家长制的封建道德规范的体现。但以现在的观点看
来，违反个人意愿和情感的包办婚姻是不道德的，因而随之出现
的婚姻家庭和两性关系上的不道德现象是与此密切相关的。而社
会主义社会里，消灭了婚姻的不道德的经济基础，同时也随之消
灭了两性关系方面的若干不道德现象。我国解放以前的大中城市
里，到处有妓院公娼；但解放后不久，很快就解决了娼妓问题。
这种不道德现象的消除，是一切文明的资本主义国家至今无法解
决的难题。中华人民共和国成立之后，在共产党的领导下，于短

_____

① 《家庭、私有制和国家的起源》，《马克思恩格斯全集》第 21 卷，第 89 页。

时期内就改变了社会道德风气，曾引起世界各国人士的惊奇和赞叹。其实，这并没有神奇的地方，只是由于中国社会的生产资料所有制发生了根本性的变革，实行了社会主义公有制和人民民主专政的社会制度，从而使男女在经济上、政治上实现了平等权利，婚姻制度也随之实现了男女双方的自由和自主，公娼就失去了存在的土壤。婚姻基本上建立在双方自愿和互相爱慕的道德基础上，夫妻双方如果有谁不忠，就会受到社会道德舆论的谴责。1980年9月10日公布的《中华人民共和国婚姻法》中第二条规定："实行婚姻自由、一夫一妻、男女平等的婚姻制度。保护妇女、儿童和老人的合法权益。"第三条规定："禁止包办、买卖婚姻和其他干涉婚姻自由的行为。禁止借婚姻索取财物。禁止重婚。禁止家庭成员间的虐待和遗弃。"此外关于家庭关系以及离婚等问题还有具体规定："如感情确已破裂，调解无效，应准予离婚"；"女方在怀孕期间和分娩后一年内，男方不得提出离婚"；离婚后，"父母对子女仍有抚养和教育的权利和义务"等。这些规定，是从中国的社会实际出发的，实事求是地贯彻了社会主义原则，也是符合共产主义道德的。所以建国三十多年来，出现了许多真正建立在爱情基础上的而又经久不变的模范夫妻和民主、团结、互相尊敬、互相爱护的模范家庭，这对社会道德风尚的改善起了很好的作用。整个国家的婚姻家庭关系中，虽然还有这样那样的剥削阶级婚姻观念的残余存在，但总的来说，我国的婚姻家庭关系是稳定的，发挥着积极的社会职能。

社会主义制度下，婚姻家庭的社会职能发生了重大变化。实行社会生产资料公有制之后，除少部分个体劳动者还保留有某些没有剥削的生产资料之外，个人和家庭都没有生产资料，只有消费资料，因而家庭在社会主义社会里，只是一种消费生活的社会细胞，它有抚养和教育子女的责任，也有赡养老人的义务。这些义务将随着社会经济建设的发展，逐步为社会公共福利机关所代替。婚姻家庭关系的基础主要不是经济的利害关系，而是情感和道德的关系，因而构成了社会主义社会的婚姻家庭方面新的道德面貌。

但是必须看到，我们的社会主义社会是从半封建半殖民地的社会脱胎而来，是共产主义的低级阶段；毋庸讳言，在婚姻家庭方面必然存在着剥削阶级思想残余。在一些农村和城镇中，还存在着封建时代的婚姻家庭观念，这主要表现在家长包办婚姻、要彩礼讲地位的旧习惯还没有绝迹。在大城市里，受资产阶级思想影响较深的人，有的选择对象还以经济收入多少、社会地位高低，以及家庭人口多少等条件为转移。有的人结婚讲排场，以物质生活条件为目标，缺乏爱情基础地轻率结婚，又轻率离婚，等等。不过总的来说，我国的离婚率是较低的，绝大多数家庭是敬老爱幼、民主和睦和自由幸福的。当然，彻底消除剥削阶级的婚姻家庭观念的影响，还是一个长期的斗争过程。因此，在现阶段加强恋爱、婚姻和家庭方面的共产主义道德教育，开展同剥削阶级思想影响的斗争，对于逐步实现以纯真的爱情为婚姻基础是有重要现实意义的。

符合共产主义道德准则的婚姻家庭观念究竟是什么？这里涉及问题很多，只提出两个问题来讨论：一是什么是爱情；一是对离婚自由如何理解。爱情问题是个严肃的问题。树立正确的恋爱和婚姻观，首先遇到和必须解决的就是对待爱情的认识问题。如果像恩格斯所说的只有以爱情为基础的婚姻才符合道德，那么，对爱情的正确理解就成为婚姻的关键问题。然而爱情是一种和理性结合在一起的特殊感情，各个不同的阶级和不同的时代有不同的理解，很难下一个具体的定义，用简单几句话讲清楚也是不容易的，这里只能从侧面作一些描述，由个人去体会。爱情是男女

之间的互相爱慕之情，也可以叫做两性之间爱的情感。资产阶级
往往把性欲当作爱情，而无产阶级对爱情的理解则是和共同理
想、共同生活目标相联系的。不过，有的资产阶级思想家理解得
也比较深刻，如黑格尔曾说："爱情里确实有一种高尚的品质，
因为它不只停留在性欲上，而是显出一种本身丰富的高尚优美的
心灵，要求以生动活泼、勇敢和牺牲的精神和另一个人达到统
一"①。爱就是"我在别一个人身上找到了自己，即获得了他对
自己的承认，而别一个人反过来对我亦同"②。这就是男女彼此
之间在对方身上看到了自己所崇敬的理想和爱慕的品格，彼此之
间互相肯定、互相信任，这样的感情激发起两人结合为终生伴侣
的愿望。对于作为婚姻基础的爱情，黑格尔要求是很严格的。他
主张："婚姻是具有法的意义的伦理性的爱，这样就可以消除爱
中一切倏忽即逝的、反复无常的和赤裸裸主观的因素。"③ 这就
是说，婚姻的"爱"不是单纯主观的、倏忽即逝的和易变的生理
上的情欲或冲动，也不是单纯理性的决断，而是男女双方互相了
解、互相肯定、互相负有法律义务的符合道德关系的情感，这种
情感是可以经得起考验而不易轻率变化的。当然，黑格尔这里所
谓"爱"的"法的意义"和"伦理性"，是适合当时资产阶级需
要的、男女双方平等自由地订立婚姻契约的权利，但在实践中，
资产阶级的"爱情"和婚姻仍然为经济影响所支配，真正自由缔
结的婚姻只是例外。而在无产阶级和被剥削阶级中间，真正自由
缔结的婚姻却是通例。不过从理论上说，黑格尔的婚姻中的爱情
包含着道德义务的思想是可取的。恩格斯曾说："现代的性爱，

---

① 《美学》第 2 卷，商务印书馆 1979 年版，第 332 页。
② 《法哲学原理》，商务印书馆 1961 年版，第 175 页。
③ 同上书，第 177 页。

同单纯的性欲，同古代的爱，是根本不同的。第一，它是以所爱者的互爱为前提的：在这方面，妇女处于同男子平等的地位，而在古代爱的时代，决不是一向都征求妇女同意的。第二，性爱常常达到这样强烈和持久的程度，如果不能结合和彼此分离，对双方来说即使不是一个最大的不幸，也是一个大不幸"[①]。这里说明"爱情"的含义是有阶级性和时代性的。古代的爱是以男方为主的男女不平等的，现代的性爱是以男女平等互爱为前提的。单纯的性欲是低级的本能，现代性爱是基于相互认识、相互负责和患难与共而持久的强烈感情，虽然并不排斥性欲，但是它已被崇高的感情或义务所净化或制约。在现代资本主义社会里，只有无产阶级的婚姻关系能建立在这种爱情的基础上，因为他们已经没有经济上的、政治上的障碍和顾虑；而资产阶级的婚姻仍受经济影响的支配，他们所要求的婚姻自由是以资本的自由竞争为基础的，他们要求的恋爱自由是以摆脱爱情的严肃性、摆脱生育子女的义务或通奸的自由。所以现代关于爱情和婚姻的观点，无产阶级和资产阶级是根本不同的。无产阶级的爱情、婚姻观，即马克思主义的爱情、婚姻观，是以共同的信念、共同的理想、共同的事业为相互爱慕的基础，在这种基础上建立起来的相互尊重、相互信任、相互负责的两性感情是经得起考验而持久的。这在我国民主革命时期的革命者中间就开始形成了。在国民党的黑暗统治下，在日本军国主义的残酷迫害下，许多男女青年走到革命的道路上来了，为了救国救民和解放自己，在困难的战斗中相互了解、相互尊敬而相互爱慕，经过各种患难和危险的考验，他们仍然坚贞不渝地相爱着，共同地为党为人民的革命事业建立功勋。这种范例大家在革命回忆录中，在《刑场上的婚礼》、《永不消失

---

① 《家庭、私有制和国家的起源》，《马克思恩格斯全集》第 21 卷，第 90 页。

的电波》、《江姐》等电影作品中看到过。在我国社会主义制度下，不少青年男女，在社会主义建设事业的岗位上，在互相了解和互相敬重的基础上建立起严肃的真挚爱情，从而缔结为互相负责的婚姻；在我国千千万万个家庭中，已经涌现了许多感人的模范夫妻和模范家庭，成为鼓舞人心的社会道德力量。可是，也有少数人认为爱情就是"恋爱至上"，追求什么"一见倾心"的"纯洁"的爱，追求形影不离、如胶似漆的生活，整天神魂颠倒、无心工作和学习。这实际上是不可能持久的浪费双方青春的资产阶级恋爱观，结果也不会好的。也有部分青年误把情欲或冲动当作爱情，只求一时的满足，过后就转移目标另求新欢，认为这是由个人行使的所谓"婚姻自由"的权利。实际上，这是玩弄了个人婚姻自由的真正权利，败坏婚姻道德，损人又害己。婚姻恋爱问题不仅是个人的终身大事，还是有关家庭和社会的道德职责的社会问题。"爱情"是个崇高的字眼，不能随便对待它；爱情是一种感情，但不是单纯的感情，真正持久的爱情是经过理性认识之后而产生的。一个人所以爱某个人，总是有理由的；正如《刘巧儿》一剧中巧儿对刘振华那样，就有着那么几条可爱的理由。尽管在社会主义制度下，以共产主义世界观为指导的恋爱观是基本的，婚姻法也有具体规定；但是，恋爱是自己认真处理的事情，由于民族习俗不同，所处的社会生活环境和所受的教育、文化水平、职业、政治水平不同，各人对爱情的要求，也各有自己的特殊理由。在选择恋爱对象时每个人的要求不可能相同，但都是经过认真思考的，虽然可以注意外表的美，但是更重要的是关心对象的心灵美；不仅注意性格、作风是否合意，更重要的是考虑双方的理想、信念是否一致；不仅注意现实的物质生活条件，更重要的是考虑双方的才能、智慧如何得到发展并对革命事业有所贡献。总之，"爱情"是一种高尚的特殊感情，它包含着严肃认真的婚姻家庭道德义务的感人力量。

　　爱情是婚姻自由的关键，建立了真正爱情的男女双方就可以自己决定结婚；感情真正破裂了也有离婚的自由。这是符合社会主义社会的道德原则的。恩格斯曾说："如果说只有以爱情为基础的婚姻才是合乎道德的，那么也只有继续保持爱情的婚姻才合乎道德。"① 如果夫妻之间的感情确实破裂了，没有恢复的可能了，离婚比勉强同居有好处，那就可以离婚。我国的《婚姻法》就是这样规定的："人民法院审理离婚案件，应当进行调解；如感情确已破裂，调解无效，应准予离婚。"这就是说，离婚应该慎重，决不要凭一时感情冲动或任性。马克思在批判德国资产阶级离婚法时指出："他们抱着幸福主义的观点，他们仅仅想到两个个人，而忘记了家庭。他们忘记了，几乎任何的离婚都是家庭的离散，就是纯粹从法律观点看来，子女的境况和他们的财产状况也是不能由父母任意处理、不能让父母随心所欲地来决定的。"② 马克思要求离婚法应有全面的严格考虑，并不是反对离婚自由，而是要求婚姻真正建立在爱情和家庭幸福的道德基础上，不能凭一时的冲动。"自由"必须是在充分认识了事物本质这一前提下的意志表现，而不是任意为所欲为。从整个婚姻过程来说，是应该总结离婚教训的。要总结婚姻的感情基础破裂的原因，是不是在它诞生的时候就种下了夭折的根源？是不是双方认识不够而经不起各种刺激、引诱和压力的考验？总结出经验教训，可以为其他后来人的爱情婚姻提供借鉴。离婚是男女双方的权利，更重要的还涉及家庭的职责、家庭道德、子女的教育和幸福等问题，同时还会影响到社会主义社会道德风尚的健康发展。

---

①　《家庭、私有制和国家的起源》，《马克思恩格斯全集》第 21 卷，第 96 页。

②　《论离婚法草案》，《马克思恩格斯全集》第 1 卷，第 183 页。

就离婚本身来说，也有个是否符合共产主义道德的问题。不是说离婚就是不道德，而是说离婚时提出的理由是实事求是、与人为善地从双方的生活、工作来考虑，还是有意夸张对方的缺点或强词夺理，这是个重要的共产主义道德品质问题。比如有的青年为了达到个人目的，利用对方的有利条件而结婚，当自己的生活和社会地位发生变化之后，又看中了条件更好的第三者，便把帮助自己解除困境的对方一脚踢开。这样就不是正当地行使"离婚自由"的权利，是违犯共产主义道德的行为。法院在处理离婚案件时，应有充分的调查研究，了解真正的离婚原因和离婚申诉中有否不符合共产主义道德的言行，进行调解教育，调解无效时可以准予离婚，但必须明确道德责任。这正是社会主义法制的特点，也是婚姻家庭问题上必须注意的共产主义道德问题。至于为了达到离婚目的而采取威胁、欺骗、虐待等手段者，应给予批评教育，严重者除应给予法律制裁外，还应受到道德舆论的谴责。社会主义社会里，离婚虽有充分自由，但男女双方在恋爱结婚时就要慎重全面地考虑，避免以后发生离婚的痛苦。因为无论如何，离婚对男女双方都是一种打击和不幸，所以爱情、婚姻和家庭关系问题，应按照共产主义道德准则来处理。

婚姻家庭和道德的关系，在社会主义社会里主要表现在两个方面：一方面是婚姻家庭本身的道德问题，另一方面是婚姻家庭的道德状况和社会道德的相互关系问题。社会主义社会是共产主义社会的低级阶段，是向高级阶段发展过渡的时期，婚姻基本上是以爱情为基础的，但是也还会受到一定社会生活条件的限制。从家庭关系来说，父母、夫妻、兄弟、姊妹以及祖孙之间，是血缘的亲属关系，有长幼之分和手足之情，在思想感情上互相尊敬、互相爱护、互相关心、互相帮助，这是社会主义制度下的家庭道德义务。但同时，家庭成员都有实现社会主义现代化的共同奋斗目标，都有为共产主义理想而奋斗的崇高信念，所以他们又是同志关系，除去处理好家庭成员间的道德关系外，还应该按照共产主义道德准则，处理好个人、家庭和社会、国家、集体之间的道德关系。从另一个角度来说，婚姻家庭道德规范正是共产主义道德在婚姻家庭方面的具体化，是以共产主义道德理论原则为依据的，是受共产主义道德准则制约的，是共产主义道德体系中的一个组成部分。社会生活中个人共产主义道德自觉性的提高和社会道德舆论的加强，促进并监督着婚姻家庭道德的完善和提高，社会道德风尚的改善也会影响到婚姻家庭关系的改善。而婚姻家庭关系的稳定，婚姻家庭道德水平的提高，又会积极影响社会道德风尚，激发个人的共产主义道德自觉性，从而促进社会主义物质文明和精神文明的建设。因此，正确地认识婚姻家庭和共产主义道德的关系，加强婚姻家庭方面的共产主义道德教育，建立适合当前生活状况的婚姻家庭道德规范，是有重要意义的。这既可以不断改善整个社会道德面貌，又可以逐步完善并充实共产主义道德体系，这是社会主义精神文明建设的一个重要任务。

（选自《道德与社会生活》，上海人民出版社 1984 年版）

马克思主义道德学说

一 马克思主义道德学说形成的时代背景

(一) 西欧资产阶级革命和资本主义成熟时期

马克思主义学说是在 19 世纪 40 年代中期开始形成的，马克思主义的道德学说也就随着马克思主义理论体系的形成而形成。当时的德国还是一个资本主义经济比较落后的国家，但受到当时英国和法国资产阶级革命及其思想的影响，特别是马克思和恩格斯出生地莱茵省受法国资产阶级革命的影响更大，因此，英、法两国流行的社会主义和共产主义思潮在马克思和恩格斯青年时代的德国就开始萌生了。这主要和莱茵省是德国的工业发达地区，受英、法资产阶级革命和工人运动的直接影响有关。

法国在 1789—1793 年的资产阶级大革命，是比英国资产阶级革命更为彻底、更为深刻的革命。法国资产阶级和人民群众结成联盟，从根本上消灭了统治法国一千多年的封建制度，确立了资产阶级政权，为建设工业资本主义国家奠定了基础。但是，由于资产阶级的本性决定它不可能和人民群众保持长久的团结，害怕人民力量的壮大，所以当革命初见胜利成果时，它便开始镇压人民力量，结果革命后的政权落入少数大资产阶级手里，为以后的封建王朝复辟活动敞开了大门。从 1799 年法历雾月 18 日（公历 11 月 9 日）波拿巴政变并建立法兰西第一帝国起，经过波旁王朝的复辟，到 1830 年又出现了七月革命。在这期间，政治上虽然恢复了封建贵族的统治，但在经济上资本主义的工农业生产，都得到了较大的发展，封建经济基本上已被摧毁，资产阶级势力空前壮大。所以，封建贵族不得不和大资产阶级共享统治权，向资产阶级君主制转变的道路迈出了一步。随着资本主义大工业的发展，工人阶级人数也迅速增长，但是工资极低，工时不断延长，生活上无权而又贫困，因此 19 世纪 20 年代法国就出现了工人罢工斗争，争取提高工资和改善劳动条件。这种斗争引起了资产阶级进步分子的同情，于是产生了法国空想社会主义的思潮，它的代表人物是圣西门和傅立叶。

波旁王朝对过去资产阶级革命时期没收的贵族财产进行了赔偿，在政治上更严加限制和镇压工人阶级的反抗斗争。1830 年 7 月发布了限制出版自由的反动敕令，从而引起了七月革命的风暴，推翻了波旁王朝，大资产阶级（金融贵族）获得了全部统治权，这就是通常所说的"七月王朝"。但是，新兴工业资产阶级被排斥在政权之外，经济上也受到一定的限制。因此到 40 年代，又酝酿着工业资产阶级和广大劳动人民反对七月王朝的革命运动。七月革命虽然由大资产阶级独占了胜利果实，但起了一定的推动社会进步的作用。它摧毁了重建封建贵族专制制度的企图，严重地打击了欧洲反动封建势力的组织——"神圣同盟"，促进了欧洲其他国家的资产阶级革命运动的发展。

19 世纪的英国，已经是一个资产阶级革命后资本主义相当发达的国家，从 20 年代起就出现了资本主义周期性的经济危机。1837 年爆发的经济危机，到 40 年代初期还没有完全恢复，工商业还处于萧条状况，工人阶级的失业和贫困极为严重。这种情况引起了工人运动的新高潮。1840年7月宪章派成立了"全国宪章派协会"，即恩格斯曾称它为"我们时代的第一个工人政党"的革命组织。为了反对降低工资和延长工时，工人不断举行罢工，1842年8月大罢工达到了宪章运动的最高峰。初期阶段，工业资产阶级还曾经支持工人的斗争，目的在于为自己争取权利，但是后来，看到工人不但不能为自己所用，而且发展下去会威胁到自身的利益。因而转向政府，并协助镇压工人运动。资产阶级政府对宪章派进行了大规模逮捕，宪章运动的领导人和积极分子都被关进监狱，进步报刊被查封。1843年到1846年英国工业转入繁荣阶段，资产阶级政府对工人运动采取了分化政策来分裂工人队伍，软化工人阶级的斗争意志。结果宪章派的某些领导人放弃了争取实现宪章的斗争，并劝说工人"回到土地上去"，许多破产的手工业者和农民也拥护这一口号，从而都脱离了政治斗争。宪章运动的组织——"宪章派运动协会"也被迫解散。

英国的宪章运动，从19世纪30年代开始到1848年止，经历了三次斗争高潮。资产阶级政府指挥军警开枪镇压革命群众，激起了群众的极大义愤，所以斗争一次比一次规模浩大。但是，由于当时工人阶级在政治上还不够成熟，又没有一个用正确的革命理论武装起来的政党领导，在工人中还普遍存在有小资产阶级改良主义的思想影响，运动结果归于失败。不过，它在国际工人运动史上，却具有重大的鼓舞作用和深远的历史意义。列宁称它为"世界上第一次广泛的真正群众性的、政治的无产阶级革命运动"。[①] 为国际无产阶级革命运动树立了榜样。在工人运动的过程中，出现了批判资本主义制度的以欧文为代表的空想社会主义

---

① 《列宁全集》第29卷，第276页。

思潮，和法国空想社会主义思想汇成一股强大的社会力量。

德国和英、法两国相比，它还是一个经济落后的封建贵族统治的国家。19 世纪初期，德国在经济上、政治上还处于封建割据的状态，对德国资本主义经济的发展构成严重的障碍。因此资本主义发展非常缓慢，资产阶级还没有形成为一个强有力的可以同封建势力相抗衡的独立阶级。但在拿破仑统治过的德国莱茵地区，封建行会制度有很大的削弱，为资本主义工业发展创造了有利条件，加速了资本主义工商业的增长。因此，新兴资产阶级积极要求取消各邦之间的封建关税制度，实行全国统一税制。当时的普鲁士封建统治者企图扩大自己的影响，1818 年首先颁布了废除六十个关税区的法令，实行统一税则。1825 年德国的南方和北方的各邦之间成立了两个关税联盟，到 1834 年两个联盟合并，以普鲁士为盟主，称德意志关税联盟。这一措施大大促进了德国民族统一市场的形成。工业生产的机械化有显著发展，交通运输也有较大变化。因而资产阶级的力量日益成长壮大起来。同时，法国七月革命的浪潮对德国资产阶级反封建运动有很大推动作用。首先是资本主义最发达的普鲁士莱茵区的资产阶级成了全国资产阶级自由主义运动的领导力量。他们要求取消封建等级制和贵族的特权，废除封建割据，建立统一的民族国家。但是，他们害怕群众，极力企图和封建贵族妥协分享政权。与此同时，资产阶级中比自由派更激进的民主派展开了活动，提出自由、平等、博爱和民主共和国的要求。资产阶级民主运动和法国七月革命的影响，引起了德国知识界民主思潮的增长，在《民主派宣言》中首先提出：大自然赋予每个人以平等享用一切财货的权利。从这里出发，他们建议立即没收属于公司和人民敌人的全部财产，同时废除一切继承权，使私人手中的财产经过一代人就可以全部变为公有。在文学领域里出现了"青年德意志派"反封建制度的批判，在哲学领域里，出现了"青年黑格尔派"和费尔巴哈对神学和唯心主义的批判。同时，社会主义和共产主义思想也迅速传入德国并发展起来。

（二）欧洲空想社会主义思潮兴起

19世纪30年代中期到40年代中期，正是马克思主义创始人——马克思（1818—1883）和恩格斯（1820—1895）的青年时期，也是马克思主义形成时期。在这期间，由于欧洲各国的资本主义大发展，资本主义的弊端开始暴露出来，阶级斗争也日益尖锐化。这种状况反映到人们的思想领域里，便产生了各种类型的试图救治社会弊病的社会思潮。其中最重要的是反映不同阶级利益的空想社会主义思潮，在英、法、德、意等国蓬勃兴起。而这种思潮又反映在哲学、经济学、政治思想和文学作品等各个社会意识形态方面。这对马克思主义的科学理论的形成起着重要推动作用。

18世纪的空想社会主义，可以从梅叶、马布里、摩莱里说起，但真正发展了这些人的思想而又企图实践的革命战士，则是法国大革命时期的巴贝夫。在法国1789年资产阶级大革命被镇压之后，巴贝夫带领他的拥护者，酝酿了一次共产主义密谋，提出立即推翻现存社会制度，建立平均分配生活资料的社会平等制度。但是很快即宣告失败。不过，他的思想在1828年由他的信徒邦纳蒂出版了一本书得以流传下来。恩格斯曾对此给予很高的评价，他认为就其理论形式来说，它起初表现为18世纪法国伟大启蒙学者所提出的各种原则的进一步的、似乎更彻底的发展。法国大革命除去产生了巴贝夫这样一位空想共产主义的实践家之外，还产生了两位著名的现代空想社会主义理论家——圣西门和傅立叶。

昂利·圣西门（1760—1825）出身于贵族家庭，他深受18世纪启蒙运动的思想影响，参加过北美的独立战争。后来家庭破产，生活穷困，在当铺里当过一名抄写员。对法国 1789 年的大革命深表同情。但他认为社会发展主要是靠科学知识和道德进步，他号召科学家用自己的科学知识为人类造福，并力主用伦理科学来探寻人生目的。他对法国大革命和战争造成的贫困与混乱，十分痛恨，他渴望一个自由和有秩序的新社会。他认为拿破仑征服世界是法国大革命的使命，是新科学发展的基础，然而拿破仑只是为新时代清除了旧世界的障碍迎接新社会的诞生。圣西门的空想社会主义思想的主要特征是：

1. 一切人都要劳动，每一个人都有义务经常以自己的力量去为人类造福。

2. 他的理想社会制度是：旨在维持生活和幸福的公益的制度。在这种制度下，人们应当把改善人数最多的那个阶级的精神和物质状况的事业，作为自己的一切劳动和一切活动的目的。

3. 领导社会改革的最适当的力量是实业家阶级。他把国民分为实业家阶级和游手好闲的寄生阶级。实业家阶级包括农民、手工业者与工人、工厂主、商人三个部分，寄生阶级包括资产者、军人、贵族、法律工作者等。他认为实业家阶级是生产者阶级，其中包括的工人劳动者是无知的，所以他们只能服从有教养的、有道德的实业家（实际指工厂主）的领导和统治。

4. 他认为这些社会制度的基础，完全符合绝大多数居民的利益，所以应当把它看成是从神的道德原则引申出来的一般政治结论。这个道德原则的内容是人人都应当兄弟相待，互爱互助。他从博爱观点立论，以实证科学压倒神学和形而上学。他认为精神与物质的力量都掌握在研究实证科学的人的手里，掌握在组织和管理实业活动的人手里。因此，他主张通过人们的“道德感”的力量就可以促使社会改革。用博爱之心迫使贵族和神学家服从变革。

5. 实现理想社会的办法主要是靠宣传和说服。他认为舆论是世界的主宰，是一个伟大的道德力量，如果促使舆论要求立法者颁布他所要的法律，就一定能有这种法律颁布出来。他认为1789 年的革命产生了不良影响，带来了灾难，关键在于实行了暴力革命。他主张用赎买政策，实业家阶级可以出钱从贵族和神学家手里买过政权。同时他也一再向国王呼吁制定一部直接改善人数最多的阶级的生活状况的宪法，使世俗权利服从道德制度。他劝说工人劳动者说："他们强迫你们的双手为他们劳动，你们叫他们的头脑为你们而工作。""他们把钱给你们，你们把尊敬给他们。"这里的所谓尊敬，就是"自愿地受他们的统治"。[①]

总之，圣西门从同情穷苦人民的博爱观点出发，提出了许多有价值的思想。但是，他虽然反对神学，却仍然借助宗教的威力；强调财产所有权的重要；否定暴力革命，认为无产者无知只能靠有产者和统治者施恩。他主张按照文化程度分配统治权，学者、艺术家和实业家（即工厂主）是最有文化的，实业制度是最理想的社会制度。不过，他始终以宣传建立为大多数劳苦人民造福的社会为目的，向各方呼吁，并深信人类历史是不断进步和发展的，未来的社会，生产和生活都是有组织有计划地进行。这些思想是可贵的，他毕竟不愧为空想社会主义创始人之一。

比圣西门稍晚一点的另一位法国空想社会主义者是傅立叶。他出身于一个商人家庭，他所熟悉的商业的欺诈行为，引起了他极大痛恨。同时，他对法国大革命与圣西门有同样的看法和态度。傅立叶从人性论的观点出发，尖锐而深刻地揭露、批判了资本主义制度的矛盾和弊端。他提出，文明制度过去是，将来也只

---

① 《圣西门选集》上卷，商务印书馆 1962 年中译本，第 76、80 页。

能是一个罪恶的渊薮，是"社会地狱"，是政治方面和经济方面的颠倒世界。他认为资本主义一切灾难的根本原因有二：一是生产的分散或不协调的劳动；二是以自由竞争的名义装扮起来的商业欺骗。他揭露资本主义的危机是"多血症"，"为了几个富人，就必须有许多穷人"是文明制度的基本理论。雇佣劳动实际上是恢复奴隶制度，工厂主阶级所关心的是，缩减工人的工资和掩盖他们的贫困。他认为商人是一伙无恶不作的骗子手、抢劫犯、强盗、恶棍。商业集中了资本主义制度的基本缺陷，是文明制度罪恶的直接原因。他对劳动人民深表同情，并且强调要为消除文明制度的灾难找出最好的方法。于是他创造了一种"情欲引力说"，列出人生来具有的十二种不可改变的情欲，这种情欲体现了上帝对于人类社会生活的意旨，所以应该为了满足人们的一切情欲来组织劳动生产活动，建立协调的社会制度。这种协调（和谐）制度可以激发人们的劳动情欲或热情，而且劳动将成为一种娱乐性的愉快活动。但是他不主张废除私有制，而且认为资本家可以通过投入农业"法郎吉"（公社性的组织）的资金的利息生活，可以不参加劳动；即使劳动也是一种娱乐性的游猎、宴饮等上流人的活动。他认为不平等不是社会苦难的原因，苦难是由于产量不足和分配不合理。

　　以上的基本观点，尽管在理论上是不科学的、是空想主义；但是对资本主义弊端的揭露是深刻的。同时，对将来社会有些猜测也是有重要意义的，如认为社会发展是波浪式的螺旋形上升，每一种社会制度都有上升和下降，然而是不断前进而有规律的；将来的劳动是娱乐性质的。他把文明制度比作毒蛇，它虽然有毒，但可以从它身上取出有效的药剂等思想，都是具有科学价值的先进思想。这些思想对马克思主义的科学社会主义理论的形成是有益的。但是，由于傅立叶的理论基础是抽象的人性论，从抽象的自然人性出发，以各种先天的情欲作为社会历史的决定因素，所以必然会陷入唯心主义历史观的歧途。他主张阶级调和，反对暴力革命。这在当时来说，对于无产阶级的革命运动的发展是不利的。

在 19 世纪初期，英国也产生了空想社会主义的思潮，它的代表人物是罗伯特·欧文（1771—1858）。他生于英国一个穷苦的手工业者的家庭，后来成为一个工厂主。他的思想是由工厂主的慈善思想转变为空想社会主义者的。欧文受 18 世纪唯物主义哲学思想的影响，认为人是环境的产物，人的性格、一切恶习和罪恶，都是社会制度造成的。所以他认为，只要改变社会生活的条件和社会制度，人们的习尚就会改变。这种观点看来是有一定道理的；但是同时，他又认为社会制度的祸害的根源，则是人们的无知和不懂得人的本性。于是他主张社会制度的改革，要通过知识的传播和人们性格的改善。这样一来，他就陷入了环境和性格的相互决定论，最后还是归结为人的性格或本性是决定因素的唯心史观。不过他和圣西门、傅立叶不同，他主张消灭私有制，否定神的存在。实际上，他是一个无神论的空想社会主义者。他大声疾呼："不迷信，不怕超自然的东西，不怕死亡。"[①] 他虽然反对现存的宗教迷信，但是他又主张建立一种合乎理性的宗教，宣传热爱别人。他说："理性宗教的实践和祭祀活动，就是不分阶级、教派、性别、党派、国家和种族，全力促进男女老幼的康乐和幸福，……从而产生难以形容的虔敬和欢喜的感情。"[②] 实际上，这是他的理想社会里的道德标准。欧文认为，"私有财产或私有制，过去和现在都是人们所犯的无数罪行和所遭的无数灾祸

---

① 《欧文选集》下卷，商务印书馆 1956 年中译本，第 128 页。
② 同上书，第 173、13 页。

的原因。"① 私有制可以养成非常坏的性格，首先使人变成利己主义者，冷酷无情，把富人变成"两脚兽"。于是他设想用"劳动公社"来实现消灭私有制的共产主义社会。这种"劳动公社"是建立在生产资料公有制的基础上的，是根据联合劳动、联合消费、联合保有财产和特权平等的原则建立起来的。他提出教育与生产劳动相结合，为良好的性格形成打下基础的思想。劳动公社是工农业结合的统一体，可以消灭城乡差别，公社既是城市又是农村。

以上这些观点中有许多是有科学意义的思想。只是由于他的理论是建立在抽象人性论的唯心史观基础上的，所以，他和法国空想社会主义者一样，也反对阶级斗争和暴力革命。共产主义社会的实现，他认为可以通过宣传和说服资产阶级接受公社制的社会改革方案。建立共产主义公社是为了给人们以适当的教育，而适当的教育又是公社获得成功的先决条件。这一循环论的思想，正是 18 世纪以来资产阶级经验论所无法解决的矛盾。欧文向资产阶级呼吁，而且一生以身作则地搞公社试验。最后使他自己陷入一无所有的无产者之后，才醒悟过来参加了工人运动来谋求无产阶级的解放。

以上三大空想社会主义者及其信徒，尽管各人的观点有所不同，而且互相攻击；但是他们的基本思想却是共同的。他们都看到了资本主义初期所产生的社会后果，特别是从道德方面深感从事劳动生产的阶级没有财产而且日益贫困化，而有产阶级不劳动却可以尽情享受，这是极大的不公正。因而他们都对无产阶级的穷苦生活极为同情，并积极研究、探索资本主义制度的弊端及其产生原因和改善方案。但是由于当时资本主义的发展还没有完全

① 《欧文选集》下卷，第 173、13 页。

成熟，无产阶级还没有显示出强大的力量，他们都受着18世纪
唯物主义哲学思想影响，摆脱不了抽象人性论和人的意识支配社
会发展的唯心主义历史观。他们虽然看到了资本主义社会的阶级
存在和斗争，并承认这种斗争；但是害怕并反对这种阶级斗争，
认为阶级斗争残酷、粗暴。因此，他们企图用调和阶级矛盾的办
法来解决现实的利害冲突，企图采取说服剥削阶级用善良的人
性，主动改善劳动人民的穷苦处境。所以，尽管他们设想出了许
多有价值的社会主义原则，但毕竟是建立在空想主义的思想基础
上的。这种思潮很快也传播到德国。

德国在19世纪初期出现了空想社会主义思潮，代表人物是
魏特林（1808—1871），裁缝工人出身，曾流亡法国，接受了法
国空想社会主义者巴贝夫、傅立叶和卡贝等人的思想影响。回国
后，积极揭露、批判封建统治和资本主义的祸害，倡导工人阶级
组织起来用暴力消灭私有制，直接建立共产主义制度。他的最重
要的功绩是在工人阶级里找到了消灭剥削制度的力量；同时，他
看到了工人阶级在各国的情况都是一样"失落的多，获得的少"，
都是受剥削受苦难的阶级。于是他提出："工人无祖国"的口号。
这一思想后来被反映到《共产党宣言》里。马克思把他评价为第
一个无产阶级理论家。但是，他的历史观虽然有某些独到的见
解，然而基本上仍是唯心主义的。他从人的自然欲望出发，从道
德的角度去分析和寻找社会发展的原因和规律。同时他还接受了
拉梅耐的原始基督教的影响，认为宗教在未来社会里还有保存的
必要，因为它可以给人以安慰。这些思想显然是不正确的。

空想社会主义和空想共产主义思想，都产生于19世纪上半
叶，而且是在各国独立产生的。这表明它们的产生不是偶然的，
而是社会发展规律的表现。说明资本主义制度并不是最完善的，
它的文明进步所带来的弊端日益严重，而且是资本主义制度自身

所无法克服的，必然要由新的更完善的制度来代替。即使在资本主义上升时期，它内部就已经孕育着它自己的掘墓人——无产阶级这一新生力量。因此，当时出现的社会主义、共产主义思想，虽然带有浓厚的空想主义性质，但是它们都猜测到了某些社会发展的进程和奥秘。他们都看到了劳动生产在社会发展中的地位和作用，提出未来社会应该是人人劳动，并且在劳动组织和产品分配方面应克服资本主义制度的弊端。有的空想共产主义者已经看到了资本主义祸害的根源在私有制，因而提出建立在公有制基础上的"共产主义"设想，以及在分配问题上提出的"按劳分配"和"按需分配"的思想等，都是对马克思主义的形成有重要意义的。

不过，空想社会主义者的信徒们，特别强调阶级调和论；甚至后来的路易·勃朗、蒲鲁东等人都是向资产阶级呼吁改善受苦的工人阶级状况，说什么调和就是革命。同时，空想社会主义者虽然都反对神学和封建僧侣主义，但都以新宗教代替旧宗教，这可能与当时的社会心理状况有关。这些理论上的自相矛盾，不仅在建立科学社会主义理论时需要清理，而且这些思想也严重地阻碍着当时工人阶级革命运动向正确的方向发展。

马克思和恩格斯认真地研究了空想社会主义学说，一再肯定了它们对于科学社会主义和共产主义理论的贡献是："天才的发现"、"天才的预示"、"天才的伟大眼光"等等。并且吸取、发展了其中的合理思想。同时，也明确指出了空想社会主义理论上的缺陷和形成的原因。特别是在《共产党宣言》中，系统地分析评论了三大空想社会主义者的思想体系。当时的一些空想社会主义派，已经成为阻碍工人阶级成长和革命运动发展的反动势力。所以，在以后的马克思和恩格斯的著作中还继续批判了空想社会主义的追随者的错误思想。

（三）哲学上的人本主义、人道主义思潮盛行

哲学上的人本主义开始于 18 世纪唯物主义哲学家，他们都是抽象人性论者，他们以自然生成的脱离一定社会关系的"人"及其本性为出发点，去考察和解释社会历史和人与人之间的社会关系。18 世纪的启蒙运动者以人性为标准，批判当时的封建制度和宗教迷信，起了积极的进步作用。到 19 世纪的资产阶级哲学家，除少数例外，大多数仍然坚持人性论。资产阶级思想家们要求从神学和教会控制下解放出来的时候，强调"人"有自己的独立的与"神"无关的人的特殊性是很自然的、合理的。问题在于究竟人性是什么？它是怎样来的等问题应作如何解释。人本主义和人道主义者，以人的自然本性，即以生理特性为尺度说明人类社会的历史发展，这自然就成为一种唯心主义历史观的理论形式。

在 19 世纪初期的德国，人本主义、人道主义仍然是某些具有社会主义或共产主义思想倾向的哲学家的理论基础。当时德国的社会主义的不同派别中，大多数是以费尔巴哈的人本主义为理论依据，所以，费尔巴哈的人本主义思想和"真正的社会主义"派的人道主义观点的影响是最突出的。

1. 费尔巴哈的人本主义思想

费尔巴哈从黑格尔的客观唯心主义转变为唯物主义的自然观之后，坚决反对超现实的"绝对精神"和上帝的存在。他提出上帝是人创造的，而不是上帝创造了人。因而他建立了以抽象的"人"为核心的人本主义的思想体系。他认为人是自然界产生的自然界的一部分，人吃喝的自然物变成人的血肉，就是人的本质；人的情欲的存在，说明人是一种感性的实体。在他写的《幸福论》一书中说："人的最内秘的本质不表现在'我思故我在'的命题中，而表现在'我欲故我在'的命题。"所以，费尔巴哈

所说的"现实的、活生生的"生物界的"人类"的特点，即所谓
有血有肉、有情、有欲的人，是一种生物界的个体，对"神"、
客观"绝对精神"来说，这个"人"是现实的活人；但是对社会
生活中的人来说，它却是抽象的、孤立于时间、空间之外的生物
个体。也就是他自称的人是生物的一个"类"。这个"类"概念
就是指人在生理上所固有的共性。

　　费尔巴哈的人本主义思想体系，正是由于他以生物学上的人
作出发点，所以，他虽然也提出过某些有价值的命题，却不能贯
彻到他的哲学内容中间去。所以他认为，人与人之间关系的纽带
就是爱，就是相互需要。这样一来，他在人们的相互关系中，仅
仅看到了一个道德方面的关系。他的历史观也就不可能是唯物
的。原来马克思和恩格斯对费尔巴哈是十分尊重和崇拜的，在
他们某些早期著作中还残存有受他影响的痕迹；到 1845 年写
《神圣家族》时，才开始完全摆脱了他的影响，明确地指出了他的
错误。

　　2."青年黑格尔派"的人道主义思想

　　19 世纪 40 年代，德国比较激进的青年都受黑格尔和费尔巴
哈的影响，在主张社会主义的青年中，从黑格尔派分离出一个左
派，叫做"青年黑格尔派"。开始马克思和恩格斯也是这一派的
成员，但是，在革命斗争过程中这一派暴露出某些人和马克思恩
格斯的意见有分歧，并走向了资产阶级人道主义的阶级调和论的
泥坑。马克思和恩格斯便与他们决裂。以鲍威尔、施特劳斯、卢
格和施蒂纳为代表，他们以"自我意识"代替了黑格尔的"绝对
精神"。认为人民群众没有"自我意识"和批判力。他们非难法
国 18 世纪的资产阶级大革命，排斥阶级斗争。他们认为德国前
进中的主要障碍不是地主阶级和封建制度，而是宗教的统治。卢
格是民主派的代表，他把自由主义、人道主义和世界主义结合起

来，把人道主义解释为自由和利他主义；把共产主义看成是人的利己主义和贪欲的表现。他主张教育和教养是实现人道主义的惟一道路，是人类解放的杠杆。青年黑格尔派认为"神人"和"人"支配着各个历史时代；鲍威尔断言批判者创造了历史，他把"自我意识"变成惟一本质的实体，必须首先用无情的批判消除一切阻碍"自我意识"发展的东西。他认为共产主义也限制"自我"的自由发展。这样他们就为无政府主义的理论家施蒂纳开辟了道路。赫斯和巴枯宁把费尔巴哈的人道主义当作一种天启，立即接受过来赋予它一种空想的无政府主义的色彩。赫斯极力想把无产阶级的共产主义运动同"青年黑格尔派"的人道主义思想结合起来，把无产阶级和资产阶级之间的阶级斗争，归结为利他主义和利己主义之间的斗争，从而把经济和社会问题归结为道德问题。把反对利己主义的斗争当作社会革命斗争的重要因素，把共产主义简单地归结为利他主义的理想。并认为"爱"是可以解决经济问题和社会制度的万应灵药。而施蒂纳把自己装扮成一个博爱家，宣称他爱一切人，不过只是用利己主义的思想情感去爱。

3. "真正的社会主义"派的人道主义

1848 年在德国社会主义者中分裂出一种"真正的社会主义"派别，它的理论基础深受费尔巴哈人道主义思想影响，以"青年黑格尔派"中的赫斯为代表人物。赫斯强调"真正的人"和"人的解放"是社会主义的根本问题，而且把它看作只是个精神和道德问题。他的"真正的人"的概念，就是指没有阶级差别、绝对的、虚幻的人，这是他的社会主义理论的出发点，所以马克思把它叫做"真正的社会主义"。这种"真正的社会主义"认为，社会主义社会必须是"人的真正本质"的实现。即在"符合于人类天性的、即合理的社会中，一切成员的生活条件应当是相同的，也就是说应当是普遍的。"① 实现这种社会的途径，主要是教育，教育必将会根绝人类的卑劣欲望，从而导致在合理的生产和劳动组织的基础上公正地分配财富。他们认为法国的共产主义是粗暴的，说"暴政在共产主义范围内也完全能够继续存在，因为共产主义不容许'类'继续存在"。② 这位"真正的社会主义"者认为，共产主义没有达到无条件的、无前提的自由。他说："共产主义把人的依赖性引导到极端的、粗暴的关系，引导到对粗暴的物质的依赖，即引导到劳动和享受之间的分裂。人不能达到自由的道德活动"。③ 这些指责，实际上是指法国共产主义者没有按照费尔巴哈的人道主义学说论述。"真正的社会主义"者认为"活动和享受"在人的本性中是一致的，二者都是由人的特性决定的，而不是由别的所决定。于是他们提出了人道主义是共产主义和社会主义的最高统一。这样就轻松地解决了当时对共产主义和社会主义争论中的矛盾。这位海尔曼·泽米希写道："在人道主义中一切关于名称的争论都解决了。为什么要分什么共产主义者、社会主义者呢？我们都是人。"④ 他认为只有赫斯创建了"真正的社会主义"的工作，才摆脱了最后的在他之外的力量，人重新恢复了自己的尊严，也就是人的解放。他认为满足人的需要、发展天资和对自己的爱，乃是生命的、自然的、合理的表现。因此，以对内在的人类本质的意识为基础的社会，才是理想的真正社会。

　　这种以激发人类"爱"的途径实现"真正的社会主义"的人

---

①　转引自《马克思恩格斯全集》第 3 卷，第 566 页。

②　海尔曼·泽米希：《共产主义、社会主义、人道主义》，转引自《马克思恩格斯全集》第 3 卷，第 541 页。

③　转引自《马克思恩格斯全集》第 3 卷，第 541 页。

④　同上书，第 550 页。

道主义思潮，不仅在理论上是错误的，而且在实践上和当时的德国无产阶级革命运动是背道而驰的。

（四）经济科学的进步及各种流派的出现

随着资本主义的迅速发展，资产阶级日益富裕，而工人阶级日益贫困化。各个阶级之间的斗争和对抗也日益剧烈。这种资本主义制度所产生的种种矛盾，反映到思想领域里，经济科学也和资本主义经济关系的发展一样，有很大的发展和进步。特别是以亚当·斯密和李嘉图为代表的古典经济学派，提出的劳动价值论是具有重要科学意义的。马克思曾说："根据'商品的相对价值完全取决于生产商品所需要的劳动量'这一原则建立起来的李嘉图的体系，创始于 1817 年。李嘉图是复辟时期以来在英国占统治地位的那个学派的领袖。李嘉图的学说严峻地总括了作为现代资产阶级典型的整个英国资产阶级的观点。"[①] 他又说："李嘉图引用亚当·斯密的话，他认为亚当·斯密'很精确地规定了一切交换价值最初的来源'。"[②] 这里所说的"交换价值的来源"，就是指劳动时间是一切交换价值的基础，这个学说对于政治经济学是极有意义的。所以，马克思认为李嘉图发展了亚当·斯密的价值论，是对现代经济生活的科学解释。这个评价表明英国资本主义发展最早，她的经济科学也发展得较快，而且作出了有科学价值的成果。所以马克思充分肯定了他们的科学功绩，并且继承和发展了他们的科学成果，完成了政治经济学的科学体系和剩余价值学说。

但是，随着资本主义的发展，社会的两极分化迅速发展，资产阶级内部的竞争和对立日益加深，无产阶级的逐步壮大和觉

① 《马克思恩格斯全集》第 4 卷，第 89 页。
② 同上书，第 90 页。

醒，促进了阶级斗争日益激烈，各种阶级和阶层之间的矛盾和对立日益尖锐化。这种对立性质表现得越明显，经济学家们，这些资产阶级生产的学术代表，就越和他们自己的理论发生分歧，于是形成了各种学派来维护、论证资本主义的合理性和永恒性。也有的为了反对当时的社会主义思潮而提出消除资本主义所带来的弊端的理论。关于当时出现的一些主要派别，马克思曾有过简要的概括，我们引用他的话来划分，可能更准确些。他说：

"宿命论的经济学家，在理论上对他们所谓的资产阶级生产的否定方面采取漠不关心的态度，……这个宿命论学派有古典派和浪漫派两种。古典派如亚当·斯密和李嘉图，他们代表着一个还在同封建社会的残余进行斗争、力图清洗经济关系上的封建残污、扩大生产力、使工商业具有新的规模的资产阶级。……浪漫派属于我们这个时代，这时资产阶级同无产阶级处于直接对立状态，贫困像财富那样大量生产。这时，经济学便以饱食的宿命论者的姿态出现，他们自命高尚，蔑视那些用劳动创造财富的活人机器。……而他们的漠不关心却已成为卖弄风情了。"① 马克思从哲学角度划分了当时的经济学的不同派别，宿命论者认为资本主义生产比封建社会好得多这是必然的、合理的和永恒的。他们认为无产阶级的苦难只是暂时的，偶然的。因为他们当时的使命，是证明资本主义比封建制度更便于财富的生产。

"其次是人道学派，这个学派对现时生产关系的坏的方面倒是放在心上的。为了不受良心的责备，这个学派想尽量缓和现有的对比，他们对无产者的苦难以及资产者之间的剧烈竞争表示真诚的痛心；他们劝工人安分守己，好好工作，少生孩子，他们建议资产阶级节制一下生产热情。……

---

① 《马克思恩格斯全集》第4卷，第156页。

"博爱学派是完善的人道学派。他们否认对抗的必然性，他们愿意把一切人都变成资产者；他们愿意实现理论，因为这种理论与实践不同而且本身不会包含对抗。"[①] 这些学派的出现，对于古典经济学来说，是一种庸俗化和倒退。他们对社会经济现象的研究，总是以分配关系为起点，而不是以生产关系为中心，一切经济关系的矛盾企图用分配的办法解决。因此这些派别，用华而不实的东西来掩饰资本主义的弊端，或假借人道之名来缓和无产阶级为争取本阶级利益而斗争的意志。这些古典经济学以后的学派，有意无意地和当时的哲学、空想社会主义的抽象人性论、人本主义、人道主义思潮彼此呼应而合流了。

马克思主义创始人认真研究了资产阶级经济学的各个学派，肯定并继承古典经济学派的价值学说及其他有益的思想，同时也分析批判了对古典经济学庸俗化的和其他错误的经济观点。

＊　　　　　　＊　　　　　　＊

总括起来看，19 世纪初期在欧洲和法国出现的形形色色的社会思潮，都和抽象人性论、人道主义思想有着密切的联系，幻想一种符合人性和发展人性的社会制度，企图用说服和祈求统治者、剥削者仁慈一些的办法实现其主观幻想。这虽然是受时代和阶级的限制，但是对当时正在蓬勃兴起的无产阶级革命运动是极大的思想阻力。马克思主义创始人看得很清楚，要想建立一种科学的无产阶级革命理论，首先必须从理论领域里清除各种各样的错误思想的障碍，必须揭露、批判形形色色的错误理论思想体系的本质，从而提高广大无产阶级的阶级觉悟，统一共产主义阵营的思想分歧，把共产主义运动引向正确的轨道。马克思和恩格斯

---

① 《马克思恩格斯全集》第 4 卷，第 156—157 页。

在 19 世纪 40 年代，集中力量批判了人本主义、人道主义思潮和唯心史观，同各种空想社会主义、空想共产主义在理论上划清界限。从而创建了科学的、辩证唯物主义历史观和科学共产主义的理论体系。这种科学理论的建立，也就使道德学说发生了变革，从而建立在辩证唯物主义社会历史观的科学的理论基础上，成为科学的道德学说。

二　马克思主义关于个人与社会的学说

（一）对抽象人性论和人道主义的批判

列宁曾指出：马克思的学说，"它绝不是离开世界文明发展大道而产生的偏狭顽固的学说。恰巧相反，马克思的全部天才正在于他回答了人类先进思想已经提出的种种问题。他的学说的产生正是哲学、政治经济学和社会主义的最伟大代表的学说的直接继续。"[①] 这里说明，科学的马克思主义继承了人类思想史上最优秀的科学成果，坚持并发展了哲学上的唯物主义传统；特别是 18 世纪以来的唯物主义自然观和辩证法的科学部分，促成了对社会现象和社会发展规律方面贯彻唯物主义思想的最大成果，即辩证唯物主义历史观。这在哲学和社会思想史上具有划时代意义。

资产阶级唯物主义者，对于人的产生和存在方面，用唯物主义自然观从神学的"上帝创造人"的宗教迷信中解放出来，把人看作"自然的产物，存在于自然之中，服从自然的法则"。[②] 从

---

① 《列宁全集》第 19 卷，第 1 页。

② 霍尔巴赫著：《自然的体系》上卷，管士滨译，商务印书馆 1964 年版，第 10 页。

自然观说来，这是唯物的和进步的。18 世纪的唯物主义自然观摧毁了神学的统治。但是，"人"不仅是一种自然界的存在物，而且主要是与一切动物有本质区别的、从事社会劳动生产的特殊生命。因此，对于人类生活于其中的国家、社会、个人之间的关系，以及人们的各种观念和心理现象的认识，不应该把人当作一个生物个体去考察、理解其一切活动；必须从社会生活内部，特别是从人们的社会物质生活内部去进行探索。当时资产阶级最先进的唯物主义者都没有正确地解决这一社会历史观的问题，需要马克思主义创始人给予回答。资产阶级古典经济学家亚当·斯密和李嘉图提出了著名的"劳动价值论"；但是他们只是看到商品与商品交换的物与物的关系，而没有看到商品与交换中的人与人之间的关系。如果说他们还谈到一些经济生活中有关人的问题，那也往往是从"人性"和人道主义观点出发为资本主义经济关系辩护。如亚当·斯密曾说："商业是人道的。"认为分工起源于人所特有的交换和交易的倾向，而这种倾向是人运用理性和语言的结果等等。[①] 就是说，他们看不到剥削与被剥削者之间的阶级关系的实质。而马克思则揭示出了剩余价值的剥削实质，发展了劳动价值论的学说，同时阐明了资本主义生产和交换中的人与人之间的剥削关系。在政治和社会革命的理论方面，马克思主义创始人，非常重视历史上各种空想社会主义者和空想共产主义者的思想，充分肯定了他们的有科学意义的观点。但同时，也发现了他们之所以成为空想，根源就在于他们的社会历史观，是建立在生物学上的个体的人的自然本性的基础上的；因此看不到人们的社会关系的本质。它们虽然看到了社会生活中阶级和阶级斗争的存在，但不能正确地理解，只是从主观愿望上仇视阶级斗争，害怕

---

① 《马克思恩格斯全集》第 42 卷，第 147 页。

阶级斗争，积极反对阶级斗争。企图用调和阶级矛盾的办法实现美好的社会理想，这显然是违反客观规律的空想。社会主义、共产主义制度是取代资本主义的必然趋势，但是，空想的社会主义者或共产主义者没能找到科学的理论和实践途径。当时的工人运动正急需一种科学的理论指导，因此，正确地解决无产阶级革命理论的问题，成为马克思主义创始人的迫切任务。

总而言之，马克思主义的三个组成部分，都是当时的现实社会生活和理论界已经提出的迫切问题，是当时的哲学和社会科学的先进思想体系，都没能从理论上作出科学的回答的重大问题。而三个方面的问题都集中在一个社会历史观的问题上，即对于个人、社会的本质以及二者的关系的根本看法上有错误。因此，马克思和恩格斯在 19 世纪 40 年代，对于个人与社会的问题，下了很大功夫进行研究和清理工作，才建立起辩证的唯物主义历史观。而唯物主义历史观的完成，才完备了马克思主义学说的严整思想体系。所以，对抽象的人性论和人道主义的批判，是唯物史观形成的关键性问题。

马克思和恩格斯在开始成为唯物主义者的时候，对于费尔巴哈是非常尊敬和崇拜的。这在他们的早期著作中，还可以看到费尔巴哈思想影响的痕迹。但到 1844 年末和 1845 年的著作，已经开始和费尔巴哈的人本主义彻底决裂，并从根本上揭露、批判了人本主义和人道主义思想体系的错误。马克思在《关于费尔巴哈的论纲》中，批判地说："费尔巴哈把宗教的本质归结为人的本质。但是，人的本质并不是单个人所固有的抽象物，实际上，它是一切社会关系的总和。费尔巴哈不是对这种现实的本质进行批判，所以他不得不：（1）撇开历史的进程，孤立地观察宗教感情，并假定出一种抽象的——孤立的——人类个体；（2）所以，他只能把人的本质理解为'类'，理解为一种内在的、无声的、把许多个人纯粹自然地联系起来的共同性。""所以费尔巴哈没有看到'宗教感情'本身是社会的产物，而他所分析的抽象的个人，实际上是属于一定的社会形式。"① 这里极为深刻地分析了人本主义的理论实质是抽象人性论，以及这种理论脱离历史实际的必然性。文章的后面明确指出了，人本主义把抽象的"人"和"人性"作为理论出发点，是旧唯物主义和辩证唯物主义、唯心史观和唯物史观的根本分歧点。并且揭示出分歧的原因说："直观的唯物主义，即不是把感性理解为实践活动的唯物主义，至多也只能做到对'市民社会'的单个人的直观。"② 所以旧唯物主义的立脚点是"市民"社会（即单个的人），新唯物主义的立脚点则是人类社会或社会化的人类。正是由于费尔巴哈的唯物主义的出发点不对头，因此引申出来的社会历史观，只能是唯心主义的。即人的意见支配历史，抽象的"人"和"人性"是衡量社会制度的尺度和说明历史发展的钥匙，以生物学上的、孤立的、个人的感觉和理性作为历史发展的动力。后来恩格斯总结德国古典哲学时进一步指出："因为费尔巴哈不能找到从他自己所极端憎恶的抽象王国通向活生生的现实世界的道路。他紧紧地抓住自然界和人；但是，在他那里，自然界和人都只是空话。……要从费尔巴哈的抽象的人转到现实的、活生生的人，就必须把这些人当作在历史中行动的人去研究。……对抽象的人的崇拜，即费尔巴哈的新宗教的核心，必须由现实的人及其历史发展的科学来代替。"③ 这里表明，马克思和恩格斯不仅指出了费尔巴哈的人本主义的错误及其根源，而且找到了纠正这种错误的科学方法。实

---

①　《马克思恩格斯全集》第 3 卷，第 5 页。

②　同上。

③　《马克思恩格斯全集》第 21 卷，第 334 页。

际上，马克思写《1844 年经济学—哲学手稿》和《神圣家族》的时候，即开始用研究现实的人及其历史活动的科学观点和方法，代替抽象的人的研究；从而和费尔巴哈的人本主义思想体系划清界限。

德国的人道主义思潮是从费尔巴哈的人本主义思想推演出来的，而且成为当时德国各种社会主义、共产主义派别的理论基础。他们对现实存在的社会制度的不满、批判和改革的着眼点，首先是从人道或道德的角度提出问题，以人类"爱"为其理论的核心。马克思和恩格斯在批判施蒂纳时指出："圣麦克斯① 在这里从他本人捏造的爱的国家中引申出共产主义，因此，这种共产主义完全是施蒂纳式的共产主义。圣桑乔所知道的或者就是利己主义，或者就是要求人们的爱、怜悯和施舍，二者必居其一。"② "真正的社会主义"者也是宣扬对人的普遍的爱，他们主张靠爱来解放全人类，而不是用经济上改革生产关系的办法解放无产阶级。一句话，他们"沉溺在令人厌恶的美文学和泛爱的空谈中了。它的典型代表是格律恩先生。"③ 这种"真正的社会主义"的泛爱论者，企图把法国和英国的社会主义、共产主义同德国的黑格尔、费尔巴哈的意识形态结合起来，始终一贯地把各个具体的一定的个人之间的关系，变为抽象的人的关系。而法国的资产阶级革命意志的表现，在他们心目中，只不过是意味着纯粹意志，即正当意志、真正人类意志的规律的表现。他们向工人阶级鼓吹代表人性的社会主义。这种社会主义自认为是坚持对于现实社会的真正要求，不是代表某一阶级的利益，而是代表普遍人性

---

　　① 麦克斯：施蒂纳是约翰·卡斯贝尔·施米特的笔名，马克思、恩格斯讽刺他，给他在名字前加一圣字，称他为圣麦克斯或圣桑乔。

　　② 《马克思恩格斯全集》第 3 卷，第 230 页。

　　③ 《马克思恩格斯全集》第 21 卷，第 314 页。

的利益。实际上，这种普遍人性根本不存在于现实社会里，而只能存在于哲学冥想的渺茫太虚之中。这种理论对当时的工人运动是极为有害的。所以恩格斯曾非常尖锐地批评把社会主义归结为人道主义的人时说："现在也还有这样一些人，他们从'不偏不倚的'高高在上的观点向工人鼓吹一种凌驾于工人的阶级利益和阶级斗争之上、企图把两个互相斗争的阶级的利益调和于更高的人道之中的社会主义，这些人如果不是还需要多多学习的新手，就是工人的最凶恶的敌人，披着羊皮的豺狼。"① "真正的社会主义"者认为外国的共产主义文献不是一定的现实运动的表现和产物，而纯粹是一些理论著作，这些著作是从纯粹思想中产生的。他们不理解这些著作是以一定的社会物质生活条件为基础的，因而他们在人道主义思想体系的指导下推论出的一系列的观点都是不正确的。

以人道主义思想为核心所构成的历史观，大致可以概括为以下几个基本观点：(1) 以抽象的自然生成的人和人性为理论出发点，由此推论出个人是历史的起点和归宿。(2) 人道和人性是指导一切人类行为和衡量一切社会事物的根本原则和尺度。(3) 由上述两点引申出社会是个人的集合体，个人是社会的基础，个人是目的，社会是手段；因而充分的民主和自由是人的自然权利。(4) 人类爱是人的本性，是一切社会联系的纽带，因而反对阶级观点、阶级斗争、暴力革命和无产阶级专政。(5) 以人性或自我的完善、自我实现为人生目的。以上几点，第一点是最根本的。

资产阶级人道主义在资产阶级反对封建社会蔑视人的时期，目的在于争取"应该把人当人来看待"。对于封建统治的专横暴虐和等级压迫的制度，是一种极大的冲击，对推动社会的发展和

---

① 《马克思恩格斯全集》第 22 卷，第 316 页。

进步起了积极作用。但是，当资产阶级掌握政权之后，资本主义的发展和剥削，迫使被剥削的劳动者组织起来进行反抗的时候，那末人道主义的宣传就起了相反的作用。所以，当时马克思主义创始人批判了形形色色的人道主义派别，同时，正面阐明了辩证唯物主义历史观的基本原理，揭示了个人与社会的本质以及两者的相互辩证关系。

（二）人与社会的诞生

人类是一种自然界的存在物这是不必讳言的。问题在于究竟人类和动物的本质区别在哪里？它是怎样区别开来的？是由人的祖先自身的长期活动而进化为人的，还是和其他动物一样是自然生成的？简单地说就是：人类和社会是怎样诞生的？这个问题，在马克思主义出现以前的哲学和社会思想史上，是长期有争议而未能得到解决的问题。神学家说，人是由上帝创造的，所以用神的意旨来解释人类社会的历史。人性论者说，人类是自然生成的，所以用人的本性（即人的生理和心理机能）来说明人类社会及其历史。马克思和恩格斯在前人科学成果的基础上，研究了人类生产活动的历史和人类学，发现了人类是由一种古猿从劳动生产活动开始和其他动物区别开来的。他们肯定了人类不是神创造的，也不是自然生成的，而是长期的劳动生产的历史产物。这种劳动创造人类自身的观点，马克思在《1844年经济学—哲学手稿》中，已经反映出来："五官感觉的形成是以往全部世界历史的产物。"[①] "整个所谓世界历史不外是人通过人的劳动而诞生的过程。"[②] 这里说明，人的肉体感官是由人的长期劳动生产活动逐渐形成的。也就是马克思主义的最著名的唯物主义历史观的观

----

① 《马克思恩格斯全集》第42卷，第126页。
② 同上书，第13页。

点：人在改造自然的过程中也在改造自己。后来，马克思在《资本论》中进一步阐明这一观点说："人自身作为一种自然力与自然物质相对立。为了在对自身生活有用的形式上占有自然物质，人就使他身上的自然力——臂与腿、头与手运动起来。当他通过这种运动作用于他身外的自然并改变自然时，也就同时改变他自身的自然。他使自身的自然中沉睡着的潜力发挥出来，并且使这种力的活动受他自己控制。"① 恩格斯从人类社会发展史上作了详细的研究，描述了古猿在劳动过程中促进了头脑和手的发展；同时，劳动生产必须在社会集体中进行，从而需要彼此交换意见，于是动物的发音器官变成了人的语言器官；而语言和意识是同时产生的。所以意识是由于人与人相互交往的需要用语言形式产生出来的，因此它一开始就是社会的产物。由此可见，过去资产阶级学者认为，有意识、有欲望、有理性等特征是人和动物区别的标志的看法，是不能说明人类和动物的本质区别的，而"意识"本身并不是自然生成的。恩格斯曾明确地指出："动物仅仅利用外部的自然界，单纯地以自己的存在来使自然界改变；而人则通过他所作出的改变来使自然界为自己的目的服务，来支配自然界。这便是人同其他动物的最后的本质的区别，而造成这一区别的还是劳动。"② 所以在某种意义上说，"劳动创造了人"。

正是由于人类和其他动物的本质区别，所以就不能把动物界的规律简单地搬到人类社会中来。然而，资产阶级人性论者正是把动物界的规律（生理需要支配活动）简单地搬到了人类社会中来，因而认为个人不是历史的结果，而是历史的起点。这正是唯心史观和唯物史观相对立的根本点。人的肉体需要、思想意识、

---

① 《马克思恩格斯全集》第 23 卷，第 202 页。
② 《马克思恩格斯全集》第 20 卷，第 518 页。

心理欲望等，都是在劳动过程所形成的社会关系中产生和发展起来的。所以马克思说，人类是最名副其实的社会动物，是只有在社会集体中才能独立的动物。孤立的一个人在社会之外进行生产，就像许多人不在一起生活和交谈而竟有语言发生一样是不可思议的。因此，马克思把人的本质概括为一切社会关系的总和。关于人的本质的这一高度的科学抽象，便彻底揭示了人的现实性和实践性，以及社会的本质及其与个人的辩证关系。从而科学地解决了有史以来从未解决的关于个人与社会的理论问题。

马克思主义认为人类与社会是同时诞生的，人是在社会劳动中形成的；社会是在许多人的合作劳动生产中产生的，社会是人们交互作用的产物，是许多人的合作，而不是独立的个人集合体。因为真正的劳动生产，是在分工协作（从最简单的协作开始）的社会集体中进行的，这种分工协作的劳动集体，便形成一定生产关系的社会。随着生产力的不断发展，人与人之间在生产活动中所形成的生产关系，决定着其他一切社会关系和个人的生活状况；而个人在社会生活实践中的作用，即改造自然的斗争和阶级社会中的阶级斗争，推动着社会不断向前发展。

（三）个人与社会的相互关系

对于个人与社会的关系的理解，是同对人和社会本质的理解密切相连的。资产阶级哲学家和社会学家，都是把个人看作有意识、有情欲、有理性的生物个体，而社会就是这样一些个人的集合体。这种个人的集合体是由个人有意识地订立契约而形成的。这就是资产阶级的社会契约论。个人与社会的关系，在他们看来，是目的与手段的关系，个人是目的，社会是满足个人目的的手段。换句话说，利益是人们结成社会的纽带，所以个人与社会之间没有什么必然的内在联系。如果说有联系的话，那只是人们为了保证和平、安全的生活而相互订立的契约关系。个人是社会的主体和基础，社会是保障个人权利和需要的手段。我们把这种看法叫做个人主义的社会观，它贯彻到道德学说里，也就必然是以个人利益为基础的个人主义或利己主义道德观。

马克思主义创始人是在揭示了个人与社会的本质的基础上，同时科学地解决了个人与社会的相互关系。人类的特殊活动是劳动生产，而孤立的个人是无法进行劳动生产的，必须在人们的合作关系中进行生产。在劳动中人与人之间结成的合作关系，便是一定的生产关系；在一定的生产关系的基础上建立起一定的社会制度而形成一定的社会形态。所以个人与社会之间的关系是一种社会内在的有机联系。个人就生活在这种一定的社会形态之中，而社会形态中的生产关系决定着个人的生活命运。所以，马克思主义创始人说："个人怎样表现自己的生活，他们自己也就怎样。因此，他们是什么样的，这同他们的生产是一致的——既和他们生产什么一致，又和他们怎样生产一致。因而，个人是什么样的，这取决于他们进行生产的物质条件。"① 这就是说，个人和社会相比较，社会起主导的决定的作用。所以研究人类历史，必须始终和生产、交换的历史联系起来探讨，把人们的生产活动和社会关系作为自己研究的对象，从而也就是研究真正的个人。因为一切社会关系都是由个人的生产活动所构成的。马克思在《资本论》第一版序言中指出："这里涉及到的人，只是经济范畴的人格化，是一定的阶级关系和利益的负担者。……不管个人在主观上怎样超脱各种关系，他在社会意义上总是这些关系的产物。"② 因此，马克思关于"人的本质是一切社会关系的总和"

---

① 《马克思恩格斯全集》第 3 卷，第 24 页。
② 《资本论》见《马克思恩格斯全集》第 23 卷，第 12 页。

的论断，是在广泛的科学研究的基础上得出的必然结论。人类的发展，是人们在改造自然界的同时改造人类自身的前进过程。所以马克思主义者认为，没有什么天生的普遍的固定不变的抽象人性，人所具有的不同于动物的特性（意识和欲望等），是随着人的本质——社会关系的变革而不断变化的。因此，这种人性是具体的。抽象的东西只能在具体的东西中表现出来。

个人是一定的社会关系的体现，是在社会实践中产生和发展的；同时，社会又是个人在劳动生产活动中彼此相互交往和相互作用的产物。但是，社会是决定性因素。马克思 1846 年给安年柯夫的信中说："社会——不管其形式如何——究竟是什么呢？是人们交互作用的产物。人们能否自由选择某一社会形式呢？决不能。在人们的生产力发展的一定状况下，就会有一定的交换和消费形式。在生产、交换和消费发展的一定阶段上，就会有一定的社会制度、一定的家庭、等级或阶级组织，一句话，就会有一定的市民社会。有一定的市民社会，就会有不过是市民社会的正式表现的一定的政治国家。"[①] 这里说明，社会是由个人在共同进行生产活动中相互作用的结果，所以个人不能自由选择社会形态。因为社会形态是由一定的生产力所形成的生产关系决定的，是不以人的意志为转移的。一定的生产关系会形成与之相适应的一切社会关系的总和（包括政治法律关系、家庭关系、道德关系等等）以及上层建筑和意识形态。个人只能在这些关系中进行社会生活和生产活动，从而促进生产力的发展，生产力的发展必然推动社会关系的变化。这种个人与社会结构及其发展之间的关系，都是客观的具有规律性的内在联系。

个人在社会中具有能动的、创造性的作用；但作用又必须在

---

① 《马克思恩格斯全集》第 27 卷，第 477 页。

一定的客观的社会物质条件下实现，所以个人总是社会存在物。个人在集体活动中表现为社会的活动，而且个人单独活动时也是社会的活动。马克思曾指出："当我从事科学之类的活动，即从事一种我只是在很少情况下才能同别人直接交往的活动的时候，我也是社会的，因为我是作为人活动的。不仅我的活动所需的材料，甚至思想家用来进行活动的语言本身，都是作为社会的产品给予我的，而且我本身的存在就是社会的活动；因此，我从自身所做出的东西，是我从自身为社会做出的，并且意识到我自己是社会的存在物。"① 这里说明，社会不是一种抽象的和个人相对立的东西，社会是具体的现实的，它的内容就存在于个人的存在和一切活动关系之中。

在阶级社会里，由于私有制造成的经济关系把人们分裂为利益对立的阶级关系。每个人的生活条件和命运为阶级所决定，个人的活动和意识受着阶级利益的制约，所以他们是作为阶级的成员参与社会关系的。阶级的利益和个人的命运是紧密相连的，所以为了维护阶级的共同利益，需要反对阶级的剥削和压迫而进行斗争；在社会关系中占统治地位的剥削和统治阶级，为了巩固和发展既得的阶级利益而运用统治工具压榨被统治阶级。因此，阶级社会里的阶级对立和斗争是由私有制所形成的经济关系所决定的，是不以人的主观意志为转移的客观事实。而且阶级社会的发展就是在这种阶级斗争中前进的。因此，在阶级社会里，个人与社会之间的关系表现为个人与阶级、阶级与阶级之间的关系。在经济上占统治地位的阶级，在政治上也占统治地位，所以体现一定经济关系的国家，只是代表统治阶级的意志。由此便形成一种社会和国家的利益，同广大被统治阶级的利益无关或是相互矛盾

---

① 《马克思恩格斯全集》第 42 卷，第 122 页。

的。在资本主义经济制度下形成的自由竞争，使每个人与他人的关系，经常处于相互分离和对立的关系中，个人只顾自己的利益而不关心别人的死活。由个人表现出来的把个人幸福建筑在别人苦难基础上的自私自利的特性，正是资本主义经济关系的自由竞争的本质。由此看来，资产阶级学者总是把个人与社会之间的关系，当作外在的关系对立起来，只是看到了表面的两个孤立的事物之间的矛盾，而看不到个人与社会的本质上的内在联系；所以只好用"效用"的观点把彼此联结在一起。

马克思主义者认为，个人与社会之间的关系，无论在任何社会形态里表现的形式如何，它们本质上的相互依存关系是不变的。个人体现出一定的社会性质，而社会的一定经济关系决定着和制约着个人的生活和精神面貌。但是，这并不否定个人对社会历史的能动作用，以及个人意识的多样性存在。

（四）个人意识与社会意识

人类社会的发展进程是有一定规律的，它表现为人们自己创造人类的历史，即通过一定社会物质生活条件所决定的社会意识，在无数个人的意志活动中表现出来。恩格斯曾有一种很形象的描述，他说："历史是这样创造的：最终的结果总是从许多单个的意志的相互冲突中产生出来的，而其中每一个意志，又是由于许多特殊的生活条件，才成为它所成为的那样。这样就有无数互相交错的力量，有无数个力的平行四边形，而由此产生出一个总的结果，……这个结果又可以看作一个作为整体的、不自觉地和不自主地起着作用的力量的产物。因为任何一个人的愿望都会受到任何另一个人的妨碍，而最后出现的结果就是谁都没有希望过的事物。……但是，各个人的意志……虽然都达不到自己的愿望，而是融合为一个总的平均数，一个总的合力，然而从这一事实中绝不应作出结论说，这些意志等于零。相反地，每个意志都对合力有所贡献，因而是包括在这个合力里面的。"① 这里说明两个重要问题：一是说明个人在创造历史中是有作用的；二是说明个人对于创造历史的作用是通过个人意识的意志活动表现出来的。当然，这种个人创造历史的活动，是在一定的经济关系的前提和其他社会条件下进行的，是服从社会发展的根本规律的。所谓其他社会条件，就是指的社会上层建筑和社会意识，就是说，个人的意志活动是受着社会意识指导的活动。

个人意识是由个人的物质生活条件、社会地位、生活环境、所受教育和思想影响等因素的综合而形成的。每一个人的生活条件、生活环境以及所受教育与思想影响不同，便形成每一个人的意识的特殊性，也就是个人意识的个性。但是这种个人意识的个性，又是和个人生活于其中的社会关系、社会意识有着相互作用的关系。生活在相同的物质生活条件和社会地位的人们，他们的利益和愿望也会是相同的，他们的个人意识在大的原则方面会有共同性，这种共同性经过总结提炼而形成一定的有系统的原则和理论，便形成一定时代的阶级意识和社会意识。这种社会意识表现为社会生活的各个领域里的社会意识形态（政治的、法律的、道德的、文艺的等），从而又影响和指导着个人意识和行动。例如，在资本主义制度下，工人们的生活条件和社会地位是相同的，都是丧失了生产资料的靠出卖自己劳动力的无产者，都是受资本家剥削的雇佣劳动者，他们有着反对剥削和反对阶级压迫的共同意愿和共同利益。这种共同利益和共同意愿便形成无产者的共同意识。即无产阶级的阶级意识，也就是资本主义社会的一种社会意识。资产阶级的阶级意识也同样是由资本家们的共同利益、共同意愿构成的，这便是资本主义社会的另一种社会意识的

---

① 《马克思恩格斯全集》第 37 卷，第 461 页。

表现。同时，社会意识反转来又哺育、指导个人意识的成长。由此可知，个人意识和社会意识之间存在有互相依存、互相作用和转化的辩证统一关系。

但是，社会意识并不是个人意识的相加之和，也不是某些单纯的阶级意识，而是一定时代的社会经济关系及其所决定的政治制度、民族文化传统的全面反映。它既包括各种社会意识形态（政治、法律、道德、宗教、哲学、艺术等），也包括社会心理和长期形成的民族精神文化。当然，在这些成分中，社会意识形态占有主导地位。在阶级社会里，社会意识形成带有阶级性，社会心理同样也会打上阶级的烙印。因为社会意识形态是一定社会关系的反映，它是人们根据社会关系的需要自觉地活动的产物，它需要有一定的观点、概念、原则和思想构成，形成严整的思想体系。所以当社会关系划分为阶级关系的时代，反映在社会意识形态上也有阶级性。

社会意识形态是社会意识的主要组成部分，它需要通过个人意识和个人实践表现出来。例如道德这一社会意识形态，是一定社会经济关系的反映，是由一定社会制度对社会成员个人所规定的道德义务。但是，要实现这种道德义务，还必须把社会道德准则和规范转化为个人的道德意识和实践才能完成。同时，在同一种道德准则指导下，每一个人的道德认识、情感、意志和行动的表现，却因各个人的生活条件、个人禀赋、性格、文化水平和所受周围环境的影响不同，而展现出个人道德风格的多样性，也就是道德个性的多样化。从另一方面看，在即将崩溃的社会制度中，一个新兴阶级的成员们，会根据个人的物质生活条件和精神生活的需要，而冲破旧的社会道德意识的束缚，表现出一种新的道德观念和实践。这种个人的道德观念和实践，开始可能被旧道德舆论视为"恶"而加以谴责，但随着新兴经济关系的发展和新兴阶级的壮大，许多个人的道德观念和实践的共同性，便会发展提高而形成为整个新兴阶级的道德意识，也就是新的社会道德意识。就是说，新的社会道德意识，也是从许许多多个人的道德意识和实践的共性中总结概括出来的。所以，个人与社会的辩证关系，表现在个人意识和社会意识的关系上，也是相互依存、相互作用和相互转化的辩证关系。

社会意识转化为个人意识和实践，是一个复杂的认识和实践过程，通过许许多多个人的实践便产生个人和人民群众对社会历史的作用。尽管许多个人的愿望和意志之间是会互相矛盾或冲突的，但是，这样就会产生一种由各种错综复杂的力量形成的总的合力，从而对社会发展发生作用。每一个人的意愿和行动都不可能完全达到，然而它们都会对总的合力有所贡献。不过有些个人的意愿和行动会对社会进步力量起抵消作用，这种抵消作用也必然包括在人们创造历史活动的总的合力之中。因此，社会历史的发展，总是在各种个人意识所支配的社会实践的彼此冲突和斗争过程中前进的。这就是人民群众通过生产斗争和阶级斗争而创造社会历史的过程。因为个人的意志和行动离开社会的需要和人民群众的意愿和实践是不可能起任何作用的。

三　唯物史观与道德学说的科学化

（一）唯物史观是科学的世界观

马克思和恩格斯揭示了个人与社会的本质及二者的辩证关系之后，随即创建了唯物主义历史观。而唯物主义历史观的建立，便找到了研究人类社会存在和社会意识的科学方法，从而发现了人类社会发展的真正原因和规律性。恩格斯曾兴奋地宣布："现在，唯心主义从它的最后避难所中，从历史观中被驱逐出来了，唯物主义历史观被提出来了，用人们的存在说明他们的意识而不是像以往那样用人们的意识说明他们的存在这样一条道路已经找到了。"① 马克思主义的历史观，帮助无产阶级建立起科学的世界观，它告诉人们，一切社会意识形态如政治、法律、道德和哲学等等，归根到底都是从人们的物质生活条件、从人们的生产和产品交换方式的需要中引申出来的。从此，唯物史观为人类的精神生产开辟了一个新的时代。

唯物主义历史观和唯心主义历史观不同，它不是在每个历史时代中寻找某种范畴，而是始终站在现实的历史事实的基础上；不是从观念出发来解释人们的实践，而是从人们的物质生活实践出发来解释观念的东西。唯物主义历史观不仅肯定了社会意识是社会存在的反映，而且找出了考察社会历史的科学观点和方法，指出了对各种社会形态的产生、发展和衰亡过程进行全面而周密研究的途径。它考察一切矛盾趋势的总和，并把这种趋势归结为社会各阶级的生活和生产条件，从而揭示出社会生产力是一切生产关系和各种思想变化的最后根源。这样就给人们提出了一条研究人类社会历史发展的科学道路，使人们在研究人类社会意识的发生、发展及其社会作用时，就有了明确的方向和线索。

关于社会意识的产生，马克思主义创始人是这样说的："思想、观念、意识的产生，最初是直接与人们的物质活动，与人们的物质交往，与现实生活的语言交织在一起的。观念思维、人们的精神交往在这里还是人们物质关系的直接产物。表现在某一民族的政治、法律、道德、宗教、形而上学等的语言中的精神生产也是这样。……意识在任何时候都只能是被意识到了的存在，而

---

① 《马克思恩格斯全集》第 19 卷，第 226 页。

人们的存在就是他们的实际生活过程。"①

　　道德和法的观念的产生也是如此，在原始社会里，生产力还只能维持公有制的社会关系，产品分配还是绝对平均主义的原则，所以没有"你的"、"我的"这种私有制的观念。在原始公有制的基础上，人与人之间没有利害冲突，所以团结、互助的精神便是最早的道德习惯。当生产力提高到了有了剩余产品的时候，便产生了私有财产，而私有财产要传递给后代，便发生了私有观念和私人子女的继承遗产的观念，由此又产生了生产、交换和分配上的问题，即在社会实践中逐步形成在生产、分配和产品交换方面的习惯，后来便发展成为成文法。恩格斯曾提出："在社会发展某个很早的阶段，产生了这样的一种需要：把每天重复着的生产、分配和交换产品的行为用一个共同规则概括起来，设法使个人服从生产和交换的一般条件。这个规则首先表现为习惯，后来便成了法律。"② 这种习惯中也包括有道德的习惯。因为道德习惯的形成首先也是从生产活动和分配产品开始的。随着社会物质生活条件和经济关系的发展，人们的道德观念和习惯也会随之变化。《共产党宣言》中曾写道："人们的观念、观点和概念，一句话，人们的意识，随着人们的生活条件、人们的社会关系、人们的社会存在的改变而改变，这难道需要经过深思才能了解吗？"③的确，从人们的道德观念来看，封建社会的道德观念和资本主义社会的道德观念完全不同，它们所以不同，就是由于对资本主义社会而言，封建社会的经济关系和人们的生活条件发生了变革，因而人们的道德观念和道德准则也就发生了变化。

---

① 《马克思恩格斯全集》第 18 卷，第 309 页。
② 同上。
③ 《马克思恩格斯全集》第 1 卷，第 270 页。

　　唯物主义历史观不仅能够指导人们用科学的方法考察一切社会历史现象，作出科学的解释；更重要的是它揭示了社会发展的客观规律的奥秘，使人们能够在认识社会发展规律的基础上，自觉、自主地进行社会活动，从而消除那些不适时的、不利于现实社会发展需要的陈腐现象和制度，积极地推动社会发展。同时，对于社会意识和人们精神生产的研究，从此引入科学的轨道。

　　（二）社会意识的能动作用和相对独立性

　　机械决定论者和习惯于形而上学思想方法的人，不能正确地理解社会存在和社会意识之间的相互关系，他们不是把经济决定社会意识当作僵死的宿命论，就是把反映论理解为镜子映照客观事物那样消极的静止的反映，社会意识和上层建筑对于社会物质生活没有任何作用。这些理解都是不符合马克思主义唯物史观的。恩格斯在1890年给布洛赫的信中曾批评了这种看法，他说："如果有人在这里加以歪曲，说经济因素是惟一决定性的因素，那么他就是把这个命题变成毫无内容的、抽象的、荒诞无稽的空话。经济状况是基础，但是对历史斗争的进程发生影响并且在许多情况下主要是决定着这一斗争形式的，还有上层建筑的各种因素：阶级斗争的各种政治形式和这个斗争的成果——由胜利了的阶级在获胜以后建立的宪法等等，各种法权形式以及所有这些实际斗争在参加者头脑中的反映，政治的、法律的和哲学的理论，宗教的观点以及它们向教义体系的进一步发展。这里表现出这一切因素间的交互作用，而在这种交互作用中归根到底是经济运动作为必然的东西通过无穷无尽的偶然事件（……）向前发展。"[①]这里批评了那些把经济关系的因素当作惟一的决定性因素的看法，同时阐明了社会意识形态和上层建筑对经济基础的能动作

---

　　① 《马克思恩格斯全集》第37卷，第460—461页。

用。甚至上层建筑对于历史发展的进程和斗争形式有着决定性作用。而且社会意识和上层建筑彼此之间也有着交互作用，不过，只是在经济关系的前提下的交互作用。实际上，上层建筑和社会意识同样有能动地影响历史发展的作用；不过只是作用的大小和性质有所不同而已。用恩格斯的话来说，就是经济基础决定上层建筑和社会意识的作用是第一性的，上层建筑和社会意识对于经济基础的反作用是第二性的。这样来说明两者在作用性质上的区别就十分清楚了。

这种第一性和第二性的关系，第二性的反作用有多大，这在实际生活中是非常复杂的。有时在一定时间、一定事件上，社会意识和上层建筑的反作用，也可以显示出决定性作用。例如，各个社会主义国家的政治路线不完全相同，它们的经济状况和某些具体的生产关系也就不完全相同。即使在一个国家之内，由于政治路线和思想路线发生偏差，也会在经济上造成极大损失，影响或决定经济发展的进程。这个"决定"性的作用，并不是那个"第一性"的含义，而是就某一具体事件的责任来说，思想、理论和政治路线具有决定性的责任。问题是实事求是地按照客观规律认识社会现实，即使在理论上不承认在某些具体事件上，社会意识和政策路线有巨大的反作用，但在生活实践中，思想路线和政治路线如果发生了偏差，照样会在经济上造成不可弥补的损失，从而影响社会发展的进展和面貌。因此，正是实事求是地认清社会意识与上层建筑同经济基础之间交互作用的复杂辩证关系，对于社会意识和上层建筑方面的问题，才会更严肃、更慎重地对待。恩格斯指出："经济运动会替自己开辟道路，但是它必定要经受它自己所造成的并具有相对独立性的政治运动的反作用。"① 而这种

---

① 《马克思恩格斯全集》第37卷，第487页。

反作用可以是积极地促进经济运动的发展，也可以是消极地阻碍、破坏经济发展的作用。这种反作用表明，社会意识和上层建筑有相对独立性，即它们除去社会经济基础的制约作用之外，还有自己的相对独立的发展过程。

社会意识及其各种形态的相对独立性，表现在有自己相对独立发展的前提，即它们的先驱者给它们留下的思想资料，而经济发展只是最终的决定社会意识发展方式和思想资料改变的方向。正是因为思想意识有相对独立性，所以，意识形态和上层建筑领域里的斗争就成为阶级斗争的重要组成部分。在经济关系发生变革之后，旧的意识形态和有关心理状况，并不会立即消失，而且还会同维护新经济关系的社会意识及各种意识形态进行斗争。所以在一种社会制度正式建立之前和最初建立之时，在社会意识形态领域里，总会有一场相当激烈的思想斗争，有时这种斗争会延续很长时间，形成一种经济运动和社会意识形态追求相对独立性之间的相互斗争，直至社会意识及其各个形态逐步完全适应经济运动的需要为止。

历史上每一个企图代替旧统治阶级地位的新兴阶级，总是把自己的阶级利益说成是全体社会成员的共同利益，也就是赋予自己阶级的思想以普遍形式，并描绘成惟一合理的具有普遍意义的思想。这是由于在一个新兴社会制度出现的时候，在反对旧的阶级统治问题上，被统治的各个阶级有一致的利益。但是随着社会的发展，新的统治阶级与被统治阶级的利益冲突会明朗化、尖锐化，甚至统治阶级内部各个阶层之间的利益冲突也会显示出来；表现在社会意识上的阶级性就会鲜明起来。从历史的发展来看，随着统治阶级的更替形成不同性质的社会形态，从而产生与新社会形态相适应的社会意识，即形成不同时代的不同思想面貌；这是社会意识的时代性，也是社会意识阶级性的一种表现。

每一个时代的被统治阶级发展到一定阶段，必然会产生维护自己阶级利益的思想和道德观念。恩格斯曾指出："如果我们看到，现代社会的三个阶级即封建贵族、资产阶级和无产阶级都各有自己的特殊的道德，那末我们由此只能得出这样的结论：人们自觉地或不自觉地，归根到底总是从他们阶级地位所依据的实际关系中——从他们进行生产和交换的经济关系中，吸取自己的道德观念。"① 这里说明道德这一社会意识形态的阶级性是由一定的阶级地位及其经济关系决定的，被统治阶级的道德观念是和统治阶级的道德对立地存在着的。因此，在阶级社会里，绝大多数的意识形态是为一定的阶级利益服务的，都具有一定的阶级性。因此，在考察社会意识问题时，必须和它们所处的时代特点及其物质生活条件联系起来研究，才能把唯心主义的幽灵从社会历史观的领域里驱逐出去，彻底揭示出社会意识形态的根源、本质及其发展的规律性。这在哲学思想史上是一次划时代的革命；从而也使社会意识形态的各个学科发生了科学化的变革。

（三）道德学说上的革命变革

随着社会经济关系的发展，资产阶级思想家把道德学说从神学的控制下解放出来，到现实的世俗生活中的人本身去寻求道德的根源和本质，这是一次划时代的革命变革；从而促进了道德理论发展的进程。但是资产阶级的道德学说是建立在抽象的人性论的理论基础上，所以仍然是不科学的。

马克思主义唯物史观的发现，使道德学说从抽象人性论的束缚下解放了出来，从人们的社会物质生活条件，即社会经济关系中揭示出了道德的根源和本质，这是道德学说史上又一次的革命

---

① 《马克思恩格斯全集》第20卷，第102页。

变革，是彻底唯物主义的变革。从而使道德学说建立在真正的科学理论基础之上，使道德学说走上科学化的大道。

马克思主义道德学说在道德学说史上进行的变革，主要表现在以下的问题上：

1. 从人类生活的社会关系出发代替了从自然人性出发。18世纪和19世纪资产阶级唯物主义哲学家，在道德学说上的出发点都是以人作为一个自然存在物的本性。在他们看来，人是自然界的一部分，应该像对待自然界的其他事物一样，去研究人的自然的"真实"的面目和人们的自然本性。霍尔巴赫在他的《自然的体系》一书的序言中说："这部书的目的就是引人重新回到自然，把宝贵的理性归还给他，让他珍爱美德。"① 他认为"人是自然的产物，存在于自然之中，服从自然的法则，不能超越自然，就是在思维中也不能走出自然；……我们的一切观念、意欲、活动，都是这个自然所赋予我们的本质和特性的必然产物，也是自然强迫我们通过并且加以改善的那些环境的必然结果。"② 所以他强调道德学应该建立在人性上。卢梭认为良心是人的神圣本能，它使人和神相似，它是人这个生物的可靠的导师，是使人高于禽兽的原因，是善恶的万无一失的裁判者等等。说明他也是从人的自然本能出发来研究道德这一社会现象的。费尔巴哈研究社会现象和道德的出发点仍然是自然人的本性。他从人区别于动物的"类"意识出发，认为构成真正的人类的东西就是理性、意志、心情。"一个完善的人，是具有思维的能力、意志的能力和心情的能力的。思维的能力是认识的光芒，意志的能力是性格的力量，心情的能力就是爱。理性、爱和意志力是完善的品质，是

---

① 《自然的体系》上卷，商务印书馆1964年中译本，第7页。
② 同上书，第10、11页。

最高的能力，是人之所以为人的绝对本质，以及人的存在目的。"① 在他看来人的存在，是为了认识，为了爱，为了希望。也就是为了做一个自由的人。实质上，费尔巴哈的道德观只是由抽象的自然人性中引申出来的"爱"；他不知道"恶"是什么，所以恩格斯说他的道德观比黑格尔贫乏得多。

总之，资产阶级的许多哲学家把人放在自然观的范围内，他们是唯物的，对于人类社会生活的一切现象，都从"人"作为一种自然个体出发去探寻它的特性，自然就会找到区别于动物的心理特征——意识。意识便成为构成支配社会历史发展的根本力量，即人的主观意识支配历史。道德的判断和评价自然也就是由人的本性所决定。因此，他们的道德学说都是建立在以"人"的自然本性为核心的唯心史观的理论基础上。由此产生的一系列的主要道德理论问题都是不科学的。

马克思主义道德学说以唯物史观代替了唯心史观的理论基础，关键的问题就是以社会关系为出发点代替了抽象的自然人性。马克思主义认为道德是一种调整社会关系的社会现象，应该以研究社会物质生活条件和社会关系为出发点，从而分析考察社会结构、社会关系的本质是什么，人与人之间的关系、个人与社会之间的关系的实质和道德准则的本质是什么。因而马克思主义道德学说是把社会作为一个物质实体，一切社会生活中的现象（物质现象和精神现象）都应该从这个社会实体内部去剖析，才能找出符合社会生活规律的社会现象的实质。马克思主义者认为，人虽然是自然界的一部分，但是由于他的生活方式使他脱离了动物界，创造了自己的特殊生活规律，因此，人区别于动物的

---

① 《基督教的本质》，见《十八世纪末——十九世纪初德国哲学》，商务印书馆1975年中译本，第545页。

最本质的东西，不是人的生理和心理机能等自然属性，而是人的社会性。马克思关于"人的本质并不是单个人所固有的抽象物，实际上，它是一切社会关系的总和"的论断，正是对于费尔巴哈把抽象人性作为考察社会问题的出发点的批判和纠正。所以，马克思最后作出结论说："直观的唯物主义，即不是把感性理解为实践活动的唯物主义，至多也只能做到对'市民社会'的单个人的直观。"① 也就是说，那些直观的唯物主义者的立脚点是资产阶级社会的"单个人"，而马克思主义的辩证唯物主义则以人类社会为立脚点。这样在立脚点或出发点上的改造，使唯物主义彻底贯彻到社会领域里；从而使道德学说的理论基础由唯物史观代替了唯心史观。

2. 道德学说在研究方法上的变革。由于出发点不同，研究方法也就不同。直观的旧唯物主义者的出发点是人的自然本性，也就是从研究人的生理机能和心理活动开始研究人的道德意识和行为。所以他们强调要用自然科学的观点、方法研究道德问题。他们认为人是一个纯粹肉体的东西，这个肉体的机体所感受的各种运动或行为方式，都是物理性的。所以霍尔巴赫说："人在他的一切探究中，应当乞援于物理学和经验：在人的宗教、道德、立法、政治、科学、艺术、快乐和痛苦之中，人应该求教的也正是物理学和经验。"② 爱尔维修同样也主张用物理学的方法研究道德，他在《论精神》一书中写道："我曾经认为，我们应当像研究其他各种科学一样来研究道德学，应当像建立一种实验物理学一样来建立一种道德学。"③ 他们所说的物理学的方法，就是

---

① 《马克思恩格斯全集》第3卷，第5页。
② 《自然的体系》上卷，第13页。
③ 《论精神》，见《十八世纪法国哲学》，第430页。

用自然科学的观点研究道德这一社会现象，就是独立的、静止的观察自然物个体，实际上，当时自然科学的方法就是形而上学的方法。科学研究必须用科学的方法这自然是对的，但是研究社会问题也主要用自然科学的方法、并把生物界的自然法则搬到社会生活领域里来应用，那就不对了。

马克思主义的唯物辩证法在社会历史领域的运用，代替了旧道德学说的形而上学的自然科学方法。恩格斯曾指出："人类社会和动物界的本质区别在于，动物顶多只能采集，而人类则能生产。仅仅由于这个惟一的然而是主要的区别，就不可能把动物界的规律简单地搬到人类社会去。"① 这就是说，人类社会的生活和动物的生活是有本质区别的，所以研究人类社会生活问题，主要用社会科学的方法而不能用生物学或物理学的自然科学的观点和方法；更不能把自然界的规律搬到社会领域里来。所谓社会科学的方法，就是运用历史的辩证唯物主义方法探求道德和经济关系的内在联系、道德关系、道德准则的客观本质。道德是一种处理人与人之间关系的标准、原则和规范，没有人与人的关系，也就没有道德可言。而社会的经济关系是随着生产的发展而不断变化的，所以反映到人们的道德意识上也是变化的。这样就打破了剥削阶级道德学说中的普遍的永恒不变的道德论；过去所谓从共同人性中引伸出来的"正义"、"良心"、"勇敢"、"诚实"和"仁爱"等高尚品质，也都是从属于一定的道德关系和道德准则体系的。独立于一定的道德准则之外的永恒不变的道德品质是罕见的。有些道德品质在字面上是相同的，但是它们随着时代的发展，道德关系、道德准则的变化，它们的含义也要发生变化和发展的。这种从发生、发展和相互联系的运动状态观察问题的方法

① 《马克思恩格斯全集》第34卷，第163页。

就是辩证法。辩证法不崇拜任何东西，按其本质来说，它是批判的革命的，它能揭示一切事物运动过程中的矛盾双方的变化真相。只有经常注意产生与消失之间、前进的变化与后退的变化之间的相互作用，才能做到比较精确地描绘和反映世界及人类社会生活的运动状况。列宁曾说："辩证方法是要我们把社会看做活动着的和发展着的活的机体的。"① "马克思和恩格斯称之为辩证法（它与形而上学相反）的，不是别的，正是社会学中的科学方法，这个方法把社会看做处在经常发展中的活的机体（而不是机械地结合起来因而可以把各种社会要素随便配搭起来的一种什么东西），要研究这个机体就必须客观地分析组成该社会形态的生产关系，必须研究该社会形态的活动规律和发展规律。"② 马克思主义道德学说正是用历史的唯物的辩证方法研究道德这一社会现象，才揭示了道德的根源和本质，阐明了道德的发生、发展规律。同时，揭穿了道德是普遍的永恒不变的神话。从而使道德理论或道德学成为真正的科学。

　　3. 揭示出了道德与社会物质生活条件之间的因果关系。辩证的唯物主义历史观揭示了社会意识与社会存在之间、个人与社会之间的因果关系，因此也就揭示了道德与社会物质生活条件之间、个人利益与社会利益之间的因果关系和相互作用。这是长期以来，在道德学说史上没有解决的重要问题。唯心主义哲学家认为道德和社会物质生活条件及生活利益无关。例如康德认为，如果道德和人们的物质利益发生关系就丧失了道德的纯洁性，丧失了道德价值。他主张道德义务是不应该从人们所处的世间环境去寻求根源的，"一定要超乎经验地，单单求之于纯粹理性的概

---

① 《列宁全集》第 1 卷，第 168、145 页。
② 同上。

念。"① 康德所说的超验的"纯粹理性",实质上,还是一种先天的人的本性,这种本性完全脱离现实社会物质生活条件和物质利益。这种学说自然是不可能和实际相符合的。资产阶级功利主义者,从人的"自利"本性出发,认为满足个人利益的行为就是道德的,以个人欲望的满足为道德的基础。例如英国的边沁认为社会利益就是组成社会之所有单个成员的利益的总和,即个人利益相加的总和就是社会利益。这样实际上,社会利益就是虚幻的不存在的。费尔巴哈则用人的两种本性来解决个人和社会义务之间的关系,他说:"人怎样从利己主义的追求幸福出发来承认对于他人的义务呢?回答这样一个问题,应该说它老早已经由人性本身解决了,因为人性不只创造了单方的排他的对幸福的追求,而且也创造了双方的相互的对幸福的追求。"② 实际上就是他所说的男女双方相互的爱的追求。同时他还以惩罚的刺激来教育利己者承认别人的同等权利。这些观点只能说是一种假说,个人利益和社会利益的关系并没有由此得到科学的解决。一切剥削阶级的道德学说,不是抹杀个人利益强调自我牺牲,就是强调个人利益而否定社会集体利益的存在,所以都不能解决问题。

马克思主义道德学说既不一般地反对利己主义,也不反对自我牺牲;而是按照现实的一定社会关系来分析个人利益与社会利益的关系的实质,揭露剥削阶级道德说教的伪善性,同时揭示出其存在的必然因果关系及其消失的途径。从而找到了道德准则和道德观念的发生和发展的规律。此外和上述有关道德的几个最基本问题相联系的道德评价、道德的社会作用、个人道德意识的形成途径等一系列问题,马克思主义的道德学说也都给予了科学的

---

① 《道德形而上学探本》,商务印书馆1957年版,第3页。
② 《费尔巴哈哲学著选集》上卷,第573页。

改造，这在后面将有专章论述。

四　道德的起源、本质及其社会作用

（一）道德的起源

道德的起源和道德的根源有区别，但又有不可分割的联系。起源是指道德从什么时代、什么条件和情况下产生的；根源是指道德的本源或产生的根本原因是什么，是神的意旨或立法？是人的自然本性？还是人类现实社会物质生活条件？从起源中可以揭示出道德的根源，而从道德的根源上又可以追溯到道德起源的时代和史实。二者从根本上是一致的而且有内在联系。所以有些道德学说对于道德的"起源"和"根源"是不分的，例如性善论和神意论就是很难分清楚的。我们这里从道德的起源考察开始，通过对于道德的发生和发展变化的历史过程的分析，阐明道德的根源、本质及其社会作用。

道德究竟产生在什么时代、在什么情况下产生的？由于原始社会生活距今已时间很长，又缺少可靠的文字材料，所以很难说出精确的时间和情况，我们只能从现有的历史文献和考古学家、人类学家所提供的资料，从宏观方面去探索道德产生的大致时代。

从我国和世界考古学家、人类学家提供的资料来看，大家都承认人类是从一种古猿进化来的。古猿由于前脚经常从事攀援活动，逐渐习惯于直立行走，前脚变成了和后脚不同的"手"；手的活动的专门化和直立行走的经常化，便出现了制造工具的活动。"当古猿类开始制造最原始的工具，集体进行劳动的时候，便产生了最原始的人类——猿人和人类社会。"[①] "从古猿类过渡

---

① 　郭沫若主编：《中国史稿》第 1 册，人民出版社 1976 年版，第 3、4 页。

到人类，经过了漫长的地质年代。人类社会的历史至少有一百多万年。"[1] 中国北京周口店发现的北京猿人遗址，从其中的遗骸、石器、灰烬等证明，它是离现在四、五十万年前的原始人类生活遗迹，属于早期猿人阶段的原始人类。这是世界人类学家都十分重视的事实。北京猿人的脑髓已经远比现代猿类大而且完善，表明他们已经有了语言和意识。这使恩格斯的下述论断得到了新的佐证。他指出："首先是劳动，然后是语言和劳动一起，成了两个最主要的推动力，在它们的影响下，猿的脑髓就逐渐地变成了人的脑髓，……脑髓和为它服务的感官、愈来愈清楚的意识以及抽象能力和推理能力的发展，又反过来对劳动和语言起作用，为二者的进一步发展提供愈来愈新的推动力。"[2] 这里说明，人类社会的历史就是这样开始和不断发展的。北京猿人的资料说明，当时是几十个人结成群体居住在自然山洞里的，这种群体的两性关系还没有任何限制和规定。狩猎和采集是他们的重要生活来源，他们所用的工具还是没有经过磨制的粗石器，他们的劳动都是集体活动，以防猛兽的袭击。所以自发地为了保证生存和安全，原始人群的团结合作和互相保护就成为最早的自然形成的道德意识。由原始人群过渡到氏族制度，经过了几十万年的时间，大约在几万年以前才开始进入原始社会的母系氏族制。这一时期的遗迹在我国广西的柳江通天岩发现的柳江人，四川资阳发现的资阳人，北京周口店龙骨山发现的山顶洞人，以及山西的峙峪、河南的安阳等地发现的原始人类遗迹，都是属于母系氏族时代的。这些地区发现的劳动工具比过去有了显著进步，石器是经过磨制的具有锋利的刃、尖和棱角；除石器外还有木质、骨质、角

质等硬质材料制成的工具。还有了钻孔和取火的技术，北京山顶洞人的装饰品有白色小石珠，黄绿色的卵形带有穿孔的砥石和钻孔兽牙等。考古学者认为这些遗物表明当时已相当旧石器时代的晚期，已经进入母系氏族制阶段。从这些地区的墓葬来看，是实行男女分葬的，由此可以断定是母系氏族制的阶段。

　　氏族制是由原始人群排除并禁止了同一群体内部父母与子女之间、兄弟与姊妹之间的婚姻关系之后形成的。一个群体中的女性和另一群体中的男性婚配；这种族外群婚制形成以母系为中心的亲族关系和社会关系，通常叫做母权制的原始共产社会。这种母系氏族的成员包括有一群姊妹、她们的母亲们、她们的兄弟和她们的子女；兄弟们虽然是本氏族的成员，但已经是另一氏族的丈夫了。就是说："自一切兄弟和姊妹间，甚至母方最远的旁系亲属间的性交关系的禁例一经确立，上述的集团便转化为氏族了。"① 这种氏族自成一个生产和生活单位，两个氏族以上组成一个胞族，几个胞族组成一个部落，所以氏族公社就是母系原始社会的基础。氏族公社的渔猎、采集和原始农业为主要生产部门。氏族形成时已经出现了按性别和年龄的不太严格的分工，青壮年男子主管渔猎和防卫猛兽与敌人的袭击；妇女主管采集、原始农业、烤炙、贮藏和分配食物，加工皮毛、缝制衣物和抚养老人和儿童；老年人制造工具与看守住所；儿童随母亲作辅助劳动。因而妇女是氏族的领导者和组织者。

　　氏族制度也有一个发展过程，开始阶段是比较简单的组织，到了成熟和兴盛时期，便有了相当完善的组织和各种制度。如民主选举首领和议事制度，关于生产纪律、食物分配原则和生活的

---

　　① 《家庭、私有制和国家的起源》，见《马克思恩格斯全集》第21卷，第53页。

风俗习惯，以及原始宗教和艺术等活动都有了。就是说，成熟时期的氏族制度的原始社会，已经有了一些最原始的社会行为规范和思想活动，具有了人类所特有的有秩序的社会生活规模。

根据有关原始共产制社会的现有材料，不难找到以风俗习惯形式出现的原始道德规范形成的原因和线索。原始社会的生产力是极低的，所以不得不长时期的采取共同劳动、共同分配的原始共产制，劳动生产虽然有了一定的分工，但是大多数情况下还是以集体活动为主要方式。因此，在集体劳动的过程中自然而然地形成一种听从指挥和团结互助的习惯，氏族集体的生存和安危就是个人的生存安危。个人离开集体是无法生存的，氏族集体也非常关心每一个成员，伤害了氏族成员个人就等于伤害了整个氏族，所以一定要为受害者复仇，每个成员都有复仇的义务。劳动所获得的食物都是集体所有的，分配的原则是不分男女老少绝对平均的每人一份；只是在获得大的猎物时，尊敬老人和猎手分给他们动物的特殊好的部位（老人分给心或其他内脏，猎手分兽头）。由于没有个人的私有财产，所以没有私有观念，也没有个人特权的观念，大家都是平等的。对于选出来的首领，只是在劳动或战斗等事务中服从他，平时生活完全平等。对老年人特别尊敬，因为老人知识和经验多，可以教给青年人生产和生活的本领和规矩。例如我国云南省澜沧县的拉祜族，据调查材料看，这个少数民族的社会形态还停留在原始社会的对偶婚制的大家族阶段。这个民族虽已受了外族影响而发生了很大变化，但是，它仍然保存有许多原始社会的习惯遗迹。如平均主义分配观念很普遍，在打猎时，参加者对猎物人人平均有份，包括参观者，偶然碰上的人，连猎狗也要分一份。人与人之间讲信用，偷盗、抢劫、诈骗的行为是罕见的。老人在拉祜族中是非常受尊重的，他们认为："太阳、月亮是老人最先看见的，老人是寨子里懂事最多的人，要把享受让给老人。"① 在尊敬老人中，祖母和母亲更受子女敬重。村寨的大事都要请老人参加，头人要听取老人的意见，其中也包括老年妇女在内。由此也可以看出他们的平等观念还保存着，因为他们没有奴隶，一切社会成员都是平等的，头人也不例外。所以尽管已经实行一夫一妻制了，但夫权不突出，而且夫随妻居。在婚姻关系上实行族内不通婚，而表亲可以通婚；甚至有的规定姐妹家的姑娘，先要让兄弟家的儿子挑选，选不中后方可另嫁。这一现象可以看到一些原始社会在一个闭塞山区，族外婚的实际状况。山林、水源、土地是公有的。全民皆兵保卫村寨，团结互助精神很强。总之，这些原始的集体主义的道德习惯，是由当时的原始共产制和集体劳动的经济关系决定的，是在生产和生活经验中逐渐自然形成的习惯。由此可见，资产阶级道德学说中所设想的"人性是自私"的说法是没有根据的。从人类社会的发展史来看，人们的心理状态和思想意识是在一定的物质生活条件下形成和发展变化的。

有的学者认为，从一般的社会道德起源于原始社会的共产制经济关系，因而形成集体主义习惯，这是容易理解的。但是，在婚姻关系方面的风俗习惯似乎是独立于经济关系之外的，而且氏族制度的产生还是由于群体内部通婚的禁止而出现的。这是不是表明婚姻关系对社会发展起着决定作用呢？这个问题倒是一个需要进一步研究的问题。就是说，为什么当时产生了禁止群体内部性关系的"意识"？而且成为那么自觉的禁忌？这和当时经济条件有什么关系呢？据现有材料来看，对此有这样几种回答：按照摩尔根的推测，是因为近亲通婚生育的子女多是白痴或有缺陷的

---

① 参见《云南少数民族哲学社会思想资料选辑》第4辑，中国哲学史学会云南分会编印，第34—35页。

孩子，影响群体的发展；所以禁止氏族内部通婚。这是依据现代
生物进化的科学知识推测出来的，是有道理的。不过，就原始人
群来说，当时的认识能力是否达到了这种水平，还是值得怀疑
的。另一种说法是：起初原始人群不固定，有分有合，随着采集
和狩猎经济的发展，劳动中按年龄分工的出现，促进原始人群不
断分化；由于不同年龄的男女之间生理条件的悬殊所引起的反
应，人们思维的进步，父母与子女之间也不愿发生通婚关系；终
于逐步排斥了杂乱性交关系。这种设想自然也有一部分道理，只
是生理条件所引起的反应和思维能力的进步，是否发达到了父母
与子女自觉地不愿通婚的意念，还需要更多的依据才能成立。近
来，国外的一些民族学家提出了另一种说法，认为原始人群禁止
本群体内部性关系的发生，是由于两个独立的群体的联合的结
果。这意味着两个独立的群体是以一方的所有男成员和另一群体
中的所有女成员相互婚配为联合的条件，而且长久坚持下去；于
是两个群体内部的男女之间就开始禁止发生性关系。[①] 这种解释
避免了前两种说法的对主观意识作用的夸大，从当时的生产和生
活需要来看也是比较合乎情理的。互相通婚而联合起来的群体，
可能是由一个大的群体分化出来的，也可能是两个没有血缘关系
的独立人群。只有在两个群体互通婚姻的情况下，才可能出现在
一个群体内部禁止性关系。不过这种情况一定要在经济发展到有
比较稳定的居住条件之后，才有可能联合起来。联合的目的必然
是由于生产和生存的需要，既可以增强两个群体的生产和防卫能
力，同时也避免了近亲通婚的恶果，促进人口的增长；因而可以
很快普遍流行开来，氏族制的人类社会由此形成了。于是，人类

---

① 参阅（苏）谢苗诺夫著《婚姻和家庭的起源》，1974 年蔡俊生译本，第 53—55 页。

群体内部不准发生性的关系的禁例，便成为氏族制度的一条重要的社会原则；同时，也是婚姻家庭方面的第一个道德戒律。

由以上的分析和设想，可以比较肯定地说：原始生产力的发展及其需要，产生了两个群体的联合；这种联合是以一方的所有男性为另一方所有女性的丈夫。这样就形成了以婚姻家族为形式的原始氏族制的社会关系。随着生产力的发展，以及人口的增长，以血缘关系形式存在的生产关系及其他社会关系，越来越分化而复杂，婚姻家庭的形式也越来越缩小范围，而且成为一种受生产关系所制约的社会关系之一。由此可见，婚姻家庭道德习惯的起源，也是由生产方式所决定的，就是说，最早的人类群体的生产力发展到使群体能够比较稳定地定居在一个地区，从而使婚姻关系发生了变化，首先产生了第一条社会原则——禁止族内通婚。这也是母系氏制的原始共产制社会的诞生，原始的有秩序的生产关系以血缘关系的形式表现出来。原始的集体主义道德习惯开始较为完善，随着生产、分配和分工合作的逐步发展，道德习惯也逐渐复杂化。从时间来说，道德起源于几万年以前的原始社会的母系氏族制时期。最早的道德习惯是在共同劳动生产和共同分配中自发形成的风俗习惯。

（二）道德的历史发展

从道德的起源来看，已经可以肯定道德的根源在一定的社会物质生活条件中。但是为了论据更充分，还可以从道德的历史发展过程来加以证明。

原始社会作为第一个社会形态，它的经济基础是原始的公有制；没有国家、没有法律，整个氏族制度下的生产和生活完全由道德的习俗来维持秩序。恩格斯曾经写道："一切问题，都由当事人自己解决，在大多数情况下，历来的习俗就把一切调整好了。不会有贫穷困苦的人，因为公产制的家庭经济和氏族都知道它们对于老年人、病人和战争残废者所负的义务。大家都是平等、自由的，包括妇女在内。"① 同氏族人必须相互援助、保护，特别是在受到外族人伤害时，要帮助报仇。"个人依靠氏族来保护自己的安全，而且也能作到这一点；凡伤害个人的，便是伤害了整个氏族。因而，从氏族的血族关系中便产生了那为易洛魁人所绝对承认的血族复仇的义务。"② 这种氏族集体对其成员个人的保护和赡养的义务，实际上也就是氏族成员个人对氏族集体和其他成员应该负担的义务。部落、氏族及其制度，都是神圣的、自然赋予的最高权利，个人在思想感情和行动上都是无条件服从的，这是原始集体主义道德观念的表现。这种集体主义的遗风还表现在团结互助方面，我国云南省西盟县的佤族，一家要盖住房，全寨子的人都来帮忙，并在一天内盖好；一家杀猪或宰牛，全寨里的各家都要分到一份。他们不知道偷盗和欺骗，而诚实好客，他们自尊心强、公正无私、刚直和勇敢。但是他们的血族复仇的习惯却对生产起了破坏作用，解放后好长时间才完全改掉。

随着生产的发展，原始社会出现了私有财产，母系氏族制则由父系氏族制所代替，原始共产制的社会便过渡到私有制的奴隶社会。由于生产技术的提高，个人生产能力的不断增长，财富日益增多，婚姻家庭形式随之发生了变化，由群婚、对偶婚变为一夫一妻制，由此便出现了父系家长制。因为生产部门增加了畜牧业、手工业和耕作农业，这些生产都由男子操作，产品的剩余部分也归男子所有，父亲为把自己的财产传给自己的子女便要求妇女保持贞操，并改变氏族继承遗产的制度，于是便产生了家长制的一夫一妻制。这种家庭形式是和奴隶制一起发生的。恩格斯曾

---

① 《马克思恩格斯全集》第21卷，第111、101页。

② 同上。

指出："在历史上出现的最初的阶级对立，是同个体婚制下的夫妻间的对抗的发展同时发生的，而最初的阶级压迫是同男性对女性的奴役同时发生的。个体婚制是一个伟大的历史的进步，但同时它同奴隶制和私有财富一起，却开辟了一个一直继续到今天的时代，在这个时代中，任何进步同时也是相对的退步，一些人的幸福和发展是通过另一些人的痛苦和受压抑而实现的。"① 在这一段话里，深刻地揭示了私有制和奴隶制的产生，从一开始不仅把社会成员分裂为对立的阶级，而且这一经济上和社会制度上的进步，同时却带来了相对的退步；一部分人的幸福和发展建立在另一部分人的痛苦和被压迫的基础上。这种对立的阶级关系，必然要用国家和法律的强制手段来保证奴隶主阶级的统治和利益。"由于国家是从控制阶级对立的需要中产生的，同时又是在这些阶级的冲突中产生的，所以，它照例是最强大的、在经济上占统治地位的阶级的国家，这个阶级借助于国家而在政治上也成为占统治地位的阶级，因而获得了镇压和剥削被压迫阶级的新手段。"② 物质生活条件的变革，反映到人们的观念上，人们的道德观念也随之发生了巨大变化。过去，原始社会里所有成员都是平等、自由的和团结互助的；现在奴隶社会里则是等级压迫和奴役，而奴隶主贵族是自由的任所欲为，把一部分人贬低为专门从事劳动的奴隶，而且对他们有生杀之权。过去所有社会成员都有互相保护的义务；现在奴隶主阶级的国家只维护奴隶主阶级的利益，奴隶被虐待杀害而得不到任何保护和帮助。过去人人劳动因而劳动是最光荣的美德；现在只有奴隶才劳动，所以劳动是最卑贱的标志。过去妇女最受尊敬；现在妇女则是生儿育女的工具和

①　《马克思恩格斯全集》第 21 卷，第 78、196 页。

②　同上。

男子的奴卑。总之，原始社会建立在公有制基础上的平等自由和团结和睦的关系，现在被建立在私有制基础上的奴隶主对奴隶、贵族对平民的压迫和奴役的关系所代替。而道德则成为粉饰、美化这种不平等关系的欺骗手段和装饰品。

奴隶社会的经济关系是奴隶主家族私有制，与此相适应的政治则是宗法等级制度，以保证大奴隶主家族嫡系长子继承统治权的巩固。同时建立起强大的专制国家机构——军队、监狱和刑吏等，一方面用以镇压被统治阶级的反抗，另一方面用来作为掠夺邻邦财物和人口的工具，从而扩大自己的财富。战俘除一部分不屈服者被杀掉外，大部分迫使从事生产劳动而变为奴隶。从生产力的发展和政治制度的建立来说，这无疑是一种社会进步。"甚至对奴隶来说，这也是一种进步，因为成为大批奴隶来源的战俘以前都被杀掉，而在更早的时候甚至被吃掉，现在至少能保全生命了。"[①]"保全生命"这一点，从道义上来说也是一大进步。但是，这种"人"的生命的保全，却使人变成了被奴役的动物或工具，丧失了人的生活权利，这又是一种相对的道德上的退步。特别是奴隶主对待奴隶的残酷剥削和虐杀，比野蛮时代更加残忍和不人道。古希腊的大哲学家、第一位伦理学家亚里士多德，公开地把奴隶称作"会说话的工具"，说奴隶是最好的一种财产和一切工具中最完善的工具。而且认为主人可以随意对奴隶施以鞭打、绞杀、烧死、剥皮、折关节骨、从鼻子灌醋、在肚子上压砖等等虐待酷刑。由此可见，当时在对待奴隶的问题上是不讲道德的。因为奴隶不是人而是物，所以他们与主人之间不是人与人的关系，而是主人与财产的关系。奴隶社会的道德准则主要是调节奴隶主阶级内部等级之间、贵族和平民之间的关系，对于奴隶只是要他绝对

---

① 《马克思恩格斯全集》第 20 卷，第 197 页。

服从。中国商、周时代都提倡敬德精神，德的标准就是当时的礼、乐制度中所规定的等级名分，按照等级名分行事就是敬德。这种道德体系是以孝敬最高的血缘大族长——"王"为中心的宗法等级服从。从夏、商朝代就有了礼制，所谓"礼"，除去祭祖、敬神的仪式之外，大量的规定是属于道德规范之列的。如果不按等级名分行事，除政治上要被惩戒之外，道德上也要受到谴责。

从被压迫阶级的奴隶和平民来说，他们也有自己的道德观念。一方面还保存有原始社会里的平等、自由和诚实无欺的道德习惯，另一方面深深感到奴隶们沉重的劳动和所受到的折磨与屈辱，对不劳而获的奴隶主和贵族的尽情享乐而抱不平。所以奴隶之间是相互同情和爱护的，对奴隶主则极为仇恨。因此，从第一个阶级社会开始，道德领域里的斗争就是阶级斗争的一个重要部分。奴隶不断地逃亡和暴动，就是奴隶反抗剥削和奴役而追求自由的表现。这种反抗斗争既是政治的、又包含有他们的道德意识。例如一位作家笔下的领导古罗马奴隶起义的斯巴达克思，曾是古代史中最光辉的人物。马克思曾称他为"一位伟大的统帅（不像加里波弟），高尚的品格，古代无产阶级的真正代表。"①在中国的《诗经》中也有反映奴隶反抗剥削和追求自由、平等的道德情绪的篇章，如《魏风·伐檀》诗中"坎坎伐檀兮，寘之河之干兮，河水清且涟猗！不稼不穑，胡取禾三百廛兮？不狩不猎，胡瞻尔庭有县貆兮？彼君子兮，不素餐兮！"这就是奴隶对那些不耕不种，不狩不猎的不劳而获的剥削者的憎恨和反抗的心声。《魏风·硕鼠》一诗中有更为尖锐而深刻的描述："硕鼠硕鼠，无（毋）食我黍！三岁贯女（汝），莫我肯顾；逝将去女，适彼乐土。乐土乐土，爰得我所！……硕鼠硕鼠，无食我麦！三岁贯

---

① 《马克思恩格斯全集》第30卷，第159页。

女，莫我肯德；逝将去女，适彼乐国。"这里把剥削者比作大老鼠，告诉它：再不要吃我的米和麦，我伺候你三年，你都不理睬我，也没有好心肠对待我，我要离开你到安乐的地方去。这显然也是奴隶反抗剥削和奴役的准备逃亡的声明。仅仅从这些点滴的文字材料中，就可以看到奴隶社会里的阶级斗争中包含着两种道德观念的对立和斗争。

从奴隶社会过渡到封建社会，经济关系适应生产力的发展需要，解放了奴隶这一活的生产力，开辟了新的生产领域；土地私有的地主阶级剥削代替了奴隶主阶级剥削，农民代替了奴隶从事劳动。所以封建社会的经济关系表现为地主阶级与农民阶级的对立关系。与此相适应国家范围扩大了，政治制度更完善了。在西方国家的宗教机构和权利更加强了，宗教和封建等级制结合起来控制一切，因而道德也被纳入宗教范围之内。封建社会是较小规模的家庭私有制的自然经济为主，封建家长制的家庭是生产和生活的细胞。中国的封建道德是从奴隶社会的宗法制度沿袭下来的、以忠孝节义为最高准则的等级服从的道德体系。而且在长期的封建统治下形成了一套完整的具体的封建道德规范和行为细则，基本上抹杀被统治者的个人利益，维护封建家长制和君主专制制度的利益。在西方封建时代的道德的最高原则同样是绝对的等级服从，不过加上了一层宗教外衣，顺从神的意旨和服从君主的命令完全统一起来，借助神的权威使人们更驯服，用禁欲主义思想压抑和剥夺被统治阶级的个人利益。

封建社会的发展，使农民被剥削的程度和徭役的负担日益加重，促进了农民的阶级觉醒，从而农民反抗剥削和压迫的战争此起彼伏，并提出代表农民阶级利益的口号："等贵贱，均贫富"，广泛号召农民起来反抗封建地主阶级的统治。因此，要求经济上的平均和政治上的平等，便成为农民阶级的政治的和道德的要求。在农民阶级内部，则仍然保持着劳动人民的吃苦耐劳、团结互助的道德习惯。贫富之间、贵贱之间的斗争，不仅表现在农民与地主之间的阶级斗争，而且也表现在贵族与平民之间、大小地主阶层之间的斗争。在许多文学作品中可以看到各种生动的事例，如婚姻道德方面的嫌贫爱富和门当户对所造成的悲剧到处可见，反映出财产的多少、政治地位的高低，便是封建道德的实际标准。所以表面上的忠孝、仁义的道德说教，只不过是封建统治阶级统治人民的手段而已。

商品经济的迅速发展，生产技术的日益提高，促进了封建自然经济的崩溃，资本主义生产方式代替了封建小农经济。于是资本主义社会的道德体系对封建道德体系来说，是一个很大的进步，它推动社会生产的发展，培育人们独立自主和奋发进取的精神，提出了"自由、平等、博爱"的口号等。但是，资产阶级个人主义、利己主义的道德体系和价值观念，同时带来了更严重的道德堕落。资本家也像奴隶主或封建主一样，是靠占有别人无偿劳动发财致富的，而这样一来，资产阶级所谓的公道和平等一类空话，就成为失去根据的伪善。恩格斯曾指出："英国资产者对自己的工人是否挨饿，是毫不在乎的，只要他自己能赚钱就行。一切生活关系都以能否赚钱来衡量，凡是不赚钱的都是蠢事……"[1] 在资产阶级看来，世界上没有一样东西不是为了金钱而存在的，连他们本身也不例外，因为他们活着就是为了赚钱。除了快快赚钱发财，他们不知道还有别的幸福，除了金钱的损失，也不知道有别的痛苦，所以，恩格斯说："资本主义国家总是按照有钱活命无钱上吊的原则办事的。"[2] "金钱确定人的价

---

[1] 《马克思恩格斯全集》第 2 卷，第 565、566 页。

[2] 《马克思恩格斯全集》第 5 卷，第 363 页。

值：……谁有钱，谁就'值得尊敬'，就属于'上等人'，就有势力。"[①] 在这样价值观念的社会里，无产阶级除去自己的劳动力之外，一无所有，自然是为资产阶级的幸福而受尽折磨与痛苦。也就是说，一部分人的幸福建筑在另一部分人的痛苦之上。因此，资本主义社会也是两种道德在斗争，那就是和资产阶级相对立的已经成熟而壮大的无产阶级的道德，和资产阶级道德相对立的斗争。无产阶级道德是现代最进步的道德体系，也是当前许多共产党所领导的社会主义（共产主义社会的低级阶段）社会的道德体系，它还是将来共产主义社会高级阶段的道德体系。我们将列专章论述。

（三）道德的根源

前面我们已经简要地介绍了人类道德的发展和历史发展过程，这一发展变化过程可以充分表明，道德的根源和本质不是神的意旨，也不是人类生来具有的抽象人性；而是现实的人类社会物质生活条件或经济关系。所谓经济关系就是和生产力相适应的生产关系。在原始社会里，虽然经过漫长的年代，生产力也有一些重大发展，但始终是在维持生存的水平上逐渐提高的。因此始终只能以原始公有制的经济关系保证和适应生产力的发展；因此人们的道德观念也必然要以原始的集体主义为最高准则；社会成员之间的关系是纯朴的自由、平等和团结互助的道德关系。这就证明人类的本性不是自私的，只有有了私有财产才可能有私有观念，才可能有自私自利的心理。所以原始社会里没有"你的"、"我的"这种私有制的概念。可是一旦私有财产出现了，私心和贪欲的意识便产生了。随着占有私有财产的人日益增多，私有财产的数量也普遍增长，人们的私有观念和追求占有财富的贪欲也

————————————

① 《马克思恩格斯全集》第2卷，第565、566页。

日益强烈；因而社会成员之间占有财富的不平等形成日益尖锐的矛盾和冲突。于是为了私有制经济关系的确立并得到保障，国家和法律等强制性措施应运而生，第一个私有制和阶级社会——奴隶社会即诞生了。这种把社会成员分裂为物质利益相对立的社会里，过去原始社会的那种纯朴的、团结互助和关心集体利益的道德观念和准则就完全不适应了。因为经济关系上形成了不平等，又有国家用法律确立起政治上的不平等，使原始社会的那种权利和义务浑然一体的情况，分裂为一部分少数人只享受权利而不承担义务，多数人只有义务而无任何权利。因而在道德上就自然地形成一种绝对服从这种不平等关系的准则和规范。团结互助的美德只有在劳动者之间才可能存在。从奴隶社会到封建社会再到资本主义的经济关系的变革，同样引起了道德关系和道德准则体系的变化。封建社会和奴隶社会在经济关系上虽有很大差别，但由经济关系形成的阶级和政治上的等级都是一致的，都是以奴隶主阶级和地主阶级的少数贵族为最高统治者。正如列宁所说："在奴隶社会和封建社会中，阶级的差别也是用居民的等级划分而固定下来的，同时还为每个阶级确定了在国家中的特殊法律地位。所以奴隶社会和封建社会（以及农奴制社会）的阶级同时也是一些特别的等级。"[1] 因此，奴隶社会和封建社会的道德，是维护占统治地位的阶级（也是最高等级）利益的等级服从体系。只不过封建社会的等级更复杂，在宗法制基础上定的忠孝节义和三纲五常等道德规范比过去更完善具体罢了。所以封建道德比奴隶社会的道德显得更温情。

　　资本主义商品经济摧毁了封建社会的等级制，阶级关系变得更加简单，只剩下资产阶级和无产阶级的对立关系，个人主义的

---

① 《列宁全集》第6卷，第93页（脚注）。

道德体系是从自由贸易的自由竞争中引申出来的。个人为了追求最大利润，不顾别人的死活，个人利益第一便成为资产阶级道德的基本准则。

根据以上分析，不难得出一个明确的结论：道德的根源是一定的社会物质生活条件，即经济关系决定人们的道德观念和道德准则、规范的体系。因此，道德的根源不是超现实的"神"的意旨或抽象的人类本性；也不是某些人根据主观意愿制定的；而是从一定的社会经济关系中引申出来的。所以道德准则的本质是客观的。

（四）道德的本质及其社会作用

道德是一种用善恶概念调整人与人之间、个人与社会之间关系的原则、规范和实践的总和；道德在本质上是一定经济关系反映到人们思想上的社会意识形态和上层建筑。再进一步分析，这种意识形态是由一定经济关系中的什么东西所决定的呢？它是调整人与人之间、个人与社会之间的什么关系呢？我们可以从马克思主义经典著作中找到回答。恩格斯在批评蒲鲁东时写道："每一个社会的经济关系首先是作为利益表现出来。而在刚才引证过的蒲鲁东的主要著作中，却明明白白地写着，'各社会中的统治的、有机的、最高主权的、支配着其他一切原则的基本原则，并不是利益，而是公平'。"① 这里批评蒲鲁东用"公平"这一法律和道德概念作为支配其他一切原则的基本原则，不是唯物史观的观点，是颠倒了经济关系和道德准则的关系。因为，道德这种特殊的社会意识形态是由一定的社会经济关系所表现的利益决定的或支配的。在阶级社会里，私有制度下的经济关系表现为利益对立的阶级关系。由于阶级利益的矛盾和冲突，便表现为阶级斗

① 《马克思恩格斯全集》第 18 卷，第 307 页。

争。所以列宁曾明确宣布："我们的道德完全服从无产阶级阶级斗争的利益。我们的道德是从无产阶级阶级斗争的利益中引申出来的。"① 这就是说，在阶级社会里，剥削阶级和被剥削阶级的利益是对立的，双方为了维护各自阶级的利益，除去引申出政治和法律原则之外，还引申出一种评价是非、善恶的标准、原则和规范，作为巩固和争取自身阶级利益的斗争武器。所以，"财产的任何一种社会形式都有各自的'道德'与之相适应"（马克思语）。② 我们说，道德的本质是社会意识形态之一，而这一意识形态最本质的东西又是什么呢？就是一定经济关系所表现出来的阶级的和社会的"利益"的一种反映。

马克思主义关于道德的本质是经济关系表现为利益的观点，首先需要和资产阶级功利主义道德学说划清界限。过去有不少的伦理学家讲到道德和利益的关系时，尤其是在资产阶级上升时期的道德学说中，有许多学派是以利益作为道德的基础的。例如：英国的霍布斯在他的《利维坦》一书中写道："因为施者如不为着他自己的利益着眼，他就不会以恩施人的。因为赏赐是自动的，而一切自动的行为，对于每一个人其目的都是为着他自己的利益。"③ 荷兰的斯宾诺莎提出："一个人愈努力并且愈能够寻求他自己的利益或保持他自己的存在，则他便愈具有德性，反之，只要一个人忽略他自己的利益或忽略他自己存在的保持，则他便算是软弱无能。"④ 法国的爱尔维修在他的《论精神》的第二篇中，一开始就说："我们打算在这一篇里证明：利益支配着我们对于各种行为所下的判断，使我们根据这些行为对于公众有利、

① 《列宁全集》第 31 卷，第 258 页。
② 《马克思恩格斯全集》第 17 卷，第 610 页。
③ 《西方伦理学名著选辑》上卷，第 667 页。
④ 《伦理学》，商务印书馆 1960 年中译本，第 171 页。

有害或者无所谓，把它们看成道德的、罪恶的或可以容许的；这个利益也同样地支配着我们对于各种观念所下的判断。"[①] 爱尔维修这里所讲的利益支配着一切行为和观念的理论，看来似乎是唯物的，然而他所说的利益，并不是由人们社会生活中一定的经济关系所表现的利益，而是抽象的人的自然本性中的"自利心"的满足。在资产阶级学者看来，道德的根源和本质是人的自然本性；这是从生物学和心理学的角度探索人类社会道德本质所作出的结论。从历史观来说，他们是以唯心史观作为理论基础的。这是资产阶级道德学说中的利益观，同马克思主义道德学说中的利益观具有的根本区别。正是由于这一根本区别又带来了第二个区别：马克思主义道德学说从人类的社会生产活动出发，揭示出的由一定经济关系表现的利益，是指一定的社会利益和阶级利益，而不是指孤立的个人利益。资产阶级道德学说中的"利益"，则是从脱离人们的一定现实社会经济关系的自然生成的个人出发，由这种个人的感觉所决定的个人利益，或者是由这种个人利益集合起来的共同利益。还有第三个区别就是：马克思主义道德学说提出的由经济关系表现出来的利益，是随着社会经济关系的变革而变化的。在阶级社会里，不同阶级的利益是不相同的。这是从社会发展的历史运动过程中概括出来的科学总结。而资产阶级道德学说中所讲的利益，则是和共同人性一样永恒不变的，没有阶级差别的。所以，那种抽象"利益"支配道德的设想是不符合实际的。马克思主义的道德学说，和资产阶级从抽象人性论引申出来的功利论，是建立在两种对立的世界观、历史观的理论基础上的，它们的本质区别是不容混淆的。

　　道德是一定的经济关系的产物，它的本质是一种上层建筑和

---

① 见《十八世纪法国哲学》，第456—457页。

意识形态，所以它对经济关系也有一定能动的反作用。这是马克思主义的基本常识。但是，一些用形而上学看问题的人，不是夸大道德的能动作用，就是强调经济关系或物质生活条件的决定作用，而忽视道德的积极的社会作用，甚至有的认为道德没有反作用。这些看法当然都是片面的、不正确的。因为他们看不到一切事物的联系和运动过程中的相互作用。马克思主义的道德学说，在辩证的历史唯物主义的方法指导下，揭示出了道德现象和人们的社会物质生活条件的因果关系，而因果关系之间存在有辩证的相互作用，这种相互作用在社会发展运动的过程中起推动作用。所以道德虽然是由经济关系或社会物质生活条件所决定的，但是它对产生或决定它的社会物质生活条件也有巨大的反作用。这是不容忽视的道德的客观功能。一般地说，道德的客观职能或作用，主要有以下几个方面：

1. 道德具有调整社会与个人和个人之间关系的作用。这表现在调整本民族、本阶级内部矛盾和同敌对民族和敌对阶级进行斗争两个方面。一方面，道德调整一个民族、一个社会、一个阶级内部人与人之间、个人与民族、社会、阶级之间的关系，即要求一切社会成员按照该社会经济关系所决定的道德准则选择自己的行为和评价别人的行为。这样使人们的生活协调而有秩序。从而巩固和发展现存经济关系和社会制度。这种调整人们之间关系的职能，实质上，是巩固和推动决定道德准则内容的现存经济基础及其发展的作用。在没有阶级的社会里，道德调整作用是如此，在各个阶级社会的上升阶段的统治阶级道德也是起这样的作用。另一方面，在阶级社会里，道德的调整作用，除表现在协调和团结本阶级内部的关系外，同时还表现在维护本阶级利益或本民族的共同利益，而激励同敌对阶级和敌对民族进行反压迫、反侵略的斗争的作用。由于在阶级社会里阶级利益是对立的，因而道德维护和争取本阶级的利益的斗争，就是阶级斗争的不可分割的一个组成部分。尤其是无产阶级在反抗剥削和压迫的斗争时，团结互助和自我牺牲的精神，是团结本阶级和广大劳动人民共同反对剥削和反对压迫的精神力量，具有鼓舞革命斗志的作用；同时，又起着赢得广大人民信任和支持的作用。所以列宁曾说："道德是为人类社会升到更高的水平，为人类社会摆脱劳动剥削制服务的。"① 对于被统治阶级来说，道德在它们反抗剥削和压迫的阶级斗争中，是非常有力的武器。在革命酝酿的过程中，道德领域里的冲突，往往是最先开始的。例如，中国新民主主义革命的开端——五四运动的一个重要口号就是"反对旧道德，提倡新道德"。这就表明，道德的阶级斗争作用是很明显的。因此，道德既有维护社会秩序的作用，又有破坏剥削者的旧社会纪律的作用。从统治阶级方面来说，"统治阶级为了反对被压迫阶级的个人，把它们提出来作为生活准则，一则是作为对自己统治的粉饰或意识，一则是作为这种统治的道德手段"。② 就是说，统治阶级一向把道德作为统治被压迫阶级和已被推翻的阶级的统治手段，也就是道德在阶级斗争中具有为统治者服务的作用。与此相联系，当剥削阶级被推翻之后，它的道德意识和价值观念以及习惯等，不可能立即消失；仍然为已被推翻的旧统治者的利益服务。因而对于新建立的社会制度及其道德起破坏作用。所以，道德的调整社会关系的作用，除去协调一定社会秩序和一定阶级内部的团结之外，很重要的部分表现在阶级斗争方面。从国际上来说，道德也具有一定的协调国际关系和为国际斗争服务的作用。当本民族国家受到外族的侵略和压迫的时候，道德可以起团结本

---

① 《列宁选集》第4卷，人民出版社1972年第2版，第355页。
② 《马克思恩格斯全集》第3卷，第492页。

民族一切爱国力量，鼓舞斗志，共同保卫祖国和人民生命和安全的作用。

2. 道德具有认识的作用。道德是一定的社会经济关系所表现的利益的反映，所以道德准则和规范具有客观必然性。因此，道德具有显示一定社会关系的性质和保证一定社会经济关系发展方向的作用。就是说，从一个人的行为表现出来的道德准则和观念，可以了解他所生活于其中的社会制度及其自身的社会地位。同时，一种客观的社会道德准则的普遍化，便可以保证产生这一道德准则的经济关系运动的发展方向。这就是说，道德本身具有客观真理性。真理是一种认识过程。道德作为一种社会利益的反映，这种反映是在永恒的运动过程中实现的。人类最初在实践中自发地形成的道德习惯，推动着人们的社会生产实践的不断发展，经过漫长的社会生产运动和思想运动，使道德准则和规范逐步变为自觉的认识过程。于是道德的标准、原则和规范及其涉及的范围日益复杂完善。这说明，道德这种对社会物质生活条件的客观反映的历史进程，是经过无数次的实践、认识，再实践和再认识的循环往复的辩证运动过程的。同时，从道德准则和规范这一客观的社会意识，转化为个人的主观的信念、情感、意志和行为，也是一个个人的认识过程。这种个人的认识过程说明，道德这一社会意识形态能够反映个人与社会利益之间的关系本身，具有认识的作用。因为人们只有遵循着一定的道德准则和规范进行活动，个人尊严才能得到社会的承认，才能实现个人的自由和利益，从而提高个人对社会与个人之间的辩证关系的认识。

3. 道德具有教育的作用。道德是一种用善恶和荣辱等概念来调整人们与社会之间关系的行为规范，它指导人们如何行动是善的、光荣的；如何行动是恶的和耻辱的。人们的行为符合道德准则时就会受到社会和群众舆论的赞扬，违反了道德准则时，就会受到社会舆论的谴责和批评，因此，道德准则本身和道德舆论的评价，都具有极大的教育作用。同时，道德实践的过程也是一个自我教育的过程。一种新兴阶级的道德，或一个新建立的社会的道德准则出现的时候，不是每一个人能同时理解的，但是，社会生活的实践往往使一些还不太理解新道德准则的人，也在群众性的活动中履行着新的道德准则。在这种不很自觉地随大流地行动之后，受到了群众的赞扬和受益者的感谢，个人精神上得到一种安慰和愉快，从而受到鼓舞，使不太自觉的活动逐渐变为自觉自愿的道德行为。并且对这种道德实践的社会意义的认识有所提高。这样在反复的自己和他人的道德实践中就会受到逐步深入的教育。就是说，一种高尚的道德实践有一种感动人的思想感情的教育作用。例如我国第四军医大学的青年学生，在华山抢救遇险游人的崇高道德行动，就是一个震撼人心的教育行动。使得不大关心共产主义道德的青年，也深深地领会了共产主义道德的巨大威力。有时在资本主义社会里，一个真正为劳动人民伸张正义的行为，尽管统治阶级尽量缩小它的影响，但同样会产生重大的教育作用。这就是榜样的教育力量。道德通过社会舆论和榜样的力量，形成一种社会道德风尚，从而发挥道德的感染作用和自我教育（道德良心）的作用。

从以上的道德的主要职能或作用表明，道德这一社会意识形态和上层建筑，不是经济运动和经济基础的消极和被动的反映，或僵死的被决定的，而是对社会经济基础具有能动的巨大推动作用或阻碍作用的。而且对于其他的意识形态和上层建筑，如对政治、法律、宗教等整个社会生活的精神面貌有重要影响。因此，人们的道德面貌可以成为测量人类社会发展水平的标志之一。同时，道德认识和教育作用的不断提高，也推动着道德体系的进步，而这种进步是与社会经济关系的变革紧密相关的。

五　意志自由与道德评价

（一）意志自由与必然性

恩格斯曾说："如果不谈谈所谓自由意志、人的责任、必然和自由的关系等问题，就不能很好地讨论道德和法的问题。"①的确，世界各国的道德学说史上，许多道德学家都谈到人的意志是否自由即必然与自由的关系问题。但是，对于这一问题的回答却是很不相同的。意志自由和必然性这两个概念，在中国哲学和道德学说史中，没有明确地谈到过；只是在讨论到人力和天命或命运的关系时涉及这个问题的实质。在西方古代哲学和道德学说中，也很少用意志自由这个概念，主要是在讨论肉体与灵魂、人与神的关系时涉及到它的内容。即神学家所宣扬的人不能违反上帝的意志的宿命论。奥古斯丁曾说：上帝作为对罪恶的惩罚，给这个世界带来奴隶制，废除奴隶制就是违背上帝的意志。所以在西方中世纪以前，不可能谈论人的意志自由问题。真正明确地提出意志自由问题，是资本主义经济关系产生之后的事情。16 世纪荷兰哲学家斯宾诺莎在他的《伦理学》一书中，明确提到自由和必然的概念。他写道："凡是仅仅由自身本性的必然性而存在、其行为仅仅由它自身决定的东西叫做自由。反之，凡一物的存在及其行为均按一定的方式为他物所决定，便叫做必然或受制。"②他认为意志自由是由必然性所制约的。英国的哲学家洛克，谈到自由和必然的观念如何发生时说："人人都会发现自己有一种能力来开始或停止、继续或终结自己的各种动作。自由观念和必然

---

① 《马克思恩格斯全集》第 20 卷，第 124 页。
② 《伦理学》，商务印书馆 1960 年中译本，第 4 页。

观念所以发生，就是由于人们考虑到他们在自己心中发现的这种支配他们的各种动作的能力和其范围。……一个人如果有一种能力可以按照自己心理的选择和指导，来思想或不思想，运动或不运动，则他可以说是自由的。……如果一种动作的实现或不实现，不能相等地跟着人心的选择和指导，则那种动作纵是自愿的，亦不是自由的。因此，所谓自由观念就是，一个主因有一种能力来按照自己心理的决定或思想，实现或停顿一种特殊行为的那样一个能力的观念。"① 他认为没有能力按自己思想的指导，来实现或阻止任何运动，那就叫做必然。而追求真正的幸福是一种必然性，这种必然性正是一切自由的基础。也就是说，人们按照自己意志的选择总是受追求真正的幸福这种必然性所支配。在他看来，自由和必然是有联系的，但究竟是怎样的联系还不是十分清楚。18 世纪的唯物主义者对自由与必然的看法，大多数人和斯宾诺莎一样，强调人的意志受自然规律的决定和支配，意志自由是有限的或根本没有。有的认为，人对自然界来说是没有自由的；对社会生活来说，人的意志却是自由的。这主要从康德开始提出人的意志自由问题。康德认为超验（先验）的纯粹理性和实践理性是感性经验对象的基础，不过他承认物质世界受自然的必然规律的制约；但是，他认为人类的现实生活中有一种价值意识，而且人们必然按照价值意识行动的必然性，或义务观念，这种价值必然性，人作为道德行为的主体，可以服从，也可以不服从，所以人的意志是自由的。换句话说，就是人作为肉体的自然存在物，是受自然界的规律支配的，没有完全自由的余地；人作为社会的有理性的存在物，他们可以不受社会的必然性的支配而可以完全自由。否则，人就成为只受快乐、欲望等自然需要所支

① 《人类理解力论》，见《西方伦理学名著选辑》上卷，第720页。

配的动物了。因此，在康德看来，意志自由是实践理性所必需的东西；而意志自由的根源却在超验的纯粹理性和实践理性之中。康德在这里陷入了二元论的倾向，把自然界和社会分开，把自由和必然对立起来。这种观点，几乎是一切资产阶级形而上学者对自由与必然的看法的共同错误。后来黑格尔第一个正确地陈述了自由和必然之间的关系。他认为自由是对必然的认识。所以恩格斯肯定了黑格尔的观点，并据此作了进一步地分析和发挥。恩格斯指出："自由不在于幻想中摆脱自然规律而独立，而在于认识这些规律，从而能够有计划地使自然规律为一定的目的服务。这无论对外部自然界的规律，或对支配人本身的肉体存在和精神存在的规律来说，都是一样的。这两类规律，我们最多只能在观念中而不能在现实中把它们互相分开。因此，意志自由只是借助于对事物的认识来作出决定的那种能力。因此，人对一定问题的判断愈是自由，这个判断的内容所具有的必然性就愈大；而犹豫不决是以不知为基础的，它看来好像是在许多不同的和相互矛盾的可能的决定中任意进行选择，但恰好由此证明它的不自由，证明它被正好应该由它支配的对象所支配。因此，自由是在于根据对自然界的必然性的认识来支配我们自己和外部自然界；因此它必然是历史发展的产物。"① 这里恩格斯明确地肯定自由是对必然性的认识，这种必然性既包括自然界的规律，也包括社会生活的客观规律，而且两种规律是紧密相连的，在现实中是不可能分开的。同时还明确指出，自由不是独立于客观必然性之外而随意决定行动，而在于对客观必然性的认识程度所赋予的可能性上，充分利用客观规律进行达到一定目的的活动。就是说，意志自由不只是一种内心的想象，而且是和人们的行动不可分的。意志自由

① 《马克思恩格斯全集》第 20 卷，第 125 页。

是一种行动概念。最后，说明自由是以人类对自然界的改造和控制的发展为基础，随着人们思维能力的发展而发展。所以意志自由是一种历史的概念；历史发展的各个阶段，自由的含义和内容是不相同的。从人类历史的发展来看，在原始社会时代，人类完全受自然界的规律所支配和奴役；人和自然界的关系方面，人类是盲目地对待自然界的。但是，从社会生活来说，原始社会里的人没有任何人来强迫他们。因为每一个氏族成员都能在实践中意识到劳动和其他行动的必要性，也就是不自觉地实践着人类社会生活的必然性。所以他们能自动地劳动和团结互助，他们是自由的。当人们对自然的改造和控制每提高一步，他们的意志自由也就扩大一步。恩格斯认为，人类发明取火的技术要比蒸汽机的发明对社会发展还重要。他说："磨擦生火在其解放世界人类的作用上，甚至还是超过了蒸汽机的。因为磨擦生火第一次使人支配了一种自然力，从而最后把人从动物界分离出来。"① 也就是说，人类的意志自由大大地向前跨进了一步；而且这一步对以后的控制和改造自然（包括改造自己）提供了重要条件；为对自然界的许多必然性的认识提供了启示和基础。

　　人类随着社会生产活动的发展，出现了分工和私有财产；于是人类对自然的关系发生了变化。占有生产资料和指挥生产的人，认识到劳动生产的目的和必要性，所以奴隶主对改造自然界是有一定自由的。他们在社会生活中的行动也有相应的自由。而奴隶的劳动是被迫的、盲目的，所以他们是没有意志自由的。由此看来，在社会生活里，意志自由似乎是由财产所有权所决定的。不过，剥削者完全脱离了直接领导生产，而变为专靠别人劳动供养的寄生者时，他的自由也就丧失了。因为完全离开了对自

———————

① 《反杜林论》，人民出版社1974年第2版，第122页。

然的必然性的了解时，他便成为盲目的金钱的奴隶。所以法国的大诗人哥德说，自由不是他人赐给的，而是自己争取得到的；它是随着努力而转移的活生生的法则。意思是说，意志的自由是人们努力认识客观必然性的结果；而不是什么现成的存在于客观规律之外的东西。

自然界的规律同支配人们社会生活，即物质生活和精神生活的规律，在现实中是不能分开的。这是因为人类本身和社会生活，都是人们在对自然界的控制和改造的过程中形成的，而且随着人类对自然界的改造的同时，也改造着人类自身（人类的肉体器官和思维能力）及其社会生活。因此，人们对自然界规律的认识和运用是社会生活的基础，并且制约着社会生活的发展变化。这里所说的对自然界规律的认识和运用，就是指劳动生产的发展。在这种劳动生产实践中，人们又进一步扩大认识自然界的范围和规律，从而逐步提高控制和改造自然界的能力，即促进生产力的发展。而生产力的发展推动着生产关系及一切社会关系的变革和发展。因此，社会形态的变革和发展的规律是和人们认识自然、改造自然的规律结合在一起的；而社会发展的规律在人们的社会实践中被认识，又反转来推动人们对自然界的认识和改造。这两种规律的交互作用，表现在整个社会实践的统一过程中。所以，对必然性（自然和社会）的认识过程，也就是自由的发展过程。因此，恩格斯断言："文化上的每一个进步，都是向着自由的进步。"[①] 由于人类控制和改造自然的能力（即生产力）的提高，产生了私有制和阶级社会；又由于人们控制和改造自然的能力的更大发展，又消灭了私有制和阶级社会。因为生产力的巨大发展，产品的极大丰富，使阶级社会由公有制代替了私有制，阶

---

① 《反杜林论》，人民出版社 1974 年中译本，第 122 页。

级自然就消灭了。那时，人们对于生活资料再没有任何忧虑，人们的生活和自己所认识的客观规律相协调，于是真正的人的意志自由即可实现。

从社会学或政治学的角度来看，在人类社会前进运动的过程中，自私有制和阶级产生以来，人们活动的自由便分裂为：占有生产资料的少数人有支配一切的（包括支配多数人的劳动）自由，而多数丧失了生产资料的人，同时也丧失了个人活动的自由（包括支配自己劳动的自由）。因此，阶级社会里的被剥削、被压迫阶级，只有为了争取自由而进行反抗斗争，而这种斗争便成为使多数人获得一定的或更多的自由的条件；因而阶级斗争和革命都是在追求自由的形式下进行的。随着生产力的发展，奴隶要求生存权利的反抗斗争，使完全失掉人身和生存自由的奴隶，变为有了一定生存权利和人身自由的农民或农奴；于是奴隶社会由封建社会所代替。当封建社会里的第三等级（包括资产者、工人和农民）反抗封建压迫的斗争取得胜利时，又为更高一级的少数剥削者，即为资本家阶级的自由创造了条件；于是资本主义制度代替了封建社会形态。虽然表面上宣布自由是每一个公民的权利，但实际上，仍然是占有生产资料的少数人的自由。而没有生产资料的社会的大多数成员，除去出卖自己的劳动力的自由之外则没有任何自由。因此，在阶级社会里，对一个阶级说来，自由就是所有权；对另一个阶级说来，自由则是生存权。实际上，由经济关系所决定的政治法律制度从表面上看，一切公民是有同样自由的，但由于财产所有权的限制，就是少数人的自由是以牺牲多数人的自由为代价的。这就是阶级社会发展运动的必然性，也就是私有制社会发展的必然性的表现。只有当私有制和私有观念彻底消灭之后，生产资料完全为社会所有的共产主义高级阶段的时候，人们才能获得全面发展的条件，才能够自由地按照自然与社会发展的客观规律活动。也就是从必然的王国到了自由的王国。不过，人的意志自由仍然是处于对必然性的认识范围之中。因为自然和社会的客观规律是不断变化和发展的，人们的认识能力总不可能穷尽一切规律、利用一切规律。所以，人的意志自由总是超不出对必然性的认识和社会生活的一定规则的相对自由。

（二）行为的自由选择与道德责任

道德是由个人按照一定的社会道德准则自觉的行为表现出来的。自觉的行为就是个人自由选择的结果，个人的行为只有是由自己自主自由选择决定的才有道德责任和道德价值，所以，行为的自由选择是道德责任的基础。被强迫的行动是盲目的或不得已的，对这种行为很难评论其道德责任和价值。个人行为的自由选择是个比较复杂的问题，因为道德是一种社会现象，涉及到现实生活的某些实际问题和人与人之间的关系，也可能涉及到个人和社会、国家、集体之间的关系。关于道德评价的活动，首先是观察解决人们对某一具体问题的态度和行为；然后根据一定的道德准则对这一行为进行道德评价。这里既包含着对具体问题的认识和解决方法是否正确，又包含着对一定道德准则的选择是否自觉。就是说，一方面既要对某一具体事件的必然性有所认识，并采取符合其必然性的方法；另一方面又要对解决该事件所涉及的社会关系及其后果有明确认识；然后这一行为的自由选择才能获得道德价值。同时，对客观必然性的认识，还受着个人文化知识水平和物质生活条件的影响。所以，不同生活条件的人对于自己行为的选择是不相同的。例如，在阶级社会里，对于一个受饥饿和穷困折磨的在街上讨饭的人，有钱的剥削者不但不会给他钱，还会厌恶地骂他"滚开"！而无产者尽管自己也在挨饿，但他们会把自己仅有的一点食物或购买食物的钱分给穷苦人。对同一件事情，不同的阶级的人选择不同的行为，在资产阶级看来，这就是个人的自由。其实，这正是阶级本性这一必然性的表现。马克思曾指出："在研究国家生活现象时，很容易走入歧途，即忽视各种关系的客观本性，而用当事人的意志来解释一切。但是存在着这样一些关系，这些关系决定私人和个别政权代表者的行动。而且就像呼吸一样地不以他们为转移，只要我们一开始就站在这种客观立场上，我们就不会忽此忽彼地去寻找善意或恶意。"①就是说，在阶级关系存在的条件下，个人行为的选择自由，总是形成道德的阶级烙印，无产阶级对穷人来说，比资产阶级要仁慈得多。从另一方面说，行为的选择也受个人世界观和认识能力的制约。个人对于社会发展规律、个人与社会之间的关系有明确认识的人，他对自己的行为的自由选择可能符合现实社会生活规律，而且毫不犹豫。这种选择就是建立在认识必然性基础上的自由活动，也必然符合一定的进步道德准则。比如，一个具有进步世界观的科学家，他同情无产阶级反抗剥削和压迫的斗争；当一个被警察追捕的革命工人闯入他家求救时，他可以选择闭门不纳，任警察捕杀；也可以选择假收留而向官方告密；但是他选择了个人承担政治风险的行动，把工人藏起来避过追捕而协助革命者逃出险境。从这一事例看来，个人行为的选择和个人的世界观与政治思想倾向有密切关系。一个利己主义者，他决不选择对个人有危险和可能损害个人利益的行为；一个有正义感的人，则决不会选择助纣为虐的行动。

在社会主义社会里，同样有个人行为的选择自由问题。因为社会主义社会是从阶级社会脱胎出来的，而且周围还存在有资本主义制度和资产阶级思想影响；所以虽然剥削阶级不存在了，而剥削阶级思想和心理的影响仍然存在。因此，每个人的行为还有

① 《马克思恩格斯全集》第 1 卷，第 216 页。

各种不同的选择。例如，当一个人失足落水的时候，周围的人有围观的，有急喊救人的，有勇敢地跳入水中抢救的，也有对救人者说风凉话的。对这样一件急迫的事情，各个人的行为选择各不相同；但是归结起来不外是两种态度和行动：一种是采取各种手段达到救人的目的；一种是根本没有救人的动机而采取旁观的态度。尽管所有的人都知道不知水性的人落水是会淹死的，但由于各个人的世界观和所接受的思想影响不同，因而对于道德准则的理解和选择也不同。那么对这两种行为进行道德评价都应该是有道德责任的，因为他们的行动都是经过自己的思想自由选择的。不过，救人的行为有道德价值——善；旁观的行为则没有道德价值。因此，我们说道德责任是由个人行为的选择自由而产生的。道德责任和人们的行为一样是客观存在的，但是需要通过道德舆论的评价才能显现出来。而个人行为的选择自由，是由个人对客观必然性的认识水平（包括对道德准则的认识）决定；认识的正确与否又受着个人物质生活条件、世界观和生活经验的制约。所以，社会主义社会的成员，对个人行为的选择自由要比资本主义国家的公民的选择自由大得多。因为社会主义社会已消灭了剥削阶级，因而阶级的局限性也就基本上不存在；社会主义社会的个人利益和社会、国家集体利益从根本上是一致的，对于集体主义道德基本原则的必然性的认识普遍提高，所以，对自己行为的选择自由就相应地扩大了。也就是说，对各种客观规律的认识越广泛、越清楚，个人的行为选择的自由也就越大；行为的效果及其道德价值也就越高。相反的，对客观规律的认识越少、认识程度越浮浅，盲目性的选择越多而自由的范围就越小。所以，积极提高广大人民的科学文化水平，提高广大人民的共产主义道德的自觉性，也就是不断扩大广大人民的个人行为选择的自由，增强个人的道德责任感。由此看来，社会主义国家涌现出大批的、层出不穷的具有共产主义道德风格的先进和英雄模范人物，不是偶然的；正是社会主义社会的广大人民，开始掌握了社会生活的客观规律，从而获得了更广泛的个人行为选择自由的表现。有些人总企求资产阶级所想象的那种独立于客观必然性之外的意志自由，实际上，正说明他们对社会主义社会规律的无知；说明他们不懂得真正的意志自由的含义；说明他们还不善于努力获得社会主义社会客观必然性的知识，从而扩大个人行为选择的自由。自由总是相对的，不可能超越一定的时间和空间，不可能超出一定的社会关系及其应有的制度和纪律。完全凭主观愿望企图不受任何约束的任意行动的绝对自由是没有的。所以，对于意志自由与必然的关系、个人行为的选择自由的认识，是道德评价的前提。

（三）道德评价及其依据

道德评价是对某个人（或集体）的行为所进行的肯定或否定的道德判断。符合一定道德准则和规范的行为，给予肯定的判断为"善"，并进行赞扬和宣传；违反一定道德准则和规范的行为，给予否定的判断为"恶"，并进行批评或谴责。这就是道德上的评价活动。这种评价活动表现在两个方面：一方面是社会评价，它的评价形式是社会舆论的赞扬或批评、谴责。社会评价可以是群众性的口头的称赞、宣传或批评、谴责；也可以是官方的文字的表彰、宣传、奖赏，或批评、谴责和告诫。另一方面是自我评价。这表现在某种行为之间的行动选择，和某种行动之后对行为效果的自我评价。对行为自由选择时，总是选择自认为是应该做的才去做，这种对"应该做"的选择，就是以肯定的道德判断为前提的。即认为是符合一定的道德规范和价值观念的。对行为效果的自我评价，则是在考察了自己的行为后果和社会影响之后，而给予的肯定或否定的自我道德评价。这种自我评价可以表现在用语言、文字的自述中；也可以表现为良心的安慰或自我批评，即表现为在心理上感到自豪或羞愧、内疚和悔恨等。

这些道德评价无论是什么形式的，其目的都是为了确定一定的道德准则和规范是合理的、高尚的，促进一定的道德舆论的形成。因此，道德评价是道德这一社会意识形态发挥社会作用的中介和手段。即通过道德评价可以提高人们的道德认识，可以调整人与人之间、个人与社会之间的关系，可以起到道德教育的作用。但是，道德评价是可以论证和讨论的，因为对某一种言论和行为的评价，不仅是对一定道德准则的认识和选择，而且还包含着对某一行为所涉及的一切情况的了解与处理，涉及到道德评价所依据的行为动机与效果问题。

道德评价的标准是一定的道德准则和规范，同时，还要考虑行为的动机和效果的问题。对于个人行为的道德责任来说，是依据动机，还是依据效果？或者是两者都要依据？这是道德学说史上一直有争议的问题。唯心主义哲学家多主张依据动机判断行为的道德价值；机械唯物论者则主张依据效果来判断行为的道德价值；折衷主义者则主张动机、效果都要依据，但往往又动摇于两者之间。这些见解都有一定的道理，但又都有一定的片面性；因为他们思考问题的方法是孤立的、静止的、形而上学的方法，所以都不能正确地阐明道德评价的科学依据。马克思主义者根据唯物主义的辩证法认为，行为的动机和效果之间，存在有辩证统一的关系；行为是从动机向效果运动的一个完整过程。所以评价行为的道德价值，应该以动机和效果的统一为依据。

人们的行为是一个过程。这个过程有长有短、有简单和复杂之分。在这一过程中，包括有动机和目的，计划、手段和方法，结果和影响（即效果）。无论任何行为过程，都具有这样几个必不可少的环节。这些环节大致分为三个组成部分，第一部分是行为动机和目的产生的阶段。行为的动机和目的产生于对某一事物的一定认识和判断；动机是一种主观意向，它以个人的社会生活条件、需要、理想和世界观为前提，即和个人的立场、观点分不开。但是，动机不仅是一种空洞的主观意向，而且要由自己的行动达到一定的预期目的。所以，动机和目的在心理学上常常加以区别，认为动机是行为的动因，目的是行为要实现的结果。实际上，这种区别只能在理论上加以陈述，但在现实生活的实践中则是很难分开的。所以在道德学说中，往往是把目的包含在动机之中。某一现象引起个人行为的动机，个人意识起着决定性作用，而个人意识要受客观的社会意识的制约。个人意识的内容，一般包含有认识、情感和意志；认识的明确程度决定着激发个人的情感的强弱和意志的坚定与动摇。所以，行为动机决定的正确与否，关系着整个行为的效果和道德价值。第二部分是根据动机和目的制定行动计划和全部行动。这里包含着方法和手段以及行动过程中的变动，因为行动过程中会遇到某种意外的情况。行动计划和方法都可能变动。一般地说，这一部分和动机是相适应的，是能够达到预期目的的。不过有时也由于对具体情况不够了解，经验不足或应变能力不强，也会使选择的方法和手段不符合自己的动机和目的，甚至达不到预期的效果。这样就会出现动机与效果不一致的现象。第三部分是行为完成之后产生的结果和社会影响，也就是效果部分。

以上三个部分之间不是孤立的，而是彼此之间有内在联系的。在认识正确的基础上决定的动机和方法手段，经过慎重的实践，最后是会取得符合动机的效果的。但是，有时在实践过程中会遇到一些预想不到的复杂情况和困难，如果生活经验不足、应变能力差，不能随机应变采取适当措施，就会达不到预期的效果。这说明实践对于动机中的目的，也就是对预期的效果影响很大；同时，从实践的全过程又可以检验出动机是否正确。从整个行为过程的最后效果来说，它既可以体现出行为动机的实质，又可以引起新的动机；还可以启发人们总结实现行为动机、目的的方法、手段方面的经验教训。总之，动机、行动和效果之间存在有辩证统一的密切联系。毛泽东对于这个问题有过精辟的论述。他说："这里所说的好坏，究竟是看动机（主观愿望），还是看效果（社会实践）呢？唯心论者是强调动机否认效果的，机械唯物论者是强调效果而否认动机的，我们和两者相反，我们是辩证唯物主义的动机和效果的统一论者。为大众的动机和被大众欢迎的效果，是分不开的。必须使二者统一起来。为个人的和狭隘集团的动机是不好的，有为大众的动机但无被大众欢迎、对大众有益的效果，也是不好的。检查一个作家的主观愿望即其动机是否正确，是否善良，不是看他的宣言，而是看他的行为（主要是作品）在社会大众中产生的效果。社会实践及其效果是检验主观愿望或动机的标准。"① 这里是根据实践是检验真理的标准这一马克思主义的基本原理，阐明了评价别人的行为时，要把行为的动机和效果统一起来去判断行为的道德价值的道理。下面他又接着从行为的主体方面，论证了个人在确定动机时就应该顾及到实践的效果。他说："一个人做事只凭动机，不问效果，等于一个医生只顾开药方，病人吃死了多少他是不管的。……这样的心也是好的吗？事前顾及事后的效果，当然可能发生错误，但是已经有了事实证明效果坏，还是照老样子做，这样的心也是好的吗？……真正的好心，必须顾及效果，总结经验，研究方法，……真正的好心，必须对自己工作的缺点错误有完全诚意的自我批评，决心改正这些缺点错误。"② 这就是说，一个人在确

---

① 《毛泽东选集》，1964 年第 1 版，1966 年横排合订本，第 825 页。
② 《毛泽东选集》合订本，第 830 页。

定自己行为的动机时，就必须根据自己对有关的客观必然性的认识，估计到行为的效果；然后决定行动计划中的方法和手段，争取达到预期的效果。如果实践结果不符合自己的行为动机，那末，就应该认真检查、总结，发现错误、承认错误，并决心改正错误。这样的态度就证明了自己的行为动机是好的。这是处理动机和效果不一致的有效方法；从而使自己的行为经常保持动机和效果的一致性。

我们所以认定动机和效果之间存在有辩证统一的关系，是因为动机和效果之间存在有相互依存、相互贯通和相互转化的对立统一关系。一个人没有行动的动机当然谈不到效果，不追求任何效果的行动也就无所谓动机，二者是互为条件的。任何一个正常的行为，首先要在个人的头脑中有一个追求的目标，这个目标或目的就是预期的效果、行动的意向，也就是动机。所以行为的动机中潜存有行为的预期效果，而行动及其实际效果则是检验动机的基础或标准，即从效果中可以透视出行为的动机。二者是相互贯通地结合在一起的。行为作为一个社会生活的运动过程来说，动机和效果是相互转化的。动机是一种主观愿望，它必须转化为客观事实才有意义，所以动机转化为效果是不言自明的。那末，效果能不能转化为动机呢？从社会生活实践的连续运动来说，效果是能够转化为动机的。就是说，好的效果的社会影响，可以激励别人产生类似的良好动机。例如：报纸上报导的上海女工陈燕飞跳水救人，大学生张华舍己救人的高尚行为，华山和劳山抢险救人的英雄集体活动等等，不仅救活了遇险的人们，而且产生了极大的社会反响，许多青少年向他（她）们学习舍己救人的精神和崇高品德，这就是陈燕飞、张华和陕西华山抢险英雄们、劳山抢险英雄们的行为效果转化为许多青少年的行为动机。也就是道德评价和道德舆论的重大教育作用。因此，我们公开表彰先进的和高尚的行为事迹，不仅是对先进和模范人物的奖赏和鼓励，也是号召广大人民群众向他们学习；也就是促进高尚的道德行为效果，都能转化为更多的人的行为动机。从另一方面来说，对于某些不道德或犯罪行为的典型事例，我们也在报上公开给予报导和批判，目的则是阻止这种坏的社会效果转化为更多的人的行为动机，从而清除各种不良社会影响。因此，动机和效果相互转化的关系，对于道德教育工作来说，是个非常重要的问题。

不过，也有一种形而上学的观点，认为动机和效果是行为的一头一尾，它们之间没有什么必然联系。理由是说，人们的行为动机和效果往往是不一致的，可见二者没有必然联系。他们认为这种论据是驳不倒的永恒真理，尤其认为所谓"歪打正着"最能证明动机与效果无关。所谓"歪打正着"是什么意思呢？就是就不良的动机取得了良好的效果，这种情况是有的。有时好的动机产生了坏的效果也是有的。但是，不能因为会出现这种不一致的情况，就认为动机与效果是经常不一致的。如果经常不一致是一条规律，那么，人类的社会活动将一事无成，人类社会及文化和精神状况也不可能发展到现在这样水平。如果不一致指的是不能完全和动机相合而只能是效果与动机近似一致，那么这是人们认识和实践的常规；不能叫做不一致，只能就经常是一致的，但在有的情况下会出现不一致的现象。前面我们已经讲到产生不一致的原因，这里不再重复；只就"歪打正着"问题再补充几句。

动机不好的行为得到好的效果的现象，可能由两种情况和原因造成的：一是属于思想意识问题；一是属于敌对分子的伎俩。属于思想意识方面的，如一个傲慢又嫉妒的人，当众辱骂一个工作学习不如他的人无能、懒惰等，结果激发了这个人的自尊心，发奋学习、努力工作，不久成为一个成绩卓著的人才。这样一来，他企图贬低别人抬高自己的不良动机，反而促成了别人的奋发图强。也有的人企图拆散别人的恋爱关系，在两人中间制造谣言挑拨关系，结果促使两人交心揭穿了他的谎言，增进了相互了解，确定了两人的婚约。这种良好的结果是那位造谣者不愿看到的。总之，诸如此类的现象在日常生活中并不少见。形成这种不一致的原因，主要是行为者的主观主义，一厢情愿；最后的效果对他个人来说，暴露了自己的丑恶灵魂，还是符合他的丑恶的动机的。另一种属于敌人为了争取群众信任、掩护自己真面目的情况，这种行动可能很复杂；从一个简单的行动的效果看可以说是好的，但从他的总的目的来说，简单行为的效果越好，越容易实现符合他的总的破坏动机的效果。例如一个潜伏特务为了收买人心，对他周围的人经常慷慨地帮助解决经济困难，尤其对于他企图拉下水的人多方照顾，解除其家庭中的紧急困难问题。就这一件解除困难的单一行为来看效果是好的，困难解决了，慷慨助人，影响也不错。但从他的总目标来说，他还要发展下去一直到把受益者拉下水。那么，解决困难的行为只不过是达到他发展破坏力量总动机和目的的手段之一；受益者接受了他的破坏任务时，正是实现了符合其破坏活动的动机的效果。所以，一切企图破坏社会主义建设事业的敌对分子的活动，无论他多么狡猾、伪装善良，最后总是要暴露的。这可以从各类侦破案件的实例中得到具体的回答。根据以上分析，更可以进一步证明，动机和效果之间存在有内在的必然联系。否则，揭露坏人坏事和侦破敌特案件将无从着手和无可遵循的规律了。

马克思主义道德学说，根据辩证唯物主义和唯物主义历史观的基本原理，对于动机和效果的辩证统一关系，给予了科学的阐明。不仅说明动机和效果经常是一致的和总是趋于一致的；而且揭示了产生两者不一致的原因及其纠正方法。因此，在进行道德评价时必须以动机和效果的辩证统一为依据；同时必须对于具体情况进行具体分析。

在检验动机和效果是否一致的分析时，会发生对于手段和目的的关系的不同看法问题。一般地说，手段应由目的决定，善良的目的选择善良的或正当的手段；不良的目的会选择不正当的或卑鄙的手段。不过，现实生活是复杂的，人们的认识是有限度的，所以，善良的目的也可能采取不正当的手段；而不良的目的也可能采取伪善的手段。这和动机与效果的关系有类似情况，从而出现目的与手段不一致的现象。手段和目的不一致，也就影响到动机和效果的不一致。这种不一致的现象引起了许多道德学家在道德评价上的争论。有的认为，只要目的是好的可以不择手段，甚至用最卑鄙的手段都应该评价为善。这种观点的代表人物以意大利的马基雅弗利为最突出。他认为目的证明手段正确。他的爱国主义的道德信条就认为可用一切卑鄙手段达到爱国的目的。另外也有的主张善的行为（手段）不应该有什么实际目的，只要按照"应该"履行的道德律去行动，即遵照实践理性的命令去做就是善的；为了达到一定目的而做好事是没有道德价值的。持这种观点的代表人物应推康德。我们认为这两种观点都是片面的、不正确的。目的和手段的关系是和动机与效果的关系紧密相连的，必须把目的和手段统一起来，才能使动机与效果一致，才能作出正确的道德评价。实际上，所谓手段就是实现动机和目的的途径、方法和实践过程；它往往是能否达到动机与效果一致的关键环节。

不过，在阶级社会里，往往出现很复杂的情况。恩格斯在批评资产阶级经济学家亚当·斯密的学说时指出："亚当·斯密颂扬商业，说商业是人道的，……当然，商人为了自己的利益必须同廉价卖给他货物的人们和高价买他的货物的人们保持良好的关系。因此，……它表现得愈友好，就对它愈有利。商人的人道就在于此。而这种为了达到不道德的目的而滥用道德的伪善手段就是贸易自由论所引以自豪的东西。"①　商业行为本身是一种经济活动，在经济领域里，当然有职业道德问题；但是，不能把商业道德归结为商业的本质。所以，恩格斯从道德评价中的目的与手段、动机与效果的关系方面，揭露了资本主义商业的伪善和欺骗的本质。他指出："在任何一次买卖中，两个人在利害关系上总是绝对彼此对立的；……因为各人都知道对方的意图，知道对方的意图是和自己的意图相反的。因此，商业所产生的第一个后果就是互不信任，以及为这种互不信任辩护，采取不道德的手段来达到不道德的目的。"②　这里所说的"不道德的手段"，是指的商业中允许利用对方的无知和轻信来取得最大利润，并且允许给自己的商品添上一些它本来没有的特点。一句话，就是合法的欺诈。这样就揭露了前面所讲的那种商业活动中的"友好"态度的伪善本质；进一步揭示了资本主义商业中利己主义的目的和动机，采取伪善手段所产生的损人利己的效果的整个行为过程中，目的、手段和效果在本质上的一致性。当然，对于亚当·斯密关于商业是"人道的基础"的美化资本主义商业的实质也就揭露无遗了。在资本主义社会里，像这种用伪善手段掩盖其不道德的目的和效果的事实是很普遍的；但是不能由此得出结论说：目的和手段总是不一致的；或进行道德评价时不必依据目的和手段的统一，就可以作出正确的道德判断。

　　总之，动机和效果、目的和手段之间的关系是相互依存、相互转化的，同时现实生活中的情况又是十分复杂的，道德意识和道德实践同其他社会意识形态、上层建筑，都有着错综复杂的联

---

①　《马克思恩格斯全集》第 1 卷，第 601 页。

②　同上书，第 600 页。

系，所以，在进行道德评价时，决不可简单化。必须根据认识论的基本原理，实践及其效果是检验主观愿望的标准，以及道德实践中和其他意识形态的关系，进行全面地分析研究，慎重地对人们的行为作出科学的道德评价。

（选自《道德学说》，中国社会科学出版社 1989 年版）

道德的进步与共产主义道德

一　道德的进步

恩格斯曾指出："在这里没有人怀疑,在道德方面也和人类知识的所有其他部门一样,总的说是有过进步的。但是我们还没有越出阶段道德。"① 人类社会是不断发展的,道德作为一种社会意识形态和上层建筑,也是会有进步的。不过,道德是一种很复杂的精神现象和社会实践,有高尚的善行,同时也有各种道德堕落的残酷与可耻现象;在任何阶级社会里,都是善与恶并存的。越是现代先进的资本主义国家里,道德堕落和恶行,似乎更引人注目。所以,道德进步究竟表现在哪里,是很难简要说明的。但是这个问题,无论在理论上还是在实践上都是有意义的。因此,在这里仅对道德进步的标准、道德进步的表现和道德进步的过程,作一些初步的探索。

道德进步的含义,主要是指在道德发展的历史过程中,从道德体系来看,后一个社会形态的道德体系,要比前一社会形态的

① 《马克思恩格斯全集》第 20 卷,第 103 页。

道德体系先进些，保持较长久的因素多些。这不是指个人的道德行为，是指道德准则、规范体系的进步。如果联系到个人的道德行为时，也是指代表一定时代或一定阶级的道德典型、风格和精神境界，而不是评论个人的行为品德的善恶。

既然肯定道德是有进步的，那么，首先应该弄清楚，道德进步的标准是什么。根据马克思主义唯物史观的基本原理，道德进步的标准，也应该和其他社会意识形态一样，以道德的历史作用为标准，即道德准则体系推动社会发展、促进人类进步是道德进步的标准。阻碍社会发展和人类进步的道德体系，就是落后的或反动的。恩格斯在批判杜林时曾说过这样一段话："今天向我们宣扬的是什么样的道德呢？首先是由过去的宗教时代传下来的基督教的封建主义的道德，……和这些道德并列的，有现代资产阶级的道德，和资产阶级道德并列的，又有无产阶级的未来的道德，所以仅仅在欧洲最先进国家中，过去、现在和将来就提供了三大类同时并存的各自起着作用的道德论。哪一种是有真理性的呢？如果就绝对的终极性的来说，哪一种也不是；但是，现在代表着现状的改革、代表着未来的那种道德，既无产阶级的道德，肯定拥有最多的能够长久保持的因素。"① 这段话对于我们研究道德的进步问题，很有指导意义。恩格斯首先肯定过去、现在和未来的三类道德并存于欧洲最先进国家中，而且承认三类道德都是各自起着作用的评价善恶的标准。其次他肯定了当时欧洲的资本主义国家是最先进的，那么它的道德准则体系一定还是占有统治地位的；它的道德体系中的某些规范可能已经发展到不利于人类进步和社会发展的地步，但是他并没有否定资产阶级道德准则是"现在"的评价善恶的标准。而且肯定是现在起着作用的善恶

① 《马克思恩格斯全集》第20卷，第102页。

标准。第三，他肯定了代表变革现状的未来道德是无产阶级道德，即拥有最多的能够保持长久的因素，也就是促进社会发展、有利于人类进步的未来的进步社会的道德，也就是进步道德。由此看来，恩格斯是把变革现状，即促进社会发展和人类进步作为道德进步的标准的。因为变革现状的道德拥有最多的能够保持长久的因素，所以它是比现在的道德更进步的道德。

　　从社会发展的史实来看，奴隶社会的道德显然不如原始社会的道德纯朴、善良、诚实、勇敢和团结互助高尚。相反地，奴隶制度把人们分裂为对立的阶级：奴隶与奴隶主、平民与贵族。但奴隶制度却促进了人类社会的大发展，有利于人类的进步，因而维护这种社会制度的道德体系也是进步的。恩格斯曾高度评价奴隶制度的道德以及奴隶制度对人类社会历史发展的作用，他说："在当时的条件下，采用奴隶制是一个巨大的进步。人类是从野兽开始的，因此，为了摆脱野蛮状态，他们必须使用野蛮的、几乎是野兽般的手段，……有一点是清楚的：当人的劳动的生产率还非常低，除了必需的生活资料只能提供微少的剩余的时候，生产力的提高、交换的扩大、国家和法律的发展、艺术和科学的创立，都只有通过更大的分工才有可能，……这种分工的最简单的完全自发的形式，正是奴隶制。……甚至对奴隶来说，这也是一种进步，因为成为大批奴隶来源的战俘以前都被杀掉，而在更早的时候甚至被吃掉，现在至少能保全生命了。"[①] 所谓保存了战俘的生命，不仅是个活命或人道的问题，而主要是保存了和扩大了生产力。因为正是有了专门从事劳动生产的奴隶，才有了开始体力劳动和脑力劳动的大分工的可能条件。由此可以说，在一定历史时期奴隶社会的道德准则体系，对于社会发展和人类进步都

---

① 《马克思恩格斯全集》第20卷，第197页。

有过很大推动作用。这也表明，道德进步的标准，主要是对社会发展和人类进步的促进作用。

道德进步的标准，如果可以如上确定的话，那么，道德进步的表现在哪里呢？回答这个问题可能是多种多样的，但是必须根据道德进步的标准来概括。

第一，道德的进步表现在，由自发地形成的道德习惯，进步到自觉地根据经济关系的需要而提出的道德准则和规范。随着社会的发展和人们认识能力的提高，愈来愈自觉地制定适应经济关系需要的道德准则和规范要求。人们的认识和思维能力，是随着人们的生产发展和阶级斗争而逐渐提高的。奴隶制开始是由于对于战俘价值的认识，而保存了他们的生命让他们专门从事劳动生产的，这是一种道德进步的表现。除此之外，为了巩固奴隶阶级的统治，建立了国家、制定刑法，同时也按照宗法家长制的需要，制定出了以"孝"、"敬"父母、主人和神为中心内容的道德准则①，来调整统治阶级内部的关系；这也是比较自觉地形成的比原始社会关系更为复杂的道德体系。从而奴隶主阶级的贵族阶层对大小奴隶主和平民，提出了一系列的道德义务，人与人之间、个人与社会整体之间的关系，有了更明确的名分秩序。他们对于奴隶阶级并不当作人看待，只是当作一种活的财产或工具，只要求他们绝对驯服地服从主人的意志。

从私有制产生之后，阶级也就同时出现了。奴隶社会是第一个私有制和阶级社会，于是道德便成为一种自觉地维护阶级利益

---

①　中国古代的周礼中记载，孝敬父母是主要道德准则。世界其他国家的古代文献也有类似记载，例如：意大利古代哲学家毕达哥拉（公元前580—前500）所著《金言》中，有"敬你的父母与亲族"（《西方伦理学名著选辑》上卷，第15页）；犹太教的《圣经·旧约》中所定的十戒，前五条是对神的义务，第六条就是：照神所吩咐的"孝敬父母"（见《圣经·旧约》，第219页）。

的反映，对统治者来说，道德便成为统治阶级统治广大人民的手段之一。在中国《论语》中就有这样的记载："有子曰：其为人也孝弟，而好反上者鲜矣；不好反上而好作乱者，未之有也。"①这里说明，统治阶级把道德作为统治人民的手段，在思想上是非常明确的。这种明确地认识到"道德可以统治人民"的自觉性，就是道德进步的一种表现。

被统治阶级在社会生活实践中，也会逐渐认识到自己的社会地位和自己阶级的共同利益，从而形成维护自己阶级利益的道德准则和价值观念，成为反抗奴隶主阶级的剥削和压迫的精神武器。从奴隶起义开始，便表现出了被剥削、被压迫阶级自觉地形成的道德意识和高尚品德。至于农民战争和现代无产阶级解放斗争中所表现的道德意识，那就更明显的是在阶级觉悟的基础上形成的。

第二，道德进步的表现，还在个人与社会关系的变化上表现出来。随着社会的发展，个人地位和个人利益在道德准则体系中是逐步上升的，个人自由活动的范围也日益扩大。在原始社会里，表面看来，个人在氏族公社中的地位是平等的，个人利益和社会利益是完全一致的，个人利益之间是完全平均的，个人利益受氏族社会集体的极大重视和保障。但是，因为当时物质生活条件极低，人们的思维能力相应也很低，所以个人利益和个人自由发展方面，实际上受到很大限制。尤其是个人利益完全融合在氏族整体利益之中，个人的自由活动范围也是极狭小的，而且是不自觉的习惯活动居多。私有制产生之后，社会成员被分裂为利益相互对立的阶级关系，少数统治阶级的个人地位和利益，在社会整体中占了统治地位；而多数被统治阶级的个人则丧失了社会地

---

① 《论语·学而》。有子即孔丘的弟子，名有若。

位和应得的个人利益，甚至个人的生存权都操在奴隶主手里。这种情况反映在道德关系上，奴隶只有绝对驯服地履行奴隶主的一切命令，贵族与自由平民之间则是等级服从的道德要求。但是，代表社会道德体系中的个人利益，尽管是少数人才能得到享受，个人利益和自由活动范围，确实是比过去提高和扩大了。封建时代虽然也是轻视人的尊严和多数人的个人利益的时代，但在道德准则和规范体系中所规定的义务，则提到了人们相互之间各有道德要求。例如中国的封建道德规范中，有所谓："父慈子孝"，"兄友弟恭"，"君使臣以礼"，"臣事君以忠"等规则，表现出人们彼此之间有相互的道德义务。这样虽然还是君主独尊和贵族与统治阶级少数人享有荣誉和一切个人利益，然而被剥削、被压迫的广大劳动人民的个人地位和利益，毕竟比奴隶的情况改进多了。农民或农奴有了"人格"，有了一定的个人利益和个人活动的自由。到资本主义社会，在法律上废除了等级制度，法国1793年宪法宣布："所有的人按其本性都是平等的，在法律面前都是平等的。……自由就是属于各人得为不侵害他人权利的行为的权力；它以自然为原则；以公正为准则；以法律为保障；其道德上的限制表现于下列格言：己所不欲，勿施于人。"①并以个人利益作为道德准则的基础。这种反映资本主义经济关系的个人主义道德体系，显然是把个人利益提高到了不切实际的限度。因为资本主义私有制基础上的自由竞争，表面行使个人的自由权利是不侵犯别人权利的，而实际上，个人利益的实现是损害别人的个人利益的，仍然没有摆脱少数人享有个人利益和自由，多数人不能享有与社会经济、文化水平相应的个人利益和自由。所以，

---

①　见《十八世纪末法国资产阶级革命》，三联书店1957年吴绪、杨人楩译本，第110—111页。

所谓"己所不欲，勿施于人"的道德格言，无法实现而成为伪善。不过，不管怎么说，资产阶级的道德体系，从理论上说，个人的地位和利益比封建时代是大大提高了。

值得注意的是：从第一个阶级社会开始，道德的发展和进步是与道德的退步并存的；善与恶是同时发展的。而且统治阶级的道德实践往往是和他们所宣布的道德原则脱节的。道德意识和实践有善的进步的一面，但同时，道德观念和实践中的恶也与日俱增，形成道德退步的现象。因为阶级社会的经济关系就是，少数人的财富和幸福，是建立在多数人的劳动、穷困和痛苦基础之上的。丧失生产资料的工人劳动者，获得了一种在交换行为中和资本家的"平等"，为了取得个人生存资料而有出卖自己劳动力的"自由"，而这种"平等"和"自由"的背后，则是最不道德的掠夺工人的剩余劳动。至于由于自由竞争日趋垄断造成的工人失业、中小企业破产、小资产者日益贫困化等经济运动，刺激着人们的贪欲和冒险，从而产生各种社会罪恶活动；并且是随着资本主义社会的发展而日益发展，而恶的程度和活动手段，也和现代的文明程度相适应。换句话说，就是恶的表现也充分利用着现代物质的和精神的文明。所以，在阶级社会里道德的进步总是伴随着道德的退步；道德生活中的善与恶总是并存的。只有消灭了私有制、消灭了剥削和一切阶级之后，道德中的恶才可能逐渐减少或消失，或者变为性质不同的失误。就是说，到了将来的共产主义社会的高级阶段，道德成为人人能够自觉遵守的公共生活规则，私有制社会里那种性质的"恶"是会消失的。如果还有恶的话，可能只是一种思想上的疏忽和失误。

当前已经消灭了私有制的社会主义历史阶段，个人利益和社会利益基本上是一致的，因而与社会主义公有制（包括集体所有制）相适应的共产主义道德的基本原则，是成熟的和文明的集体主义原则。在经济上、政治法律上实现了个人之间的真正平等，所以在道德原则和社会道德实践中，一切公民都实现了个人的尊严和个人发展的自由，实现了权利和义务的完全统一。不过，在社会主义历史阶段，因为是刚从私有制社会脱胎出来的，甚至还存在有社会主义公有制（包括集体所有）以外的个体私人经济，还存在有公私合营经济，还存在有社会主义商品经济；还存在各种剥削阶级思想影响；所以善与恶的同时存在是不可避免的。

第三，道德的进步还表现在，道德准则适用的范围日益广泛，道德意识渗透到各种社会实践里去。奴隶社会和封建社会，道德适用的范围主要限于宗法关系和家族人伦关系方面（君臣关系、师徒关系、朋友关系都家庭化）。到资本主义时期，阶级关系虽然简单了，而社会关系却复杂了。因为社会分工细，经济和社会交往错综复杂，政治党派、群众社团、学术组织以及家庭关系不断发生变化等等，这许许多多的关系都需要有一定的道德要求；国际上的各种关系也出现了道义上的责任和国际舆论。这样看来，资本主义时代道德所涉及的面就广泛得多了。尽管资本主义社会道德堕落现象日益恶化，但社会生活中的群众舆论总是起着一定的作用，而群众性的道德舆论总是有利于道德进步的。

在社会主义社会里，共产主义道德观念，适用并渗透到所有社会关系和人们的一切生活之中，道德评价可以干预一切生活。因而道德的社会作用，比历史上任何社会都强大。共产主义道德是最先进的社会主义公有制的经济关系所决定的，它的基本原则和规范，是符合社会发展规律的；也就是恩格斯所说的："它拥有最多的能够保持长久的因素。"所以共产主义道德体系是当代最进步的道德。在共产主义道德的最高理想——全心全意为人民服务（也是起码的道德规范）的思想指引下，人人都可以创造出高尚的道德风格，创造出史无前例的英雄业绩，这也是道德体系进步的重要表现之一。各个历史时代都创造过不少个人的高尚品德和情操，也出现过许多具有崇高理想和道德品质的杰出人物，这些个人的道德实践，也有利于人类道德进步的进程。而共产主义道德的进步，却在于它能鼓励、培育更广大的人民群众的道德自觉性，创造更多的高尚的英雄群体，培育走向全面发展的有理想、有道德、有文化、守纪律的社会主义的一代又一代的新人。

道德进步的总的过程，可以最简单地概括为三个大的阶段：由原始的无阶级局限的自发的低级的全民道德，发展到自觉的阶级道德，最后发展到无阶级限制的高级的全民道德。它前进的道路是曲折的，是在进步与退步、善与恶的矛盾斗争过程中螺旋式上升的。

二　共产主义道德是当代最进步的道德体系

共产主义道德是无产阶级的道德体系，在资本主义社会里，无产阶级是新的生产力的代表，它的道德是促进社会变革的未来社会的道德，所以是最进步的道德。在无产阶级取得政权的社会主义制度下，无产阶级道德作为先进的社会主义社会的道德，是当代社会最进步的道德体系。不过，它有一个发生发展的过程，而且在各个发展阶段上，共产主义道德准则、规范和价值观念，都有不同的要求。

无产阶级和资产阶级是同时诞生的，而真正的无产阶级是在工业使用机器生产的时候才出现的。无产阶级道德则是在无产阶级发展到一定的壮大成熟阶段才产生的。恩格斯在考察了英国工人阶级状况之后指出："只有当他和自己的雇主疏远了的时候，当他明显地看出了雇主仅仅是由于私人利益、仅仅由于追求利润才和他发生联系的时候，当那种连最小的考验也经不起的虚伪的善意完全消失了的时候，也只是在这个时候，工人才开始认清自己的地位和利益，开始独立地发展起来，只是在这个时候，他才不再在思想上、感情上和要求上像奴隶一样地跟着资产阶级走。而在这方面起主要作用的就是大工业和大城市。"① 这也就是说，在资本主义的大工业和大城市发展起来的时候，工人阶级才壮大和成熟到能够认识自己的地位和利益，并独立发展。而维护自己阶级利益的道德观念，只有认清了自己阶级地位和利益之后才可能产生；并且是在不断地反抗剥削和压迫的阶级斗争过程中才能逐渐形成的。

　　资本主义制度下的工人阶级一无所有，所以叫做无产阶级；他们除了为改善自己的状况而进行反抗之外，再没有其他办法来表现自己的情感，所以在反抗资本家阶级的斗争中，显示出了无产阶级最高贵的道德品质。因为在反抗资产阶级剥削和压迫的斗争的同时，必须解决工人阶级内部的竞争，必须使大多数工人团结起来反对背叛工人阶级运动和其他斗争利益的少数工人的可耻行为。所以工人阶级内部的团结、互助、忠诚和勇敢，是无产阶级道德的首要要求。因为无产阶级在资本主义社会里是无助的，只有工人阶级内部的团结才是唯一有力的战斗武器。所以，消灭工人之间的竞争，紧密地团结起来才能战胜资本的奴役。在无产阶级看来，背叛工人阶级反抗斗争利益的工贼是最可耻的。无产者没有生产资料，生活资料也很缺乏，但他们对于金钱并不那样崇拜，只不过把它看作能够购买生活必需品而已。因此，工人阶级在物质生活上能够互相帮助，而舍己救人的精神则会在残酷的阶级斗争中发展起来。同时，由于大工业生产中的集体联系和严格的生产纪律，也培育了工人阶级的集体主义思想。因为在大工

---

① 《马克思恩格斯全集》第2卷，第409页。

业生产中很容易认识到集体的威力，个人和集体的关系也有较深的切身体验。所以在革命斗争实践中集体主义观念便成为无产阶级道德的基本原则或最高标准。只有在这一基本原则下，才能紧密团结起来，坚定革命决心，增强战斗的勇气和信心。恩格斯曾赞扬工人阶级的高尚品德说："罢工也需要有勇气，甚至比暴动需要更大或大得多的勇气，需要更大的勇敢和更坚定的决心，这是很明显的。真的，对一个亲身体验到穷困是什么的工人说来，勇敢地带着妻子儿女去迎接穷困，成年累月地挨饿受苦，而依然坚定不移，这确实是一件非同小可的事情。……正是在这种镇静的坚忍精神中，在这种每天都得经受上百次考验的不可动摇的决心中，英国工人显示出自己性格的最值得尊敬的一面。"① 无产阶级道德的高尚品质就是在这种艰苦斗争的过程中逐步成长起来的。

无产阶级在资本主义社会里，代表着新兴生产力的阶级，它的发展壮大是促使资本主义制度灭亡的力量，他们是有自己阶级利益的、有自己的世界观和原则的独立阶级。但是工人阶级在自发的工人运动中不可能产生正确的社会革命的道路，只有在接受了科学的马克思主义世界观和共产主义理论之后，才可能由自在的阶级变为自为的阶级，即具有自觉的阶级意识和奋斗目标的阶级。从而确立起正确的革命方向，他们的集体主义道德观念才能形成完整的共产主义道德体系，即由共产主义思想指导的道德体系。接受了共产主义科学理论指导，才能真正懂得无产阶级的社会地位及其历史使命，以及无产阶级革命运动的国际性；从而克服这样那样的非无产阶级思想影响和狭隘的阶级或民族的偏见。各国工人阶级的利益是一致的，只有全世界无产阶级联合起来，才能取得无产阶级解放斗争的胜利；而无产阶级的彻底的最后解

---

① 《马克思恩格斯全集》第 2 卷，第 513 页。

放，是在全人类解放之后才能实现。所以，各个国家的无产阶级解放是全人类解放的必经的步骤。因此，国际无产阶级的解放斗争是需要互相支援的；共产主义道德中的爱国主义原则是和国际主义相联系的。各国无产阶级对于国际上的无产阶级革命和民族解放斗争，都有相互援助的道德义务；对于本国统治阶级所发动的侵略战争是不应该支持的。

无产阶级道德之所以叫共产主义道德，是由于无产阶级接受了共产主义思想指导之后形成的道德体系，它的经济基础是无产阶级个人没有生产资料；无产阶级掌握政权之后的社会主义社会制度，是以社会主义公有制（包括集体所有制）为经济基础的。所以后来列宁提出了"共产主义道德"这一概念。正是因为工人阶级是无产者，所以它能够承担起摧毁资本主义私有制的历史使命；无产阶级的共产主义道德便成为使劳动人民彻底摆脱剥削和压迫的革命的精神武器。共产主义道德是和资产阶级个人主义、利己主义道德体系相对立的集体主义道德体系，它帮助无产阶级团结起来反对资产阶级的剥削和压迫，它鼓舞无产阶级和劳动人民坚定勇敢地变革现存的资本主义制度，它引导无产阶级和劳动人民艰苦奋斗地建设社会主义社会，并为实现共产主义社会高级阶段准备必要的条件。因此，说共产主义道德是当代最进步的道德是当之无愧的。

共产主义道德在当前，不仅是资本主义国家的无产阶级道德，而且已经是共产党所领导的社会主义国家的社会道德准则。这种新的社会道德真实地反映了社会主义社会关系的需要，对社会主义现代化建设起着巨大的推动作用，培育着一代代社会主义新人，共产主义道德准则和规范已经成为社会主义社会广大劳动人民（包括劳力劳动者）自觉地规范个人行为的指导力量，它的内容是极为丰富和全面的。

三　共产主义道德准则

共产主义道德观念产生于资本主义社会，在资本主义社会里，无产阶级反对资产阶级的剥削和压迫，以及推翻资本主义私有制的革命斗争过程，是共产主义道德产生和形成的阶段。这一时期的共产主义道德准则和规范，主要是围绕着维护无产阶级的阶级斗争利益；还不能涉及到整个社会关系的一切方面。就中国来说，共产主义道德产生和形成于中国共产党和无产阶级领导新民主主义革命时期，它在共产主义世界观的指导下，在反帝反封建的民主革命战争中逐渐形成。由于中国无产阶级革命是以武装斗争为主，建立了革命根据地的政权，所以中国无产阶级的共产主义道德准则在形成时期是比较全面的。但是它涉及的范围毕竟还不是全社会的。中国无产阶级革命取得完全胜利之后，建立起以无产阶级为领导以工农联盟为基础的社会主义制度，于是共产主义道德得到了进一步发展，即成为整个社会主义社会的占统治地位的社会道德体系。根据社会主义（共产主义的低级阶段）公有制（包括集体所有制）的经济关系的实际情况，国家政治制度的需要，在共产主义道德原则和规范方面则有所变化和发展。社会主义历史时期，社会经济关系虽然已由私有制变为公有制，消灭了剥削和剥削阶级；但是，由于生产力发展水平的不平衡，还存在有少量的作为社会主义经济补充形式的个体和公私合营（或外资独营）的经济成分。在政治方面存在有国家、法权和军队及其他专政机构，以及政治上的统一战线；这是中国社会主义历史阶段必然经历的进程。因此，在社会道德方面必然有所反映。但是无产阶级革命时期的"为人民服务"和"集体主义"的基本原则是不会变更的。

共产主义道德准则是社会主义公有制（包括集体所有）的经济基础上的上层建筑和社会意识形态，所以根据国情的不同会出现大同小异的情况。共产主义道德准则在社会主义历史阶段，各个社会主义国家的提法可能有所不同，但它们的内容是一致的。我们这里只根据中国的实际来探讨共产主义道德准则在社会主义历史阶段的内容。

（一）共产主义道德的基本原则——集体主义原则

集体主义原则是共产主义道德的基本原则或最高标准，它是从社会主义社会经济关系中引申出来的，是社会主义历史时期的社会道德的根本要求。它既需要明确个人利益受到社会主义国家的重视并保障其合理的实现，又要明确个人利益必须在服从国家、社会利益的前提下才能得到满足。毛泽东同志曾提出：提倡以集体利益和个人利益相结合的原则为一切言论行动的标准的社会主义精神。这里所说的"相结合的原则"究竟是指什么呢？特别是在个人利益和国家、社会、集体利益发生矛盾的时候，怎样结合呢？我们一般地概括为三条，即：个人利益服从国家、社会集体利益；当前利益服从长远利益；局部利益服从全局利益。这三条之间是互相联系的。这样概括是不是太强调服从而抹杀个人和局部利益呢？不会的。让我们看看国家的宪法和人民代表大会的报告中有关规定，可以帮助我们更好地理解。

"一切地方、部门和企业都要自觉树立全局观念，决不能用损害全局利益的手段去谋取自身利益，而只能在有利于增进全局利益的条件下去讲求局部利益。""希望我们的干部群众都能清楚地认识到这一点，自觉地兼顾当前利益和长远利益，并使当前利益服从于长远利益。"[①] 这里都是提局部和当前利益服从全局和

---

① 1986年第六届全国人民代表大会第四次会议上，《关于第七个五年计划的报告》。

长远利益。《宪法》上规定是在发展生产的基础上，逐步改善人民的物质生活和文化生活。这里说明人民生活的改善是要服从国家或社会的生产发展状况的。《宪法》还明确规定："中华人民共和国公民在行使自由和权利的时候，不得损害国家的、社会的、集体的利益和其他公民的自由和权利。"所谓不得损害国家、社会利益，当然就意味着个人必须服从国家和社会的利益。当然这些规定都是政治和法的规定，还不是道德原则的直接规定。但是法、尤其宪法是社会主义经济关系的直接反映，它是社会经济关系和道德准则的中介，道德的基本原则必然反映由法律规定下来的经济关系表现为利益关系的根本原则。对于宪法的权威解释这样说："我们是社会主义国家，国家的社会的利益同公民个人利益在根本上是一致的。只有广大人民的民主权利和根本利益都得到保障和发展，公民个人的自由和权利才有可能得到切实保障和充分实现。"① 因此宪法规定公民行使自由和权利不得损害国家和社会的利益。这说明国家社会利益同公民个人利益的一致性，表现在广大人民的根本利益得到保障和发展，实际上即国家社会的利益得到发展和保障，公民的个人利益才能有切实保障的充分实现。简单地说就是社会和国家利益是个人利益的保障，个人利益只有在国家社会利益发展的前提下才能实现。这是符合唯物史观的个人与社会之间的辩证关系的。所以我们说集体主义原则是共产主义道德的基本原则，并不抹杀或降低个人利益，而是为了切实地更有保障地实现广大人民的个人利益。这是一种共产主义思想的体现。在社会主义历史阶段加强共产主义思想教育，这在宪法的权威解释中也有明确论述："现在，我们已经建立了社会

---

① 《关于中华人民共和国宪法修改草案的报告》。1982 年 11 月 26 日在第五届全国人民代表大会第五次会议上的报告。

主义制度，就应该而且能够在全国范围内和全体规模上加强对干部和群众的共产主义教育，只有这样才能指导我们的现代化建设坚持社会主义方向，使我们社会的发展保持前进的目标和精神的动力。共产主义的思想教育应该体现在帮助越来越多的公民树立辩证唯物主义和历史唯物主义的世界观，培养全心全意为人民服务的劳动态度和工作态度，把个人利益同集体利益、国家利益结合起来，把目前利益同长远利益结合起来，并使个人的目前的利益服从共同的长远的利益。……这种教育必须同现阶段在经济和社会生活中坚持实行按劳分配和明确的经济责任制等各项社会主义原则相结合，也只有在这样的思想教育的指导下，各项社会主义的原则和政策才能得到充分的和正确的贯彻。"① 这里说明，集体主义的三条原则，既体现了共产主义思想的要求和唯物史观的基本原理，同时又和社会主义按劳分配及其他原则相结合；从而使个人利益有保障地实现。

以上所以要引用这样多的国家文献，主要目的在于说明，集体主义三条原则是由客观的社会主义社会经济关系和政治制度所决定的。它是个人利益和社会、国家、集体利益相结合的最后准绳。任何个人的自由、权利和利益，都必须在社会、国家利益的发展的前提下才能实现。这种个人和社会、国家的关系是不能颠倒的。不过，在现实的社会实际生活中，有时个人或局部的当前利益，可能有利于社会和全局的长远利益，那么首先满足这种个人或局部的当前利益就是合理的、必要的，也是符合集体主义道德原则的。同时，国家和社会的各种政策和制度总是充分考虑到尽量满足和发展广大人民群众的个人利益，所以个人也要自觉地

① 《关于中华人民共和国宪法修改草案的报告》。1982年11月26日在第五届全国人民代表大会第五次会议上的报告。

考虑在实现国家和社会利益的基础上获得个人的正当利益。这一体现个人与社会辩证关系的历史唯物主义原则，贯彻在共产主义道德体系的各项道德准则和规范之中。

（二）热爱祖国

热爱祖国的道德原则，就是要求人们对于自己的祖国忠诚和爱护。这是一种传统的道德要求。原始社会没有国家，但每个部落成员对自己的氏族和部落都无限忠诚和爱护。从奴隶社会建立起国家开始，保卫和热爱祖国便成为一切公民的道德义务。不过奴隶社会的爱祖国的特点，是以进攻和掠夺别国财富为主要表现，一旦被别国战败之后，社会亡国变为种族奴隶。封建社会是国与君连在一起，"朕即国家"，所以，"忠君"就是爱国，爱国必须忠君，爱国而违君命，则是大逆不道，也是不可能的事情。实际上，往往是忠君高于爱国；我国历史上因爱国谏君而遭迫害的忠臣志士举不胜举。所以封建时代的"忠君报国"（保君主之国）思想是封建道德体系中的爱国主义道德原则的特征。而且民族主义的狭隘性是比较突出的，就是说，积极支持侵略别国的非正义战争也是爱国的要求。到资本主义时代，资产阶级的爱国主义道德原则仍然局限于狭隘的民族主义，争夺市场和势力范围的战争，往往随着经济侵略的发展而不断发生。所以，阶级社会的爱国思想都是作为一切公民道德的首要义务，但它们都是把建设和保卫祖国的安全，同侵略和掠夺别国的领土、主权的行动都包括在"爱国"这一概念之内。这种爱国主义道德原则包含着严重的不道德成分；它把国际之间的正义与非正义行动混为一谈，把侵略战争也叫做爱国主义；对本国人民来说带有极大的欺骗性，对被侵略国家的人民来说，是以残酷的暴力制造灾难和死亡的罪恶活动。因此，无产阶级反对这种侵略别国的所谓"爱国主义"道德原则。共产主义道德体系中的爱国主义原则的实质是反侵略的。

社会主义国家的公民热爱祖国，主要是和无产阶级的国际主义相联系的。一方面表现在积极投入社会主义祖国的各项建设，把祖国建设得繁荣富强；另一方面，为了保卫祖国的领土主权的完整和人民生命财产的安全，必须坚决地打击侵略者。但是对于交战国家的劳动人民并不看作敌人和无故加以伤害，而是友好的向他们揭露其统治者对内欺骗对外侵略的不义性质，促使他们对本国军国主义者的欺骗的觉醒，从而反对侵略战争。关于这个问题，毛泽东讲得很具体，他说："爱国主义的具体内容，看在什么样的历史条件下来决定。有日本侵略者和希特勒的'爱国主义'，有我们的爱国主义。对于日本侵略者和希特勒的所谓'爱国主义'，共产党员是必须坚决反对的。日本共产党人和德国共产党人都是他们国家的战争的失败主义者，用一切方法使日本侵略者和希特勒的战争归于失败，就是日本人民和德国人民的利益；失败得越彻底，就越好。日本共产党人和德国共产党人都应该这样做，他们也正在这样做。这是因为日本侵略者和希特勒的战争，不但是损害世界人民的，也是损害其本国人民的。"① 而中国的情况就不同了，"中国是被侵略的国家，因此，中国共产党人必须将爱国主义和国际主义结合起来。……因为只有为着保卫祖国而战才能打败侵略者，使民族得到解放。只有民族得到解放，才有使无产阶级和劳动人民得到解放的可能。中国胜利了，侵略中国的帝国主义者被打倒了，同时也就是帮助了外国的人民。因此爱国主义就是国际主义在民族解放战争中的实施。"② 这里既说明了共产主义者是国际主义者，在不同情况下，爱国主

① 《毛泽东选集》合订本，第 486 页。
② 同上书，第 486—487 页。

义的具体内容和行为准则有所不同；也具体地论述了共产主义者的爱国主义和国际主义的内在联系。对侵略国家的统治者与广大人民明确地区别开来，不仅在理论上是符合实际的，而且在实践中，共产党所领导的革命队伍也是这样做的；这对交战国双方的人民都是有利的。

在社会主义国家的和平建设时期，共产主义道德的热爱祖国原则仍然是和国际主义相联系的。在社会主义现代化建设中，努力发挥个人的聪明才智为共产主义事业作出贡献，是热爱祖国道德原则的主要表现；同时，社会主义建设的成就和发展，对世界被压迫民族和被压迫人民的解放斗争是极大的鼓舞；对他们的物质的和精神的支援就有了强大的物质基础。对于武装破坏我国边界和平的行动，必须及时给予反击。爱国华侨和外籍华人对社会主义祖国建设大力支援，受到国内人民的赞扬和尊敬；同时也要求他们遵守住在国的法律和制度，做出自己应有的贡献。这也是一种爱国主义和国际主义相结合的特殊表现。只有共产主义道德的爱国主义才会有这样全面的内容。

（三）热爱人民

热爱人民是一个道德命令式的命题。人民这个概念，在社会主义国家它的内涵是确定的，即除去极少数敌对分子之外，广大社会主义国家的公民都是人民。在阶级社会里，"人民"主要是指全体被剥削的劳动者，以及剥削阶级内部某些受压迫和开明、进步阶层或分子，他们结合起来成为促进社会发展的社会力量。所以在资本主义国家的无产阶级，总是要团结爱护人民并与之结成革命联盟。

社会主义国家的宗旨是为人民谋利益的，国家的一切政策和措施，也都是从人民利益出发，一切人民不分政治地位的高低都是同志式的新型的平等关系。社会主义公有制（包括集体所有）

的经济关系，使人民的个人利益之间、个人与社会利益之间，从根本上是一致的。因此，人与人之间的关系，都是同志式的团结友爱、相互尊重、相互帮助和共同进步的关系。尽管在社会主义历史阶段，个人之间、某些企业之间在某些方面可能存在有矛盾和竞争，但是这种矛盾和竞争，同资本主义国家的竞争是有本质区别的。资本主义国家里的个人之间的自由竞争，是为了谋取个人利益而损害别人利益，追求个人幸福而不顾别人的痛苦。而竞争的胜败全靠个人奋斗和欺诈手段的高低。这是私有制的经济关系所必然形成的个人利益之间的对立的反映。社会主义社会存在的个人之间的竞争，是由于现实的社会物质生活和文化生活条件的发展，还没有达到能够满足一切人的需要的水平，不可能使每个人有相同的发展机会和满足同等的需要，个人的文化和智能的发展水平还存在有一定的差别。因此在受高等教育和就业的机会方面会有竞争。但是这些竞争的目的都是为了更好地为建设社会主义事业充分发挥个人的才能；而竞争的结果不会给失败者造成不可弥补的痛苦，而是另有其他学习机会和工作岗位可以发展个人的智慧和才能，同样是为社会主义建设作出不可缺少的贡献。这种竞争促进大家更加努力发挥个人智能、互相关心和共同进步。同时，社会主义国家的各种职业有同等的重要意义，都是为人民服务的事业，任何人为国家和人民作出了贡献，都会受到人民的尊敬和赞扬，受到国家和集体的奖励和表彰。更重要的是社会主义国家的人民的努力奋斗，都会得到人民群众和社会集体的爱护、帮助和支持，而不是孤立的个人奋斗。这就是社会主义社会的人民之间互相爱护、团结互助的共产主义道德原则。

全心全意为人民服务是共产主义道德的理想人格，同时也是热爱人民的核心内容。在社会主义国家，每一个公民的劳动和工作都是为人民服务，所以为人民服务的精神应该渗透到各行各业的职业道德规范之中。因此，经济领域里的某些竞争，以为人民服务的质量决定胜败。就是说，不管什么经济活动，单纯为了赚钱而不顾人民的需要和利益，这种经济活动是得不到人民的拥护和信任的，自然也就不可能得到发展。所以热爱人民的为人民服务的精神，贯彻到经济领域里，便成为社会主义商品经济不同于资本主义商品经济的根本标志。

热爱人民的道德原则，是社会主义社会人与人之间同志式新型社会关系的反映，但是也包含着革命人道主义或社会主义人道主义的内容。人民之间的互爱，听起来似乎有些局限性，尽管在社会主义国家是包括全体公民；但是爱人民的爱，则是同志式的最真挚、最深厚的爱，听起来是热诚而亲切的。而革命人道主义和社会主义的人道主义，它适用的范围有更广泛性的一面，但也有它的局限性的一面；而重要的是，在大多数人的心目中，人道主义的含义就是把人当作人看待，宽容、怜悯、仁慈等对待人的态度，就是人道主义的爱。同人民之间、同志之间的关系比较起来，似乎有一种淡薄和疏远感。这可能是中国人民在长期革命斗争中形成的两种不同的感情。因为，革命人道主义在民主革命时期就是中国共产党所领导的革命队伍的政策和指导方针之一。但是它所适用的范围则是对待战俘、对待停止攻击和放下武器的敌人，对他们实行人道主义的宽大政策。即对战俘不准侮辱人格、不准虐待、不准搜缴财物，负伤有病给予精心治疗等等。医务人员对于伤病员应该不管其政治立场如何、无论贫富都应尽力医治，即所谓"救死扶伤"是医务人员的天职。对于罪犯不准刑讯，尊重人格，在服刑期间进行思想教育；对于重大战犯以教育改造为主等等政策，都是革命人道主义的内容。从个人来说，这是共产主义道德在人际关系上的一条人道主义原则，这种宽容、仁慈同对人民和同志的爱相比，应该说是低一层次的道德要求。

现在共产党人建立起社会主义制度，在对待人的问题上同样有个人道主义的道德层次，是革命人道主义的发展，普遍地保护人的尊严，珍视人的生命的价值，尽量满足残疾人的生活和发展的需要，特别是和国际人道主义者共同反对种族歧视、民族压迫和侵略战争，反对把先进的科学技术用于制造原子、生物和化学武器等。这是社会主义的人道主义的道德要求。因此在社会主义国家里应广泛地宣传社会主义的人道主义，在热爱人民的同时，树立人道主义观念，反对和抵制一切违反人道的恶的势力和行为。

（四）热爱劳动和社会主义公共财产

热爱劳动是一切劳动者的美德，而社会主义社会人人参加劳动，所以热爱劳动就成为每一个公民必须具备的光荣品德，是体现个人与社会、国家、集体关系的道德原则之一。劳动包括体力劳动和脑力劳动，是社会主义国家每一个公民的权利和义务。我国的宪法规定："中华人民共和国公民有劳动的权利和义务。""劳动是一切有劳动能力的公民的光荣职责。国营企业和城乡集体经济组织的劳动者都应当以国家主人翁的态度对待自己的劳动。国家提倡劳动竞赛，奖励劳动模范和先进工作者。国家提倡公民从事义务劳动。"[①] 这些社会主义经济关系表现为法律原则的规定，说明了社会主义劳动性质、劳动的社会地位、人民应有的劳动态度以及国家对待劳动的方针政策。

"各尽所能，按劳分配"是社会主义这一历史阶段的重要原则。从劳动性质来说，劳动在这一阶段既是谋生的手段，又是个人生命自由活动和充分发挥个人智能与个性的主要表现。在资本主义国家，劳动是被剥削、被压迫人民谋取生活资料的唯一手

---

① 1982 年 12 月中国第五届全国人民代表大会第五次会议通过的，《中华人民共和国宪法》第 42 条。

段，是为饥饿所逼迫的被资本家所支配和剥削的雇佣劳动，所以劳动者对劳动没有兴趣，视为可厌恶的沉重负担。因此资本主义社会的劳动者的劳动态度是给多少钱干多少活，是雇佣劳动的态度，这是完全符合资本主义经济关系的道德观念的。但是，在社会主义制度下（共产主义的初级阶段），劳动的性质和资本主义社会有了根本区别。因为社会主义实行公有制为主体，消灭了私有制的剥削，社会和劳动人民成为生产资料的主人，所以也就根本上消灭了雇佣劳动的性质；劳动变成了满足劳动者自身生活和发展需要的自由、自愿的劳动。恩格斯曾指出："当社会成为全部生产资料的主人，可以按照社会计划来利用这些生产资料的时候，社会就消灭了人直到现在受他们自己的生产资料奴役的状况。……代之而起的应该是这样的生产组织；……一方面，任何个人都不能把自己在生产劳动这个人类生存的自然条件中所应参加的部分推到别人身上；另一方面，生产劳动给每一个人提供全面发展和表现自己全部的即体力的和脑力的能力的机会，这样，生产劳动就不再是奴役人的手段，而成了解放人的手段，因此，生产劳动就从一种负担变成一种快乐。"[1] 这里讲的虽然包含有共产主义高级阶段的劳动性质，但主要是说从社会主义公有制开始，劳动的性质就发生了变化；即开始成为解放人类的手段和生命活动的需要，而不再是沉重的负担。通过社会主义向共产主义高级阶段的整个过渡时期，劳动便逐渐成为每个人的"生活第一需要"和"快乐"。

社会主义社会的劳动性质变了，因而人们的劳动态度也就变成自觉自愿的社会主人翁的态度。也就是说，社会主义社会的一切成员利用社会公共所有的生产资料，为提高大家共同的生活需

---

[1]　《马克思恩格斯全集》第20卷，第318页。

要而劳动，就可能充分发挥各个人的智慧和能力。社会主义制度实行"各尽所能，按劳分配"，正是体现了社会主义公有制经济关系所决定的劳动性质和应有的劳动态度。社会主义的劳动生产目的是为了建立个人和社会集体的美好生活，分配是按照劳动的结果获得自己应得的报酬；这样就改变了资本主义社会的雇佣劳动的性质和应有的态度。这种"各尽所能"的劳动态度中就已经包含有不计报酬的共产主义因素，所以，在社会主义历史阶段提倡共产主义劳动态度是完全符合社会主义经济关系的根本性质的。有的同志认为，社会主义历史阶段提倡共产主义的不计报酬的劳动态度是不符合"按劳分配"和"多劳多得"的原则的。这种看法似乎有道理，但是实际上带有片面性，它是把经济领域里的国家分配政策同道德领域里的个人劳动态度混为一谈了。社会主义历史阶段所讲的不计报酬的共产主义劳动态度，是指个人对待社会、国家集体利益的道德原则，它体现了劳动者为社会而劳动的主人翁姿态和心理状况；按劳分配、多劳多得的经济政策，是国家、社会对待个人劳动和利益的社会主义分配原则；两者不是对立的，而是相互促进的。这是社会主义社会劳动性质和资本主义劳动性质的根本区别所在。同时，也体现了个人与社会利益之间的社会主义新型关系。因此，热爱劳动这一共产主义原则，是建立在社会主义公有制经济基础上的，已经摆脱了沉重负担的劳动性质的反映，是社会主义社会个人与社会利益一致的表现，是自由地充分发挥个人智慧和个性的、社会主义主人翁的诚实劳动态度的表现。

热爱劳动同时应该热爱劳动成果和尊重别人的劳动，这主要表现为爱护社会主义公共财产。对待财产的态度，自古以来就是道德的一个重要内容。原始社会的公共财产是神圣不可侵犯的，保护氏族和部落的公共财产不受外族侵犯，是每一个氏族成员的神圣职责。到私有财产出现之后，除法律规定私有财产不得侵犯之外，在道德规范中偷盗别人财产便是最大的恶，所以"勿偷盗"成为一切私有制社会的道德戒律。在以公有制为基础的社会主义社会里，由于是刚从私有制社会脱胎出来的，私有的某些生产资料和生活资料还需要法律和道德的保护，尤其是社会主义公共财产在法律上更需要严格保护，在道德上爱护公共财产也应是一条重要原则。在私有制的社会里，对私人财产的偷盗是大家深恶痛绝的，对国家的公共财产则往往是漠不关心或设法侵占的。但是社会主义社会的公共财产是全体（或集体）社会成员所公有的，大家都是公共财产的主人，是大家个人劳动的成果，就不应该漠不关心而是应该加倍爱护。社会主义社会的公共财产不仅是机关、企业和学校的一切财物，而且包括中华民族世世代代所创造的文物古迹、优美的自然环境和许多精神财富，热爱劳动、尊敬劳动的社会主义社会的人民，都有爱惜、保护其不受损害的义务。这也是集体主义道德精神的表现。

（五）热爱科学，坚持真理

共产主义道德是在科学共产主义思想指导下的道德体系，相信科学、热爱科学和坚持真理，是对待各种社会事物和社会关系的一条道德原则。即应该学习科学知识、尊重科学知识，按照科学规律、实事求是的科学态度办事。具体地说，就是为了在社会主义现代化建设中作出更大的贡献，积极掌握现代科学技术、运用科学知识进行劳动和工作。敢于坚持真理向各种错误言论行为进行斗争，不怕打击，不怕嘲讽，不怕强大的歪风邪气的阻挠和压制。相信科学，反对迷信，积极宣传无神论，对广大人民群众进行科学普及教育。坚信马克思主义的科学真理，坚持马克思主义真理的同时积极发展马克思主义科学真理；这是每一个共产主义者的最崇高的道德义务。

（六）热爱社会主义

列宁曾提出："为巩固和完成共产主义事业而斗争，这就是共产主义道德的基础。"[①] 这是每一个共产主义者在确立自己的理想和信念时必须懂得的常识。社会主义社会是共产主义社会的初级阶段，巩固和发展社会主义建设，是完成共产主义事业的必经历程，因而热爱社会主义事业的一切活动，就成为共产主义道德的一项重要内容和要求。当然，社会主义国家的公民，不一定都是共产主义者；但是热爱中华民族和中华人民共和国，则是每一个公民的道德义务。而中华人民共和国就是社会主义制度，所以爱中华人民共和国也就会爱社会主义。因为中华民族的振兴，中国在国际上能够获得独立自主的强国的地位，都是从社会主义制度建立之后开始的。而且今后在国际上将起更大的作用，也是要靠社会主义现代化建设的发展。因此，热爱祖国和热爱社会主义是分不开的。同时，在热爱社会主义祖国的实践中，可以进一步加深对共产主义运动的认识和理解，全国人民和爱国华侨将对社会主义祖国的建设，作出重大贡献，也就是在完成共产主义事业的道路上留下光辉的足迹，从而赞成和相信共产主义事业的人数就会越来越多。因此，为实现共产主义理想而奋斗这一道德基础，必然鼓舞人们对热爱社会主义这一道德原则的实践。

以上各项共产主义道德原则，是社会主义历史阶段的道德准则，也可以叫做社会主义的道德原则。它们都贯穿着一个共同的精神，就是集体主义思想。因此，我们把集体主义原则叫做基本原则，它标志着共产主义道德体系的性质。共产主义道德的各项原则还渗透到社会主义社会生活的各个方面，从而形成各个社会生活领域的具体道德规范，直接指导人们的行为，即形成职业道

[①] 《列宁全集》第 31 卷，第 262 页。

德、婚姻家庭道德、公共生活规则等等。这样便构成了比较完整的共产主义道德体系，也就是当前世界上最进步的道德体系。不过，在社会主义社会里的共产主义道德准则，是适应社会主义历史阶段的社会经济、政治和文化的需要而形成的，还带有一定的时代和某些阶级局限性，是共产主义道德发展的第二个阶段。它还要随着社会主义建设的发展，物质产品达到非常丰富，科学技术达到高度发展，人们的文化科学水平普遍提高，过去那种限制人们全面发展的分工消失了，城乡之间、体力劳动和脑力劳动之间的差别完全消灭了；具有高度自觉性的共产主义新人形成了；世界各国（全部或绝大多数）都建立了共产主义制度，从而国家和政治法律都自行消亡了。总之，共产主义社会高级阶段实现了，"各尽所能，按需分配"的时代到来的时候，共产主义道德的内容将日趋简单化，即成为人人自觉地遵守的公共生活规则，个人利益和社会公共利益完全融合为一体的共同道德习惯。每一个人的智慧、才能和品德将会得到全面发展，共产主义道德将发展成为维护社会生活秩序的主要的行为规范，即真正的全人类道德。

（选自《道德学说》，中国社会科学出版社 1989 年版）

道德和其他社会意识形态

道德是一种社会意识形态,它的根源、本质和社会作用都和其他社会意识形态有共同性,同时又有各自的特殊性,相互之间还有一定的联系和交互作用。而这种交互作用,对于道德评价、道德意识的形成有重要关系,并且通过道德与其他社会意识形态的关系,加深对道德的社会作用的认识是有重要意义的。因此,在这里提出几个和道德有比较密切关系的意识形态加以论述。

一 道德与政治、法律

在社会意识形态中政治和法律同道德的关系最密切。政治、法律都是由经济关系决定的,而政治是经济关系的集中表现,法律只不过是"表明和记载经济关系的要求而已。"[1] 而道德正是由政治和法律所规定下来的经济关系的要求中引伸出来的,所以政治、法律是道德和经济关系的中间环节。经济关系首先表现为

---

[1] 《马克思恩格斯全集》第 4 卷,第 122 页。

利益的关系，必须要由政治制度和法律条文规定下来，要求每一个公民必须遵守，同时，还从思想上宣传，维护代表一定阶级利益的国家政治和法律制度的合理性、神圣性和道德性。而且在社会生活实践中，还往往把道德准则与规范同政治与法律结合起来。从而在表面上看来，道德似乎是由政治立法决定的，而统治阶级的思想家也经常是这样论证；因而掩盖了道德的真实根源及其本质。在道德学说史上有些学派也把道德和政治法律混为一谈。究竟道德和政治、法律之间有什么异同和相互联系，需要认真加以探讨和澄清。

从起源来说，政治和法律是私有制和阶级产生之后才出现的意识形态和上层建筑。私有制的建立，把社会成员分裂为在利益上不可调和的对立阶级，为了使这些对立的阶级不致在无谓的冲突中把自己和社会毁灭，就需要有一种表面上凌驾于社会之上的力量来缓和冲突，并保持在一定的秩序范围以内；这就是国家、政治和法律产生的根源。简单地说，政治和法律是为了控制阶级对立和斗争的需要而产生的；它使在经济上占统治地位的阶级，用政治和法律手段来调整阶级之间、国家、民族之间的关系。所以，政治和法律都是一种历史概念，它们不仅是一定时代需要的产物，而且是随着经济关系的变革而变化的。就是说，政治和法律的内容和组织形式都不是永恒不变的。在这一根源和本质问题上，道德和政治、法律是相同的；它们具有调整社会关系和维护一定的社会秩序的作用方面也是相同的。但是，道德的起源要比政治、法律早得多。道德在无阶级的原始社会就已经是维护社会秩序的惟一手段，在将来阶级消灭之后，仍然是维护社会秩序的唯一手段。而政治和法律是由私有制和阶级的需要而产生的，将来私有制和阶级彻底消灭之后它也就随之自行消亡了。这是道德和政治、法律的第一个不同之点。

政治制度和法律规范是以成文的指令形式公布于众的，对公民的要求是强制性的；如果不遵守或由于无知而违犯了政治法令，就要受到阶级专政机关的法律制裁和惩罚。而道德则不同，道德准则和规范只是一些原则性的要求，没有像法律那样详细的文字规定；它是通过教育把道德准则和规范变为个人的内心信念而自觉地指导自己的各种社会行为，通过社会舆论的善恶评价，激发人们的荣辱感和责任心而起作用，而不是借助外力强制履行。所以，它的社会作用要比政治和法律的作用深远得多、广泛得多。政治、法律固然也要求人们自觉地遵守，但其实质则是由于恐惧惩罚而不得不遵守。这是道德和政治、法律最重要的第二个不同之点。

道德评价适用的范围比政治、法律广泛，而且是用善与恶的概念表示道德行为的价值。而政治和法律原则和规范适用的范围是有明文规定的，超出了规定范围就不能作政治与法律上的判断和评价；而且是用进步与反动，守法与犯罪等概念来评价个人思想行为，这是使人同样恐惧的事情。所以，政治和法律意识的形成和社会作用，往往还需要道德舆论的支持和辅助，才能更好地实现。当然，政治和法律的威力，也会加强道德的社会作用。由此看来，道德和政治、法律之间既有原则区别，又有一定的联系和相互作用。

关于道德和政治、法律的相互关系的看法，在近代思想史上是有很大分歧的。各种不同意见大致可以归纳为三种说法：一是主张政治和立法决定道德；二是主张道德观念决定政治和法律；三是主张道德和政治、立法相互决定，但实际上是摇摆于以上两种看法之间。

主张政治立法决定道德的学者认为，社会的一切现象都是由政治和立法决定的。在他们看来，人类社会是由人们相互订立契约形成的；根据契约（契约本身就是一种立法）由法律规定人们的财产关系和道德准则。从16世纪到18世纪的资产阶级思想家，大部分是这种契约论者。17世纪英国的霍布斯认为，人生来是自私的，各个人为私利而相互争夺，为了保证人们的和平生活而相互订立契约；并以国家权力加以保障契约的实现。那么，道德准则和规范自然也就由立法所决定。18世纪英国的曼德威尔在他的《蜜蜂的寓言》一书中，明确提出："道德的发端明显的是由巧妙的政治所创制。"① 法国的爱尔维修认为："法律则决定我们的风俗和美德。"② 他又说："保护所有权乃是各个国家的道德神；因为它在这些国家里维持家庭和睦，使公道流行；因为人们之所以联合起来只是为了保障自己的所有权。"③ 这就是说，公正和道德是由保障所有权的法律所决定的。他们不了解在政治和立法产生之前，人类早已有了高尚而纯朴的美德。自私的心理是私有制的必然反映。不过，他们把道德和立法、财产所有权联系起来，说明他们看到了社会现象中的部分事实，这是道德观上的一大进步。但是，政治立法是由什么决定，他们却没有弄清楚。

和上述观点相反的，主张道德决定政治和立法的学者则认为，政治制度和立法都是由道德观念所决定的。18世纪到19世纪的空想社会主义者，大部分是这种观点。他们生活在资本主义上升时期，看到了资本主义制度所带来的弊端，便感到极大的道德愤慨。他们从抽象的人性、人道、正义和理性等概念出发，认为现实社会制度不符合人性和人道；于是他们设想出各种各样的理想社会制度，表明了他们对于道德和政治、法律的关系的看

---

① 《西方伦理学名著选辑》上卷，第752页。
② 《十八世纪法国哲学》，第526页。
③ 同上书，第545页。

法。例如：英国的葛德文说："任何政府都要依靠舆论。人们现在生活在一定的管理方式之下，因为他们认为这种管理方式符合于自身的利益……如果你把这种舆论推翻，那末，在这种舆论的基础上建立起来的一切建筑物就瓦解了。"① 他还认为："有两种方式可以研究社会和政治的产生原因。我们可以用历史观点来研究社会和政府……是怎样产生的。我们也可以用哲学观点来研究它们，即研究社会和政治所依据的道德原则。"② 很明显，葛德文所说的社会和政府所依靠的舆论内容就是道德原则，道德原则就是社会和政府产生的根源。他虽然提出了私有财产是一切罪恶的根源，是政府存在的条件；但是他认为私有财产的根源又是少数人的道德堕落，强占了公共财产而产生的。因此，必须用广泛揭示公正的道德原则的办法来消灭私有制。这样一来，他的理论就把问题的实质颠倒了，美好的愿望成了空想。

三大空想社会主义者，也同样强调舆论的威力。圣西门认为："人们把舆论称为世界的主宰，这是十分正确的。它是一个伟大的道德力量，只要它能够明显地表现出来，就必然要压倒人间的其他一切力量。因此，如果能够促使舆论要求立法者颁布我们所说的法律，那就可以确信这种法律能被颁布出来。"③ 这显然，他也是坚持政治和法律必须服从道德原则的。傅立叶和欧文从资产阶级的人性论出发，他们痛恨资本主义制度造成的劳动人民的贫困与苦难以及社会道德的败坏，但是他们找不到苦难的正确根源。欧文从分析人的性格入手，认为如果特权阶级知道了一定道理，便可以采用培养人们良好性格的适当方法，即创造强大

---

① 《论财产》，商务印书馆 1959 年中译本，第 108—109 页。
② 同上。
③ 《圣西门选集》上卷，1962 年中译本，第 230 页。

的理性来引导每个人"具有对一切人们的仁慈"①。傅立叶提出：上帝赋予了我们十二种情欲，我们只要使这十二种情欲都获得满足，便能够成为幸福的人。如果其中即使一种情欲受到阻碍，肉体或心灵便会陷于苦恼。他说这些情欲中有一种"联合情欲"即真正的博爱，它可以排除一切阻挠分配上取得一致意见的障碍，促使阶级融合。总之，他们认为掌握政权的人和企业主用"人道"和"博爱"的办法限制资本主义的竞争，就可以消灭资本主义的祸患而变为和谐的幸福社会。实质上，空想社会主义者都是从道德观念出发，主张道德是决定和改变政治状况的因素；现行制度之所以成为一种祸患，主要是执政者不懂得"人性"或不按照"人性"所要求的道德准则办事。所以，他们走向另一极端，企图在阶级社会里，用道德说教来改变统治和剥削阶级的本性，从而消灭阶级斗争，否定革命的必要性。这当然是歪曲了道德和政治、法律的关系，所以他们的理论不可能不成为空想。

　　20世纪中叶资产阶级的某些学者，为了反对马克思主义也提出了道德决定政治的论调。如美国的实用主义者杜威就是典型代表，他说："大多数人已经十分习惯于相信，至少名义上相信，道德力量乃是一切人类社会兴亡的最后决定因素——而宗教还曾经教导过许多人相信：宇宙的力量也和社会的力量一样，乃是受道德目的所调节的。不过这个声明之所以提出，是因为有一个哲学派别主张，关于推动行为的价值的见解是没有任何科学依据的，……否认价值对于事物的发展进程终究具有任何影响的看法，也是马克思主义者相信生产力最后控制着一切人类关系的信念的特征。"②杜威提出道德是社会兴亡的"最后决定因素"，是

---

①　《新社会观》，三联书店1958年版，第13页。

②　《自由与文化》，商务印书馆1964年版，第10页

直接反对马克思主义的唯物史观的。现代英国的"激进哲学"家尼尔森更明确地提出：革命必须服从"道德的反应"。他说："必须仔细斟酌社会是否发展到了需要革命的时期。这里要求把人们的'道德反应'也充分考虑在内。……用心等待恰当的时机，……判断这个恰当的时机的东西，就是'道德直觉'。"① 他肯定理论必须服从"道德反应"或"道德直觉"；他认为作什么事情都不是由"历史的理性"决定的，而是由道德的直觉决定的。这里暴露出当代的资产阶级预感到资本主义制度必然灭亡的命运和对无产阶级革命的恐惧心理。从理论上说，道德舆论或"反应"对政治制度可能有一定影响，但是，决不是决定的因素。这种理论观点的根源，除去其阶级局限性之外，主要在于资产阶级的世界观是从抽象人性论出发并以人性作为衡量一切社会生活的尺度。因此，他们不是说立法决定人们性格的善恶（道德）；就是说人性或道德观念决定政治制度。这样自然不可能揭示道德和政治、法律的正确关系。

马克思主义者认为，政治、法律和道德都属于社会意识形态和上层建筑，它们之间存在有相互影响和交互作用的关系；但是决不是谁决定谁的因果关系。恩格斯在1890年给约·布洛赫的信中谈到经济基础和意识形态的关系时指出："这里表现出这一切因素间的交互作用，而在这种交互作用中归根到底是经济运动作为必然的东西通过无穷无尽的偶然事件（……）向前发展。"② 这里说明，意识形态之间的交互作用，是由经济运动这一必然性所制约的；是在共同的经济关系的前提下，相互之间的一定作用。具体地说，道德和政治、法律之间的交互作用，主要表现在

---

① 《现代英国激进哲学》，见《哲学译丛》1979年第3期。
② 《马克思恩格斯全集》第37卷，第461页。

以下几个方面：

（一）政治、法律影响道德的具体规范的形式

政治和法律的职能在于把已经成熟的经济关系，用制度和法律条文固定下来，并且由一定的专政机关和国家权力加以保证。所以，政治制度和法律规定，往往形成经济关系与道德准则、规范之间的中介；有些法律规范和道德规范是重合的；有些政治范畴和道德范畴是共同的（如正义、公道、义务等）。社会经济关系首先表现为利益关系，在阶级社会里即表现为阶级利益的关系；在经济上占统治地位的阶级，必须采取政治手段，即国家、法律的形式把统治阶级利益固定下来，迫使一切社会成员承认和遵守。这样就把阶级之间的政治关系和个人之间、个人与社会、国家之间的道德义务关系确定下来了。例如：封建社会耕种领主土地的农民或农奴，一方面，他们是领主的劳动力（活财产）；另一方面，他们在政治上对领主处于臣属的关系；但同时，领主对农民或农奴来说处于自然尊长的地位。因而领主对农民必然要求对自己忠诚、服从和孝敬，这就是道德义务问题；而对领主的忠诚、服从和孝敬便成为具体的道德规范。又如政治体制不同，在道德的具体规范方面也会有些不同。例如，英国和美国都是资本主义国家，但英国是女王制而美国是总统制；因而英国还有贵族和封建贵族范围内的道德规范，而美国则没有。因此，道德虽然是由经济关系所决定的，但从表面看来，政治制度和法律规范所规定的各种义务也是道德应遵守的具体规范这一点，政治便形成经济关系和道德规范之间的中间环节，对道德规范的具体化有重要作用，对于道德体系的形式有一定影响。

（二）道德和政治、法律在社会作用上，有相互补充、相互渗透和相互促进的关系

道德观念和道德准则渗透到社会生活的各个领域，它适用的

范围极为广泛，凡是涉及到个人之间、个人与社会、国家、集体之间关系的行为，都可以用道德原则来评价；甚至对政治制度和法律条款都可以进行道义上的评论。而政治和法律的适用范围就比较狭隘而严格。所以，对于经济关系和秩序的维护，政治、法律所不能起作用的生活领域和事件，道德通过社会舆论和教育可以起补充作用。有些法律规范渗透到道德规范之中，如不要偷盗、不要伤害别人等是刑事犯罪的规范，同时也是道德规范。有的道德原则和精神也可以渗透到政治、法律中去；如优待俘虏、对认罪较好的罪犯可以从轻处理等社会主义政策，都渗透着革命人道主义精神。

新旧社会制度交替的阶段，从新的经济关系中引申出来的新的道德准则和价值观念，对于旧的走向崩溃的政治制度和法律规定是一种思想冲击，对新的政治运动则起重大推动作用。而旧的道德观念则往往成为新的政治运动的阻力。所以历史上每次政治革命，道德准则和价值观的革命往往走在前面；从而促进革命运动的发展。在新的社会制度建立之初，新道德的实践，对于新的经济关系及政权的巩固和发展，也起着非常重要的作用。列宁在庆祝十月革命胜利三周年时曾说："我们现在获得胜利的主要原因、主要根源是：在前线牺牲的红军战士和备受痛苦的工农，特别是这三年来遭受了比资本主义奴役制初期更厉害的痛苦的全体产业工人，在斗争中表现了英雄主义、自我牺牲精神和坚忍不拔的精神。他们忍受饥饿、寒冷和痛苦，只是为了保持住政权。"①这里充分说明，道德实践对于政治斗争的巨大作用。在社会主义社会的现实生活中，违法乱纪的犯罪行为的出现，通常都和当事人（敌对分子除外）的政治信念不明确、不坚定、道德观念不对

---

① 《列宁全集》第 31 卷，第 361 页。

头有关。从一个犯罪分子的思想发展过程来看，也往往是从缺乏共产主义道德观念开始的；或者说是受剥削阶级思想侵蚀开始的。如有些人好逸恶劳、贪图享受、损人利己、假公济私等个人主义价值观支配了自己的行为，逐渐走上道德败坏和犯罪道路。所以，没有一种良好的社会风尚和强有力的道德舆论，单纯地靠法律制裁，是不可能消除或减少犯罪现象的。由此可见，道德对法制的尊严和效果，具有提高和加强的作用。同时，道德对于法律的影响还表现在，道德舆论对触犯法纪者的道德压力往往比某种刑罚还要沉重；这对于法律的尊严也是一种保证作用。此外，在政治斗争中，政治队伍的道德实践和道德素质，往往影响到政治斗争的成败；而统治阶级的政治措施或宣传工具则可以制造或控制道德舆论；或通过政治权力和法律手段的强制作用，抑止或消除被统治阶级道德的社会影响。

（三）在个人生活实践中，道德和政治、法律之间有相互影响和转化的关系

道德规范和政治原则、法律条款都要通过个人的生活实践来实现。一般地说，同一个阶级的政治思想和道德观念是一致的。但是，一种严重地违反道德准则的行为，可以转化为政治问题或法律上的犯罪；有些较轻微的违犯政治原则或法律规范的思想行为，也可以化为道德问题处理。在民主革命时期，有些人在思想上同情革命向往革命，但不敢违抗家庭道德的束缚，不能参加革命活动而影响到所谓个人前途。在社会主义国家里，公务人员的个人道德实践会影响到共产党和政治的政治威信。中国共产党所以能够在广大人民中间建立起很高的威信，除去政治路线正确之外，共产党员的全心全意为人民服务的自我牺牲精神，大公无私、艰苦奋斗的崇高道德品质，是取得人民信任的精神力量。广大人民群众是从共产党员个人的道德实践中认识了共产党的实

质。由此可见，道德和政治、法律在个人生活实践中的关系也是十分密切的。

总之，道德和政治、法律都是一定经济基础上的上层建筑和社会意识形态，都是为一定的阶级利益服务的；但各有自己的特殊职能，彼此之间有原则性区别。同时，它们之间又有着互相影响的交互作用。特别是道德和政治、法律之间的相互补充、相互促进或阻碍、相互渗透和转化的关系是十分明显的。

二　道德与宗教

道德和宗教是两种不同的精神生活，道德是世俗生活的行为准则和规范以及价值观念；宗教是超世或出世的生活信仰和迷信活动。但是，它们都是现实社会存在的反映，只不过宗教是对自然与社会的歪曲的虚幻反映，而道德则是社会存在的真实反映。宗教的产生也是比较早的。在原始社会里，人们对于支配自己的外界力量不能认识，因而感到困惑和恐惧，于是产生了崇拜和祈求这种自然力量的观念，并且把它们想像为人格化的神灵。所以许多哲学家认为宗教产生于恐惧；列宁也曾指出："'恐惧创造神。'现代宗教的根源就是对资本盲目势力的恐惧，……"① 由于恐惧而信仰超自然的神灵，便是宗教的基本特点。

原始宗教（即图腾崇拜）只表现为人与神的关系，神保护人，人供奉神；被崇拜的神不管人与人之间的关系。就是说，原始宗教和世俗道德是两个完全无关的独立意识形态。随着生产力的发展，私有制和阶级产生之后，人类社会出现了国家政治，宗教便被统治阶级利用为统治被统治者的手段之一；创造出一个最

① 《列宁全集》第15卷，第380页。

有权威的神，即创造世界、创造人类的"上帝"。这个"上帝"就成了支配一切的无上权威。实际上，就是把世俗生活中的剥削阶级与被剥削阶级的关系反映到宗教教义之中，从而把人与人之间的世俗关系纳入宗教戒律之中。由此时起，道德和其他社会意识形态便成为宗教的婢女。同时，神学家又创造出一套关于道德是上帝的意旨和立法的理论。俄国的马克思主义者普列汉诺夫曾经说："政治一产生，统治者与被统治者之间就产生一定的关系。统治者有关心被统治者的福利的义务，被统治者有服从统治者的义务。……人们之间的所有这一切关系也在宗教中得到虚幻了的反映。……这样，万物有灵论的观念就同道德牢固地结合起来。"① 就是说，使道德这一人世间的社会力量采取了超世的形式神圣化了。由此可以看出，宗教的本质也和道德一样是由一定的经济关系决定的，受着一定的生产关系和政治制度的制约；同时又是为它们服务的上层建筑与社会意识形态。原始宗教是自发地产生的氏族或部落宗教；阶级出现之后，则成为人为的民族宗教。"在中世纪，随着封建制度的发展，基督教形成为一种相应的、具有相应的封建教阶制的宗教。当市民阶级兴起的时候，新教异端首先在法国南部的阿尔比派中间、在那里的城市最繁荣的时代同封建的天主教相对抗而发展起来。"② 说明宗教也是随着社会形态的变革而不断变化的。当然，变化的内容和形式需要根据具体情况进行具体分析，因为宗教的变化不像道德规范变化得那样显著。它往往是为了适应一定的经济关系和政治制度的需要，在宗教组织、宗教仪式和某些教义上稍加改变。

宗教是建立在人们对自然和社会的无知的基础上的，所以神

---

① 《普列汉诺夫哲学著作选集》第 3 卷，三联书店 1962 年中译本，第 397 页。
② 《马克思恩格斯全集》第 21 卷，第 349 页。

学家都认为上天或上帝决定道德；而且在宗教教义中列入了道德戒律。但道德和宗教有本质的区别。道德是哲学、社会科学的研究对象，是建立在理性认识的基础上的；宗教虽然也是哲学研究对象之一，但主要是神学的研究对象；是建立在盲目的信仰或迷信的基础上的。道德是人类行为的自律准则和规范；宗教则是人类行为的他律准则。道德在阶级社会里是有阶级性的，是从一定阶级利益中引申出来的，又为本阶级利益服务的；宗教基本上是为剥削和统治阶级服务的，但是它却强调人人都是上帝的子民，否认阶级存在，因而在一定条件下也可以为被统治阶级所利用，历史上许多农民起义是利用宗教外衣号召群众的。道德在现实社会生活中，是积极促进社会联系、加强社会情感的行为准则和规范，提高人们的社会责任感；而宗教却引导人们摆脱现实世俗社会生活，要求人们割断社会联系和社会情感的消极遁世思想，诱使人们放弃现实社会责任，追求所谓来世和死后的幸福。道德的社会作用随着社会发展日益增长，一直到彻底消灭了阶级的共产主义高级社会里，成为惟一维护社会秩序的手段；宗教随着社会发展和科学进步，它的作用将日益削弱而最后自行消亡。道德是积极地鼓舞人们向上的、创造新生活的精神力量；宗教则是消极的、驱使人们忍耐、屈辱的魔杖。所以马克思说："基督教的社会原则颂扬怯懦、自卑、自甘屈辱、顺从驯服，总之，颂扬愚民的各种特点，但对不希望把自己当愚民看待的无产阶级说来，勇敢、自尊、自豪感和独立感比面包还要重要。基督教的社会原则带有狡猾和假仁假义的烙印，而无产阶级却是革命的。"[①] 其他宗教和基督教一样，都有颂扬驯服、忍耐和屈辱等特点，概括为一句话就是"勿抗恶"。这和任何世俗道德都是背道而驰的。因

---

① 《马克思恩格斯全集》第4卷，第218页。

此，宗教主要是统治阶级手中的一个具有麻醉人们精神作用的特殊统治手段。恩格斯曾指出："基督教已经踏进了最后阶段。此后，它已不能成为任何进步阶级的意向的意识形态外衣了；它愈来愈变成统治阶级专有的东西，统治阶级只把它当作使下层阶级就范的统治手段。同时，每个不同的阶级都利用它自己认为适合的宗教：占有土地的容克（德国地主——引者注）利用天主教的耶稣会派或新教的正统派，自由的和激进的资产者则利用唯理派，至于这些老爷们自己相信还是不相信他们各自的宗教，这是完全无关紧要的。"① 这里告诉我们，基督教或其他宗教在过去还可以作为进步阶级进行革命时的外衣来号召和组织群众，现在科学文化发展了，再没有那种成为被压迫者的反抗斗争的号召作用；只能是统治阶级的一种统治手段。

不过，宗教虽然已经踏入最后阶段，由于科学文化的日益发展，除去神职人员还表现十分虔诚之外，广大人民的宗教感情将日益淡薄；但是，某些有统一宗教信仰的民族宗教感情还是很深的。而且宗教对他们的道德观念的影响也很明显。当然，我们也看到，世俗道德日益独立于宗教之外也是很明显的趋势。特别是，在共产党所领导的社会主义国家里，共产主义道德不仅不受宗教的控制，而且任何宗教信徒都以共产主义道德在社会主义历史阶段的准则和规范作为最基本的行为规范。宗教信仰自由的政策和共产主义道德既要严格区别开来不可混为一谈；同时，两者也不能完全对立起来，宗教徒作为社会主义国家的公民遵守社会主义社会的道德准则是毫无疑问的。宗教信仰是一种个人的认识和精神生活，在遵守国家法律和道德准则的前提下，信神或不信神完全是个人的自由；而道德却是一切公民都应该遵守的行为准

---

① 《马克思恩格斯全集》第21卷，第351页。

则。这种道德完全摆脱了宗教束缚的独立存在的事实，是社会和道德进步的一个标志。因为，无产阶级是革命的，由无产阶级领导的、以工农联盟为基础的社会主义国家的公民，也都是革命的和爱国的；所以，社会主义国家的宗教信徒也都是爱国的、积极向上的。在社会主义的道德的熏陶下，增强了他们和社会联系、社会情感的心理。

三　道德与艺术

道德和艺术都属于价值范围内的意识形态，即关于善、恶和美、丑的价值观念方面的准则、规范和实践。它们标志着一个民族、一个国家的文化水平和文明程度。也就是说，道德和艺术的状况，体现着一国人民的精神面貌。艺术是各种形式的文学艺术的总称，不管用什么形式表现，它们都是通过形象揭示出美与丑的本质和界限，同时也给人以美的享受。艺术和道德的共同点在于它们都是由一定的经济关系所决定，同时又为一定的经济关系服务；脱离一定社会关系的纯艺术是没有的。但是，艺术和道德毕竟是两种不同的独立的社会意识形态，两者之间存在有明显的区别。

（一）道德和艺术反映的内容范围不同。社会意识是社会存在的反映，道德所反映的是一定的社会关系；即人与人之间、个人与社会之间的关系，它的作用是调整这些关系。艺术则不同。它不仅再现一切自然和社会现象，而且还可以反映人和自然之间的关系，以及随着科学技术的进步，艺术亦可以反映人在宇宙中的星际活动。所以，艺术反映的内容范围要比道德广泛得多。

（二）道德和艺术的表现形式与起作用的方法不同。道德是通过原则、规范和范畴等抽象概念的逻辑力量作用于人们的理性和感情，在人们思想上确立起善恶的标准和界限，从而成为指导人们生活态度和行为的规则和信念。所以善与恶是道德价值的最高概念。而艺术则是通过各种形式所塑造的形象和情节来感染人们的思想感情，使人们确立起美丑的标准和界限。从而在人们的思想情趣上建立起一定的审美观念。所以美与丑是艺术价值的最高概念。

（三）道德评价和艺术评价的根据不同。道德评价是以道德原则、规范为标准，来判断人们行为的道德价值。而艺术评价则是以美学原则和规范为标准，来判断艺术作品的艺术价值。

（四）道德和艺术的社会作用的性质不同。道德是调整人与人之间关系的准则和规范，它有提高人们对于社会关系的认识，对社会成员的行为具有一定的约束和指导作用；从而维护一定社会的秩序和纪律。道德的社会作用虽然是通过社会舆论的鼓励、表彰或批评等教育方式，不是强制性的；但它是每一个国家公民都应该遵守的行为准则。而艺术作品通过它塑造的形象也有抑恶扬善的教育作用，但是，对于社会成员的行为没有任何约束力；只能由读者或观众自由选择，即自愿地接受好的思想感情的感染，或自愿地接受坏的思想腐蚀。艺术可以给人以美的享受，而道德则主要给人以良心上的安慰或谴责。

道德和艺术这两种意识形态之间，除去共同和不同点之外，还有一定的联系和交互作用。道德与艺术的关系，就是善与美的关系；对于这种关系的看法，历来是有争论的。各种不同看法，大致可以概括为三种：一种看法认为，"美的一定是善的。"或者说，美从属于善。中国古代思想家有这类观点，如西汉的刘向认为："乐者德之风"，"故君子以礼正外，以乐正内。"[①] 宋朝朱熹

---

① 《说苑·修文》。见《中国美学史资料选编》上，中华书局 1980 年版，第 109 页。

也说过："道者文之根本，文者道之枝叶。惟其根本乎道，所以发之于文皆道也。"① 因而过去的《辞源》上对美的解释为："美即外观的善"，"善者美之实也"。古希腊的苏格拉底认为美从属于善，亚里士多德要求艺术应对人们产生道德影响。到 18 世纪的资产阶级艺术家们，如苏尔则、门德尔松、摩林兹等都认为，文艺的目的不是美，而是善。苏尔则认为，只有包含善的东西才可以被认为是美的。门德尔松主张，艺术的目的则是道德的完善。意大利的美学家巴加诺认为美是表现出来的善，而善是内在的美这类看法有一定的道理，从精神美来说，善是美的内容。但是，很难说所有的美都必须是善的或一定是善的，或者说美属于善。所以，这种看法又有一定的片面性。

第二种看法认为：善从属于美。西方属于这种看法的以舍夫茨别利为代表，他认为道德、善行是人的内在本性，是不受外来影响的天性、美的概念在人的内心，美和善交融在一起。唤起美的感情也就唤起了善的觉悟。中国的近代改良主义者梁启超也有类似的看法，他确信"美是人类生活一要素或者还是各种要素中之最重要者。"② 这里虽然没有说善从属于美，但是，在他看来美高于善是肯定的。这种看法同样是把善与美的关系绝对化而强调一方从属于另一方，这显然是不符合实际的。

第三种看法认为：善与美完全没有关系。中国近代文学家王国维属于这种看法，他反对把艺术作为道德和政治的手段，主张保持艺术的纯洁性与独立性。③ 西方近代美学家温克尔曼、福格特和巴特都是这类看法。温克尔曼认为，任何艺术的法则和目的

---

①　《朱子语类》，见《中国美学史资料选编》下，第 59 页。
②　《饮冰室文集》卷 39，见《中国美学史资料选编》下，第 408 页。
③　同上书，第 430 页。

只是美、只是和善完全分开的美。福格特认为，对艺术提出道德的要求是不对的。巴特说艺术的目的是享乐，美是趣味决定的。后来"为艺术而艺术"的唯美主义者都属于这类观点。至于现代派的美术作品连什么形象都难看出来，自然更谈不到美和善的关系了。当然，有些描写风景和装饰美术、建筑艺术和工艺美术等作品，很难把道德内容硬加上去；不过把文学艺术和道德完全分离开，从艺术中完全抽去道德的内容和排斥道德方面的目的，显然是不正确的。

马克思主义者是以历史的唯物辩证的方法观察一切社会现象，所以，对道德和艺术的关系的看法，就避免和克服了各种不符合实际的片面性。既不同意一方决定另一方，也不认为二者完全无关；而是认为两种社会意识形态之间存在有相互促进、相互作用的关系。道德是关于善恶标准的行为准则和规范，无论任何时代、任何社会、任何阶级、阶层和从事任何职业者以及婚姻家庭关系中，都有人们自己对于善恶的评价准则和道德观念。因此，文学艺术再现社会生活时，就不可能不在艺术作品内容中表现出道德意识问题；或者说，道德是艺术再现社会生活时的基本内容之一。而且真正富有感染力的艺术作品，往往是真实地反映了现实社会生活中的道德活动，并且做出了明确的道德判断的、具有鲜明的思想倾向性的作品。换句话说，只有真、善、美基本统一的艺术作品，才具有强烈的感染力。从艺术家和他的作品的关系来说，艺术家的人生观、道德观或道德理想，是决定其作品的思想倾向性的主要因素。艺术家在塑造他的艺术形象时，必须对人物的行为品质作出或赞扬、或批评讽刺、或同情或鞭挞的判断，人物的性格和情感才能描写得生动有力。而这种判断的依据，就是作者的人生观和道德观。一个作家的立场、观点和道德理想，总是制约着他的爱憎的感情，制约着他的美丑的标准。如鲁迅在《祝福》中写祥林嫂由于被迫改嫁而悲惨死去的情景，正是反映作者对封建礼教吃人本质的憎恨。在当前，我国的一些文艺作品中，通过现实生活提出了许多新的社会道德问题，同样体现了作者的人生观和道德观。所以，俄国的车尔尼雪夫斯基把文艺工作看作是人的一种道德活动是有道理的。

近来有些艺术流派提出，文艺创作过程是不自觉的、不经过什么理性的逻辑思维来确定主题思想和写作方案，而是个人感情的自然流露。这样的作家可能是有的，不过，真正的艺术家的创造却是有目的、有计划的；尽管在写作过程中计划会有变动。就是自认为文艺是无目的、无计划的感情流露的作家，他的感情也仍然是不自觉地受着他自己的人生观和道德观的支配。这是道德和艺术的一种重要的必然联系。

道德对艺术的影响，还表现在社会道德风尚影响艺术作品的内容与风格。例如，现代资本主义社会里，人们都在追求物质生活享受，而精神生活陷入空虚和腐化；色情和暴力成为他们的社会风尚。因而许多文艺作品的内容很自然地充满了色情和暴力。有些进步作家是对这种资本主义社会的道德堕落现象的揭露和批判；但也有很多"艺术"作者为了赚钱而迎合资产阶级精神空虚寻求刺激的心理，用各种艺术形式制造色情、犯罪和道德堕落的离奇故事，以满足某些人的需要。这种作品的风格只能是粗俗、低劣的，根本谈不到艺术价值。同时，这种作品在社会生活中广泛传播，又更加促进社会道德风气的恶化，从而形成恶性循环。相反地，在社会主义国家的道德实践中，涌现出大批的英雄、模范人物和事迹，吸引着艺术家去反映去歌颂。虽然共产主义道德行为很多是在平凡的生活中的表现，然而它已是一种普遍的崇高的社会风尚；它很自然地被摄入了艺术家的镜头。因而社会主义社会的艺术作品的内容和风格就显得生动、细腻而动人。

此外，道德对艺术的影响，还表现在艺术家的个人道德实践问题上，也就是艺术家的职业道德，关系到艺术的发展和提高。这首先表现在为什么从事艺术工作？其次是关心自己作品的社会效果问题。如果一个社会主义社会的艺术家脱离共产主义道德的行为准则，脱离四项基本原则，而过分地强调个人的创作自由，而不顾自己作品的社会效果；那么，不仅个人的创作没有前途，而且还会影响到整个艺术事业的发展和提高。

艺术对道德同样也有重要的作用和影响。艺术作品对于道德意识的形成和修养有重要作用，好的具有先进的道德观的艺术作品，对道德意识的形成有积极的促进作用；坏的具有没落的腐朽的道德内容的作品，对于人们的道德观念有消极的腐蚀作用，阻碍先进的道德意识的形成。真正的艺术作品用活生生的形象说话，感染力强，说服力大，可以成为道德教育的有效途径和手段。许多伟大的革命战士的人生观的形成，往往是受某一优秀文艺作品的启迪或感召开始的。保加利亚的国际共产主义战士季米特洛夫曾说："无论是在这以前或以后，没有任何一部文学著作像车尔尼雪夫斯基的这部小说对我的革命教育发生这样大的影响。我真是花了好几个月的时间去体验车尔尼雪夫斯基所描写的主人公的生活。我要使自己成为一个坚强、刚毅、勇敢、自我牺牲的人，并要在同困难斗争中锻炼自己的意志和性格，使自己个人的生活服从于工人阶级伟大事业的利益，——换言之，要做一个车尔尼雪夫斯基给我所描写的这个无可责难的主人公那样的人。"[①] 在革命实践中，季米特洛夫的确锻炼成了坚强无畏的无产阶级革命领袖和斗士。

从另一方面看，没落的腐朽的文艺作品也会对道德发生极大

---

① 斯捷拉布拉戈也娃：《季米特洛夫传》，世界知识出版社 1958 年中译本，第 12 页。

的腐蚀作用。如资本主义国家许多海淫海盗的小说、电影、图片和电视节目等，对青少年犯罪率的不断上升有很大作用。这在世界各国的报刊上都可以看到揭露和抨击这种现象的报导和评论。

与此相联系，艺术对道德舆论的形成有促进和阻碍的作用。艺术总是歌颂什么，推崇什么，或批评什么、讽刺什么；而且有些艺术形式本身就带有社会舆论的性质。如果几种艺术形式（如说唱、戏剧、广播电视等）集中反映一种道德倾向，便会形成一种群众性的舆论；好的倾向，促进社会道德舆论的形成；坏的倾向便会阻碍、破坏道德舆论的形成。因此，学校教育和社会教育中的美育，对陶冶青少年的情操、品格，提高人们的道德素质会有很大作用。

四　道德与科学

科学是人类社会生活长期历史过程中积累起来的，关于自然、社会和思维的各种知识体系的总称。科学的目的和任务，是揭示各种现象之间的因果关系、各种现象的本质及其运动的规律。由于研究对象的不同，一般地，科学分为两大类，即自然科学与社会科学。自然科学研究自然界的现象及其规律，是人类改造自然的实践经验、即生产和生存经验的总结，并且为生产的发展需要服务。所以，自然科学的产生与发展直接受生产力发展需要的制约。自然科学本身没有阶级性，任何阶级进行生产活动，都必须利用自然科学所揭示的自然规律。因此，自然科学虽然也属社会意识活动形态之一，但它不是经济基础的上层建筑。不过，在阶级社会里，掌握自然科学的人是有阶级性的；自然科学为哪个阶级所利用、怎样利用、为什么目的服务等，却是和一定的阶级利益有关系的。

社会科学与自然科学不同，它是研究人类社会生活的一切现象及其发展规律的；是人类社会经济、政治、精神生活以及其他社会生活经验的总结。它的发生发展决定于一定的经济关系和阶级斗争的需要。因此，社会科学除个别学科（语言）之外，都是有阶级性的。所以社会科学绝大多数是经济基础的上层建筑。由此可见，两类科学是有严格区别的。不过，在科学的发展过程中，两类科学之间还是有相互联系、相互影响和相互作用的。自然科学的发展揭示自然界的因果关系及其发展规律，便可以提高人们的认识或思维能力，从而逐步排除人类对自然力量的盲目性和恐惧感。同时，对于思维科学（哲学和逻辑学）和社会科学的提高和发展，也有重要的推进作用。反之，社会科学的状况也会影响到自然科学活动的发展。例如，西方中世纪宗教统治一切的时代，不仅使许多自然科学家受到迫害，而且自然科学的进展也受到阻挠和限制。意大利的天文学家、数学家布鲁诺宣传了哥白尼的太阳中心说，因违背《圣经》而被烧死；伽利略因进一步坚持并发展了哥白尼的学说否定了亚里士多德的重量决定物体坠落速度原理而被监禁多年。这就是列宁所揭示的那个真理："难怪有人早就说过，如果数学上的定理一旦触犯了人们的利益（更确切些说，触犯了阶级斗争中的阶级利益），这些定理也会遭到强烈的反对。"[①] 由此可见，自然科学本身虽然没有阶级性，但掌握它的人是脱离不了阶级斗争的。因而自然科学的发展也会受到社会科学方面的影响。实际上，两类科学之间是存在有许多联系的。

道德和自然科学的关系，主要表现在以下几个方面：

（一）自然科学的发展促进生产力的发展，从而推动社会关系的变革和道德进步；同时，哲学社会科学也会随着自然科学的

---

① 《列宁全集》第 20 卷，第 194 页。

发展，逐步摆脱宗教和有神论的束缚而得到发展，道德脱离宗教的控制而独立。生理学、心理学等自然科学的发展，对于教育培养青少年的道德品质有重大作用。如果学校和家庭的教育活动，都能按不同年龄的青少年的生理和心理发展的科学规律进行，将会获得较为满意的教育效果，青少年的犯罪现象将逐步减少或消除。社会的道德风尚也将普遍改善。自然科学活动和科学实验训练，对于青少年的思维能力的提高，意志、性格和道德品质的形成也有积极作用。因为，自然科学活动必须有实事求是、认真负责的科学态度，坚忍不拔的坚强意志和吃苦耐劳、团结合作的精神。这些都是进步道德所需要的品质，所以，组织青少年的科学实验活动是培育优良道德品质的良好途径。

（二）自然科学的发展需要高尚道德的保证。就是从道德对科学的发展来说，也是有不容忽视的作用的。它可以促进科学发展，也可以阻碍科学发展。科学的本性是革命的，一种新的真理的发现，必然会同当时流行的陈旧观念发生矛盾，其中也包括同占统治地位的陈腐道德观念发生矛盾。正如前面谈到的布鲁诺、伽利略的科学发现，违反了当时的宗教道德观念而遭受迫害；说明科学的道路是不平坦的，许多科学成就是经过科学家的英勇顽强的战斗才取得的。也就是说，自然科学的发展，需要科学家具有高尚的道德信念、情操的支持和鼓舞。所以，凡是有成就的科学家，都具有诚实、勇敢、不怕艰苦、不怕困难的锲而不舍的精神和优秀的道德品质。马克思认为科学家应有入地狱的精神，他说："在科学的入口处，正像在地狱的入口一样，必须提出这样的要求：'这里必须根绝一切犹豫；这里任何怯懦都无济于事'。"[①] 科学家的道德还表现在，各种不同观点、设想和学派的

---

① 《马克思恩格斯全集》第13卷，第11页。

学术讨论方面。科学的发展是需要各种不同观点的争辩的，真理是愈辩愈明的。所以，在科学的学术讨论中必须持有互相尊重、互相合作和共同追求真理的态度，学术讨论必须坚持实事求是的老实原则，不可有学派的门户之见和主观武断的作风。更不能允许，由于私心杂念而弄虚作假的不道德现象发生。这种学术领域里的道德问题，不只是涉及人与人之间的关系问题；而且会影响科学事业发展或停滞以及生产力的发展问题。

（三）自然科学的应用对道德进步有重要影响，同时，道德舆论对于自然科学的应用，也会起一定的监督和引导作用。现代自然科学和技术的进步，已经应用到人类生活的各个方面，的确给人类带来了莫大的幸福。但是另一方面，我们也看到先进的科学技术在资本主义社会里，也会造成人类的痛苦和死亡；以及应用在某些方面而成为道德败坏的源泉。例如，新的科学技术应用于生产，在一定意义上减轻了工人的体力劳动，但同时，由于生产自动化造成的紧张节奏又增强了劳动者的精神消耗。科学技术应用于医疗卫生和日常生活中，减少了人类的病苦，增进了人体健康和寿命；电影、电视和电化教育促进了人们的文化知识的进步和道德的发展。但同时，先进的医疗条件只能为少数有钱人所享受，而多数无钱的劳动人民是无法享用的。电影、电视和广播掌握在追求利润不择手段、不管后果的人手里，则大量传播色情和暴力的节目毒害青少年的灵魂，败坏社会道德，给人们造成不幸。

最值得重视的是，科学技术应用在军事上，制造细菌武器、化学武器和原子武器等等，成为争夺世界霸权的王牌，给人类带来了严重的后果和生命威胁；因而引起了诚实的科学家的道德责任感。美国著名物理学家里奥·居里曾积极参加世界保卫和平运动，并亲自主持了保卫世界和平大会。在1950年的《斯德哥尔摩呼吁书》中提出：科学家们日益感到自己的社会责任严重。他们必须和劳动人民一起，为让科学充分地用于和平与造福人类而斗争。他们要求完全禁止进攻和大量屠杀人类的原子武器。[①] 这是真正科学家的道德良心的表现。现在要求禁止核武器的使用已成为全世界的政治和道德的强大舆论；然而超级大国的军备竞赛仍未稍见缓和。军事工业的大资本家为了追求最大利润，要求把最先进的科学成果应用到军事工业制造新的杀伤武器。作为资本家阶级的"大管家"的政府，为了巩固自己的统治地位，为了取得财力最大集团的支持，它必须使军备竞赛不断升级。而一部分昧着道德良心的科学工作者，则用为美国科技优势争光的"爱国"名义投入制造氢弹的活动，这是以伪善的名义进行最不道德的活动。由这些事实表明，现代自然科学的发展及应用，既可以促进人类的幸福和道德进步；同时又可以带来毁灭人类生存和一切文化的最不道德的威胁。问题是看科学掌握在什么人手里。

在社会主义社会里，自然科学的发展和应用，受到国家和共产主义道德舆论的支持和鼓舞，科学的应用是掌握在人民和国家手里，科学技术发展和应用的目的，主要是为了提高生产力，为了替人民造福。社会主义制度下的科学成果不受私人垄断，而是整个社会和人民的财富，为全国人民所享受。所以，热爱科学是共产主义道德原则之一。爱科学的道德要求，不仅是为了社会主义现代化建设事业学科学、用科学，而且在一切工作和生活态度方面，都要符合实事求是的科学原则。毛泽东说："我们应当说，没有科学的态度，即没有马克思列宁主义的理论和实践的统一的态度，就叫做党性不纯，或叫做党性不完全。"[②] 这里讲的党性，就是共产党员的最基本的道德要求。科学态度作为共产主义道德

---

① 参阅坂田昌一的《现代科学在文明中的地位》，《哲学译丛》1956 年第 12 期。
② 《毛泽东选集》合订本，第 758 页。

原则之一，实际上就是要求"真"与"善"的统一。善是建立在"真实"或"真理"的基础上的，没有违背真理的善。

社会主义国家坚决反对侵略战争，保卫世界和平。而当前国际的现实，帝国主义和霸权主义者还在进行核军备竞赛，在这种情况下，没有一定的军事实力是无法制止世界战争的。因此，为了有力地制止侵略战争，保卫世界和平，中国也需要把先进的科学技术应用到军事上。但是，我国的原子武器不可能成为进攻别国的威胁，相反地，而是一种维护世界和平的实力保护。所以在社会主义社会里，科学家的科学活动的目的和动机，是出于最崇高的道德信念；自然科学的发展和应用，和共产主义道德准则是完全一致的；而且是相互促进共同发展的。因为，社会主义社会是人们开始自觉地运用科学规律进行活动的历史阶段，也就是人类从必然王国逐步进入自由王国的过渡阶段。科学只有在社会主义社会才能得到充分发展和真正发挥作用，马克思早就指出过："只有在劳动共和国里面，科学才能起它的真正的作用。"①

道德和社会科学的关系更为密切，特别是在社会主义制度下，道德和社会科学的关系就更为明显。首先表现在马克思主义世界观、历史观和道德科学揭示了道德的根源、本质及其发展规律。这样就提高了人们对道德的认识，促进人们道德实践的自觉性。马克思主义社会科学的发展和普及，使干部和群众逐步掌握社会发展的规律性，探索到改造社会建设社会主义社会的科学途径和方法，促进人们学会按照客观规律办事，从而使道德实践的良好动机能够获得相应的良好效果。同时，也就提高了共产主义道德对于社会主义建设事业的作用。

科学共产主义理论的发展，使共产主义道德产生了新的意义

①《马克思恩格斯全集》第17卷，第600页。

和历史作用。中国共产党第十二届代表大会的《报告》中提出："社会主义精神文明是社会主义的重要特征，是社会主义制度优越性的重要表现。"认为没有以共产主义思想为核心的社会主义精神文明，就不可能建设社会主义。这使共产主义的科学理论更加充实和完善；同时赋予共产主义道德以新的历史意义。因为以共产主义思想为核心的社会主义精神文明建设的重要内容，除去科学共产主义理论和世界观之外，就是共产主义道德的重要原则。而社会主义精神文明建设对于社会主义现代化建设，具有保证其发展方向的重大作用；所以，共产主义道德对于社会主义物质文明建设的发展方向也就具有保证作用。《报告》中指出："如果忽视在共产主义思想指导下在全社会建设社会主义精神文明这个伟大的任务，人们对社会主义的理解就会陷入片面性，就会使人们的注意力仅仅限于物质文明的建设，甚至仅仅限于物质利益的追求。那样，我们的现代化建设就不能保证社会主义的方向，我们的社会主义社会就会失去理想和目标，失去精神的动力和战斗的意志，就不能抵制各种腐化因素的侵袭，甚至会走上畸形发展和变质的邪路。"这一段更深刻地揭示了共产主义理想和道德对于社会主义现代化建设的重大历史作用，说明只有物质文明建设和社会主义精神文明建设同时前进，才能保证科学共产主义理论转化为现实。这里也证明共产主义道德和共产主义科学理论实践之间的交互作用。至于在社会主义社会的日常生活中，共产主义道德的实践和道德体系的完善，同社会科学方面的许多问题有关系，除去前面已经谈到的，就不再多谈了。

（选自《道德学说》，中国社会科学出版社 1989 年版）

道德意识的形成和个人的道德修养

一　伦理关系

社会的道德意识是在人们的社会实践中形成的,是一定的社会经济关系的反映。但是道德意识往往不是经济关系的直接反映,而是经过经济关系所决定的一定社会政治、法律制度的中介,从而形成一种伦理关系;道德意识便是这种伦理关系的直接反映或表现,而伦理关系是建立在一定的社会关系的实体上的。

道德意识是一定的社会关系的反映,社会关系可以分为物质关系和精神(或思想)关系两个方面。物质关系即经济关系,它是精神关系的内容和性质的决定因素。换言之,就是精神的社会关系,是适应经济关系需要而形成的社会意识形态。伦理关系就是建立在一定的社会关系实体上的精神关系,道德意识就是伦理关系的直接表现。伦理关系这一概念的含义,实际上和中国伦理思想史上的"伦理"一词是同义词。伦理一词是表示人与人之间的一种特定关系,也就是人与人之间所应遵循的道理。在《孟子·滕文公上》章节中载有,舜"使契为司徒,教以人伦:父子有亲,君臣有义,夫妇有别,长幼有序,朋友有信。"这里的所谓"人伦"，是指当时宗法制度下的婚姻家庭、君臣、长幼和朋友之间的社会关系，这种关系在现实社会生活的交往中，形成相互之间的道德义务关系，也就是人们在社会生活中的伦理或道德关系。所以伦理关系不是由人们随意规定的；而是由一定的社会经济关系所决定的、特殊的必然的道义关系，因此也不是个人可以随意取消的。

马克思曾指出："一切伦理关系，就其概念来说，都是不可解除的，如果以这些关系的真实性作为前提，那就容易使人相信了。真正的国家、真正的婚姻、真正的友谊都是牢不可破的，但任何国家、任何婚姻、任何友谊都不完全符合自己的概念。甚至家庭中的真实友爱和世界史上的实际的国家也都是可以毁灭的，同样，国家中的实际的婚姻也是可以离异的。"① 这里所说的伦理关系的不可解除，是说这种关系是社会结构中客观的实际存在着的社会关系，是不以个人的意志为转移的。但是，现实社会生活中的具体情况都不会完全符合伦理关系的要求，所以某些国家可能被灭亡；某些个人的婚姻也是可能离散的。然而，从社会关系来说，国家、婚姻家庭、友谊等社会组织结构的伦理关系总是不能解除或消失的。伦理关系作为一种社会的特殊关系，它的性质属于一种精神或思想方面的社会关系。但是，这种思想关系不是某些思想家创造出来的，而是由一定的经济关系所决定的社会结构中的伦理实体；它由道德准则和规范等思想形式表现出来。这种道德准则和规范的规定和法律的规定一样，只是这种道德的精神关系的内在规律的表述。马克思关于法律的客观性曾这样说："立法者应该把自己看做一个自然科学家。他不是在制造法律，不是在发明法律，而仅仅是在表述法律，他把精神关系的内

---

① 《马克思恩格斯全集》第 1 卷，第 184 页。

在规律表现在有意识的现行法律之中。"① 这一科学论断，对于道德准则和规范同样也是适用的。就是说，道德准则和规范也只是伦理道德这一精神关系的内在规律的表述而已；它是一种客观的社会伦理关系的表现形式。

伦理关系的范围大致包括三个方面：个人和社会、国家、民族、阶级之间的关系；个人的婚姻家庭关系；个人或团体之间的友谊同志或人际关系。这三个方面的社会关系所以能具有伦理关系，就在于它们之间存在有一定的义务；这种义务是由一定的经济关系及其政治制度所决定的。在中国封建时代的伦理关系的内容是很具体的，如父慈子孝，兄友弟恭，君使臣以礼，臣事君以忠，以及朋友忠信等等。这些相互之间的义务关系，充分体现了封建社会的宗法制度的伦理或道德关系。在资本主义社会里的伦理关系，也同样是以各种义务表现出来。如公民对国家、民族有忠诚和保卫的义务，夫妇之间有相互忠实和相互尊重的义务，子女对父母有服从和敬爱的义务，父母对子女有教养保护的义务等等。总之，伦理关系是建立在一定的经济基础上的精神或思想的社会关系，这种社会关系是以道德义务或道德准则和规范的形式表现出来；所以道德意识就是这种伦理的社会关系的直接反映或表现。

二 道德意识的结构和内容

道德意识的内容包括道德准则和规范，道德信念和理想，道德品质，善与恶、正义与非正义等道德价值观念和道德范畴。道德准则和规范是关于各种伦理关系的义务规定，是评价人们行为

---

① 《马克思恩格斯全集》第1卷，第183页。

善恶的标准，是一定道德体系的标志，它体现一定的经济关系及其伦理关系的社会性质。所以，道德准则和规范是道德意识结构中的核心内容，它决定或制约着道德意识的其他一切因素的含义和性质。道德信念是对于一定道德准则、规范比较稳定的信仰，而且自觉自愿地付诸实践。道德理想是对于在美好的社会关系中完满实现了一定的道德准则规范的高尚人格的向往。道德品质是指属于道德方面的品格和素质，如诚实与虚伪，正直与狡诈，勇敢与懦弱，仁慈与冷酷等等。这些品质也是在对什么人、什么事的关系中表现出来，所以它也是受着道德准则和规范的制约的，它们的含义往往也随着道德准则的变革而发生变化。善与恶、正义与非正义等是道德评价的价值概念，它的内容是以道德准则和规范决定，同样也随着道德体系的变革而变化。因此，道德准则和规范是道德意识中具有决定性作用的核心内容。

马克思主义者认为，道德准则和规范是从一定的经济关系表现为利益关系中引申出来的。它是伦理道德这一精神的社会关系的内在规律的表述，它具有不以人的意志为转移的客观性。它是一定社会利益和阶级利益对个人的道德要求。人们根据对这些道德要求的认识，建立起个人的道德情感、信念、品质、理想和价值观念，便构成个人的基本道德意识；这种个人的道德意识支配着个人的道德实践活动。道德意识和道德实践结合在一起就是一定的道德体系。所以道德意识这一概念的含义，不仅表明它是由一些观念因素构成的，而且从它的本性来说，它是实践的，它必须在实践活动中才能表现出它的真实存在。同时，道德意识的发生和发展，也是在社会实践的过程中实现的。所以个人道德意识是一种主观与客观的统一。

关于道德品质和道德准则规范的关系，有的认为道德品质包括了道德准则和规范；有的认为道德品质是独立于道德准则规范之外而且相互无关的。实际上这些看法都是不符合实际的，两者既有区别又有内在联系。正如前面已经讲过的那样，道德品质只是一些属于道德方面的品性（或品格），它的含义和性质受着道德准则和规范的制约。在阶级社会里，各个阶级由于道德准则的不同，对于道德品质的内容和要求是不同的；各个时代对同一种道德品质，因道德准则发生了变革而对它的解释也是有很大变化的。例如，奴隶社会对奴隶要求必须有勤劳和驯服的品质，在奴隶主阶级看来，奴隶是卑贱的，他们应有的品质也是卑贱的、可耻的奴隶道德品质。维护奴隶制的骑士、奴隶主及其代理人的道德品质，则要求勇敢和残酷，它们的含义是："勇敢"地掠夺其他部落的财富和奴隶，残酷地管制和虐待奴隶。而奴隶阶级根据他们自己的道德准则，也有自己的道德品质的要求，其中反抗奴隶主阶级的压迫和虐待的"勇敢"，也是奴隶阶级的高尚道德品质。然而一个是掠夺性的，一个是反抗和革命性的，一种品德具有两种对立的含义。这显然是由它们的对立的道德准则所决定的。在中国古代伦理思想史上孔丘就已经谈到这个问题，他说："君子有勇而无义为乱，小人有勇而无义为盗。"（《论语·阳货》）这里表明，"勇敢"这一道德品质必须以"义"这一道德准则为指导，否则，不仅没有道德价值，而且还会成为罪恶。

又如"正直"或"诚实"这一品质，同样有个对什么人、对什么事的问题。一般地说，正直、诚实是人人应该具备的好品质；但是封建阶级的道德准则、规范要求，对父母要孝敬，对父母的过错和丑事就不能诚实或正直地揭露出来。《论语·子路》章中有这样一段对话："叶公语孔子曰：吾党有直躬者，其父攘羊，而子证之。孔子曰：吾党之直者，异于是，父为子隐，子为父隐，直在其中矣。"大意是说，乡党里的正直的人，当他父亲偷了羊，他便照实告发。孔子不以为然，说父子应该互相隐瞒彼此的丑事，才是正直。此外在民族战争和阶级斗争的情况下，敌对双方也不可诚实地把国家和阶级的真实情况告诉敌人。这些都说明，道德品质要受一定的道德准则和规范的制约。但是，个人的道德个性和道德风格，却是由自己的道德品质的特殊性体现出来的。所以，个人的道德品质也渗透到道德准则规范的实践中，使得同一种道德原则和规范，表现在各个不同的高尚品质的人的实践中，显示出丰富多彩的道德形象和风格的崇高精神境界。由此可见，道德品质的特点也会影响到道德准则和规范在个人实践中的表现形式。

三　道德认识的过程及其规律

个人的道德意识的形成是一个认识过程。一般地说，道德意识的形成是通过两个方面的活动实现的；即通过客观环境的影响、教育，和个人主观的努力学习与修养。这两方面结合起来是一个不断的道德认识过程，在这一过程中存在有客观的认识规律。无论是客观环境的影响教育，还是个人主观的修养，都必须遵循道德认识的客观规律活动，才能取得良好效果。

道德认识的过程和规律，是以人类认识的一般过程和规律为基础的。马克思主义者认为，人类的认识是在社会实践中发生和发展的；反过来，认识又为社会实践服务。马克思在批判费尔巴哈时曾说："费尔巴哈不满意抽象的思维而诉诸感性的直观；但是把感性不是看作实践的、人类感性的活动。"[①] 这就是说，人类的感性认识不是被动的、直观的，而是在人类主动地劳动生产和生活实践中获得的感性。而感性认识还只是对客观现象的一些表面认识，由感性认识所获得的一些概念，经过分析综合的思考

---

① 《马克思恩格斯全集》第 3 卷，第 4—5 页。

而进入理性认识，然后才可能认识事物的本质；这种理性认识又反过来指导实践。这种理性认识是否正确，还需要在实践中去检验。这样由浅入深，由低级到高级，由片面到全面的认识运动过程，就是人类认识的过程；也就是获得知识和形成一定观念的过程。毛泽东曾指出："从认识过程的秩序说来，感觉经验是第一的东西，我们强调社会实践在认识过程中的意义，就在于只有社会实践才能使人的认识开始发生，开始从客观外界得到感觉经验。……认识开始于经验——这就是认识论的唯物论。第二是认识有待于深化，认识的感性阶段有待于发展到理性阶段——这就是认识论的辩证法。"① 同时，他还明确指出，离开实践的认识是不可能的；真理的标准只能是社会的实践。这是完全符合马克思所提出的"人应该在实践中证明自己思维的真理性"的论断的。实践或经验，既包括直接的自己的实践或经验，也包括间接的他人的实践或经验。而间接的实践或经验，却是他人的直接实践或经验。间接经验的传递，就是教育和学习他人的直接经验，从而开始和提高个人的认识。这一总的一般认识过程，也就是一切认识真理的规律。道德认识自然不能例外。

　　道德认识的过程就是道德意识形成的过程。在这一过程中，实践显得更为重要，因为道德本身就是实践的。所以道德实践很早就被伦理学家所重视。在中国伦理思想史上有很多关于言与行、知与行的关系的论述。例如孔子非常重视言行一致，他说："今吾于人也，听其言而观其行。"（《论语·公冶长》）这是说对人的评价，要看他所说的是不是能做到。"其身正，不令而行，其身不正，虽令不从。"（《论语·子路》）这是对从事政治的人的道德要求。关于知与行的问题，他也是从行上来判断知。有学生问

---

① 《毛泽东选集》合订本，第267页。

他管仲是否知"礼"，孔子回答："邦君树塞门，管氏亦树塞门；邦君为两君之好，有反坫，管氏亦有反坫。管氏而知礼，孰不知礼？"（《论语·八佾》）他认为，管仲的行为是违反"礼"的，当然不能算知礼。所以他的教育思想也是注意从行入手。当然，孔丘并不是从辩证唯物论的认识论出发的，他所说的"行"，也不是指社会生产实践，而只是指日常生活中的道德实践；但是他的认识论的思想中是有合理因素的。尤其是在道德教育和修养的问题上，是有可吸取的东西的。后来到宋明时代的理学家，则强调了"知先行后"的学说，空谈性理之学。明代后期的唯物主义哲学家王廷相（1474—1544 年）则批判说："近世学者之弊有二：一则徒为泛然讲说，一则务为虚静以守其心，皆不于实践处用功，人事上体验。"[①] 他主张："讲得一事即行一事，行得一事即知一事，所谓真知矣。徒讲而不行，则遇事终有眩惑。"[②] 他认为，只有在生活实践之后，才能知得深透，知、行并举才能得到真知。明朝末年的王夫之（1619—1692 年），在哲学上则明确提出了"行先知后"的认识顺序，他认为行是知的基础。但是在道德认识上，他仍然深受孟轲的性善论的影响，认为孝、弟是人的天性，只要身体力行就够了。至清朝的颜元（1635—1704 年），不仅在认识论上坚持"行先于知"，而且在道德认识上也坚持了"行先于知"，他认为"知"来源于"行"。他说："今之言致知者，不过读书讲问思辨已耳，不知致吾知者，皆不在此也。辟如欲知礼，任读几百遍礼书，讲问几十次，思辨几十层，总不算知；直须跑拜周旋，捧玉爵，执币帛，亲下手一番，方知礼是如

---

① 《与薛君采·二》，见《中国哲学史资料选辑》，（宋、元、明之部下），中华书局 1962 年版，第 521、522 页。

② 同上。

此，知礼者斯至矣。"① 有人问他："不先明理如何行？"他答道：
"试观孔子何不先教学文而先孝弟谨信汎爱乎？又何不先教性道
一贯而三物乎？"② 这里所说"孝弟谨言汎爱"和"三物"都是
指行，他认为孔子和周公就是先教民实践而后明理的。所以用孔
子和周公③ 的教育实例来证明，"习行"的实践是道德认识的起
点和知识的来源。这一思想把唯物主义认识论向前推进了一大
步。不过他讲的"习行"或实践，也不是指社会的物质生产实
践，而只是指的道德实践和其他生活行动而言。

毛泽东根据马克思主义的认识论原理，吸收了中国哲学思想
史上的优秀成果，在认识论方面进行了深入研究，把人们的认识
过程概括为一个简明而深刻的公式："实践、认识、再实践、再
认识。这种形式循环往复以至无穷，而实践和认识之每一循环的
内容，都比较地进到高一级的程度。这就是辩证唯物论的全部认
识论，这就是辩证唯物论的知行统一观。"④ 人们的认识就在这
循环往复以至无穷的辩证运动过程中，不断地发生、发展和提
高。道德认识同样以这一认识过程和规律为基础，道德意识的形
成也就是在这种实践和认识的辩证统一过程中实现的。因此，道
德教育和道德修养必须遵循认识规律进行。

四　道德教育

道德教育的原则，首先要肯定：道德观念不是先天的生而有

---

① 《四书证误·大学》，见《中国哲学史资料选辑》清代之部，第296、297 页。

② 同上。

③ "周公以三物教万民"的三物，即六德、六行、六艺三者。见《中国哲学史
资料选辑》清代之部，第298 页注。

④ 《毛泽东选集》合订本，第285 页。

之的，而是后天的教育和学习获得的。同时还要相信，受教育者都有可塑性，即每一个正常的人都可能接受一定的道德知识的教育而且见诸行动。相信受教育者在社会生活实践中有自我改造的可能性。这是道德教育的前提。第二，要有明确的道德教育的目的和任务。这是道德教育的方向和目标问题，如果这一条不明确，将会杂乱无章，收不到任何效果。在阶级社会里，道德教育的目的是由统治阶级的道德要求决定的。就是培养具有符合统治阶级要求的道德信念和道德品质的人才；因而道德教育的任务，不仅要传授一定的道德准则规范和其他道德知识，更重要的在于培养学生能够树立一定的人生观和道德习惯，启发诱导受教育者的道德修养的积极性，并掌握一定的修养方法。在社会主义社会里，共产主义道德教育的目的和任务是十分明确的。列宁在谈到青年团的任务时曾说："青年团的任务就是要这样来安排自己的实际活动，使青年在学习、组织、团结和斗争的过程中把自己和自己所领导的一切人都培养成共产主义者。应该使培养、教育和训练现代青年的全部事业，成为培养青年的共产主义道德的事业。"① "为巩固和完成共产主义事业而斗争，这就是共产主义道德的基础。这也就是共产主义教育、训练和学习的基础。这也就是对应该怎样学习共产主义的回答。"② 这里所讲的共产主义道德教育不限于学校教育的任务，也是各种群众组织和一切宣传教育工作的任务。关于共产主义道德教育的目的，是要培养和训练为巩固和完成共产主义事业而斗争的共产主义者。这是共产主义道德的基础，也是道德教育的总目标。因为共产主义者的全部道德就在于团结一致的纪律和反对剥削者的自觉的群众斗争。所以

---

① 《列宁全集》第 31 卷，第 257 页。
② 同上书，第 262 页。

道德教育的任务要和反对剥削者联系起来，并在社会活动中来培养训练受教育者。在中国来说，道德教育的目的就是，要使全国人民成为"有理想、有道德、有文化、有纪律"的社会主义现代化建设的新人。这也是十分明确的。

第三，道德教育必须针对不同的教育对象，结合各种实践活动进行。实际上，年龄的不同，生活条件和生活经验的不同，职业性质的不同，个人禀赋的不同，以及个人周围环境影响的不同，都影响到受教育者的心理状况的不同。所以，道德教育的内容和方式方法也应该有所不同。但是，组织受教育者在实践活动中或通过他人的实践事例进行教育和学习则是相同的。比如小学生可以通过讲故事进行集体主义和爱国主义教育，即利用现实生活中的先进人物和历史上的民族英雄的实践，来激发受教育者的道德情感，从而深刻理解集体主义和爱国主义的道德原则的重要意义，逐渐形成自己的道德信念。如近来共青团中央倡导的青年服务队的活动，也是很有效的道德教育方式。各地组织青年自愿参加为街道的残疾人和孤寡老人做好事，是通过青年自己的直接实践来进行道德品质的自我教育活动。青年们在实践中看到，老人们的生活困难因自己的帮助而解决后的喜悦和感动的情景，很自然地激起助人为乐的感受。同时，再经过集体座谈总结，提高到对社会主义社会关系的优越性的理性认识，从而树立起热爱人民、热爱劳动、热心为人民服务的道德信念和理想。这也是符合道德认识规律的有效的道德教育方式。此外如学习华山抢险群体英雄事迹，学习解放军的战斗英雄事迹，学习蒋筑英、张华等先进人物的活动，都是利用活生生的实践榜样的作用，道德教育的效果也是最好的。所谓榜样的力量是无穷的，就是因为它是现实的、具体的、生动的道德行动，所以感人是最深的。同时也可以建立起个人可以达到道德的最高精神境界的信心，启发人们进行自我道德修养的积极性和主动精神。

第四，道德教育要贯穿到学校教育的各个学科教学之中，要渗透到各个社会领域里的思想政治工作之中。因为，道德不是孤立于社会生活之外的纯粹独立的知识和活动，而是渗透在各种社会生活及科学领域之中。因此，学校教育为了积极培养有理想、有道德、有文化、有纪律的人才，各个学科教学中都是可以贯彻道德教育的。比如：历史、地理可以进行爱国主义教育、历史杰出人物的高尚品德教育；语文和文学可以通过作家的作品进行道德品质的教育和陶冶情操。自然科学的教学同样可以贯彻道德教育和训练，每一门科学都有许多科学发明家的艰苦奋斗事迹，科学的严格要求、科学实验的训练等活动中，都可以有意识地联系道德教育。总之，学校教育的各种学科教学都可以培养学生树立崇高理想和事业心，训练学生的责任感和坚强地振兴中华的意志。道德教育在全面配合下才能收到好的效果。

第五，道德教育还要依靠集体的力量和相互影响。采用有计划、有组织的集体（大小都可）活动，培养集体主义精神。在学校里可以根据年龄、兴趣和一定的社会任务（包括校内任务）而分别自愿组织，以及必须有根据学习任务的班级集体自治活动。苏联的教育家马卡连柯说过："集体只有当它显然是用有益于社会的活动任务来团结人的时候，才可能成为集体。"① 就是说，集体是有组织的作有益于社会活动的教育方式。在这样活动中培养学生的团结互助，互相关心，可以鼓励学生的进取精神和自尊心以及集体荣誉感；同时，在集体生活中可以创造出相互影响的潜移默化的力量，形成一种良好的班风、校风。一个新生进入这样的优秀集体很快就会被这种集体的力量感化，而成为集体的一

---

① 《论共产主义教育》，人民教育出版社 1956 年中译本，第 121 页。

个优秀成员。当然培养起这样良好的集体，不是轻而易举的事，特别在开始的时候，必须要求有严格的纪律；能够进行诚恳、坦率的批评自我批评；还要有真挚的友情。这样使集体产生一种吸引力、感染力和无尚的尊严。人人都爱护个人参加的集体，而集体也成为激励成员不断前进的力量。

　　总之，道德教育的过程是一个复杂的认识过程。在这一过程中，实践既是道德认识的开端，又是道德认识的目的；同时还是认识深化和发展的途径。道德教育的过程，是把客观的社会道德准则、规范和其他一切道德知识，转化为个人主观的道德情感、道德信念、道德理想、道德意志、道德品质和道德习惯的运动过程。道德教育的作用，除去给受教育者以有关知识之外，更重要的是启发、诱导受教育者的个人道德实践的主动性和自觉性；提供个人道德修养的途径和方法；指导受教育者建立起科学的共产主义人生观。因为外界社会环境的影响和学校的道德教育，还只能起一种启发和引导作用，个人道德意识的形成和发展的快慢，能否达到教育目的，教育原则和方法固然有很大关系，但主要的取决于个人的主观努力。在阶级社会里，道德意识的形成是和阶级斗争实践紧密联系在一起的。因而道德教育的过程是一个思想斗争的过程，也就是不同阶级的道德准则和价值观念的思想斗争过程。特别是共产主义道德意识在个人思想上的形成，这种思想斗争更加尖锐和重要。剥削阶级的腐朽道德观念的影响不是经济关系变革之后就会立即消失的，而且国外资产阶级思想意识的侵袭还会长期存在。在一定范围内社会主义社会里还存在有阶级斗争。在这种情况下，道德教育除去针对现有的非共产主义道德意识，进行实事求是的分析批判之外，启发、引导受教育者个人思想上的自我斗争，加强个人的道德修养是非常重要的。

五　道德修养

　　道德意识形成的主观因素，就是学习与修养。就是说，在社会环境的影响和有意识的教育的条件下，个人要努力学习有关道德的知识理论和别人的好的言行，经常省察自己的缺点错误，并坚决改正。中国古代思想家都很重视道德修养，即讲究修身养性。孔子曾说："德之不修，学之不讲，闻义不能徙，不善不能改，是吾忧也。"（《论语·述而》）可见他是重视道德修养的。《荀子》专门有一章讲修养，题为《修身》，第一句话就是："见善，修然必以自存也；见不善，愀然必以自省也；善在身，介然必以自好也；不善在身，菑（同灾）然必以自恶也。"（《荀子·修身》）大意是说，见善就需认真学习，见不善就警惕地反省自己；乐于行善，厌于做恶。这就是在道德方面的学习和修养。

　　但是，一个人的道德修养并不是很容易在短时间可以做到的，需要长期有意识地随时随地地进行锻炼修养。孔子总结他的经验说："吾十有五而志于学，三十而立，四十而不惑，五十而知天命，六十而耳顺，七十而从心所欲不逾矩。"（《论语·为政》）他的天命观念且不说，但是他的经验却说明了个人的道德修养是不容易的，需要一生都坚持不懈。因为，道德修养的实质，是一个自我斗争、自我改造的过程。所以需要循序渐进的长期积累过程。所谓自我斗争，就是指社会道德要求和自己思想意识上的错误认识，和不符合道德准则与规范的欲望的斗争。这在中国伦理思想史上叫做，"理"与"欲"的斗争或理性与欲望的斗争。在中国自宋明理学提出以"天理灭人欲"以来，有各种不同意见，有的主张以"理制欲"，有的主张以"理养欲"。这种不同意见的争论，也可以看出个人思想意识上的自我斗争是不容易的。古希腊的赫拉克利特（公元前 530—470 年）曾说："与心作斗争是很难的，因为每一个人的愿望都是以灵魂为代价换来的。"① 德谟克里特（公元前 460—370 年）也说过类似的话："和自己的心进行斗争是很难堪的，但这种胜利则标志着这是深思熟虑的人。"② 这就是说，和自己的思想愿望作斗争虽然很不愉快、不容易，但经过深思熟虑的斗争之后是可以获得胜利的。以上的许多论述都说明，道德修养的实质是一种自我的思想斗争过程。从内容方面来看，就是公益和私利的斗争；从心理方面说，就是理智与感情，或理性与欲望之间的斗争。实际上，也是一种道德情感和意志的锻炼。所以，需要长期的坚持在个人的各种社会实践中进行自我斗争和改造，才能使个人的道德修养取得显著的效果。

也许有人会提出：人为什么要修养或自我斗争呢？这个问题倒是个值得研究的问题。既是个理论问题，又是个现实问题；在过去的伦理思想史上是有各种不同见解的。有的从人性方面去找原因，认为人的天性有善有恶，善性需要发扬，恶性需要消灭或限制；所以除了外界的教育限制之外，自己还需要修养。有的认为，人的道德意识不是从天性来的，而是受环境的影响和教育得来的，所以个人需要主动地适应环境或改造环境；这也就是道德意识形成过程中个人应作的主观努力。这两种说法虽然都有某些道理，但在基本理论上都是不全面、不科学的。实际上，人之所以需要学习、修养或自我改造，不能从抽象的人性中去找说明，而应该到人们的生活环境和社会关系方面去寻找原因。

马克思主义者认为，抽象的人性是没有的，人性是具体的而且是不断变化的。因为人类本身，是在共同社会劳动的长期发展

① 《西方伦理学名著选辑》上卷，第 13、85 页。

② 同上。

中形成的，而不是自然生成的具有固定不变特性的自然物。从生物学的观点看，人类虽然是自然界的一部分，但是，由于它是从事劳动生产的结果，是从自然界分化出来而形成的一种社会生物。人类在自身的社会生产实践中创造了人与人之间的生产关系，这种生产关系决定着人们的思想意识、心理状态和生理需要以及其他一切社会关系。所以马克思说：人的本质是一切社会关系的总和。这种社会关系的总和制约着人们的生理和心理的需要，决定着人们的思维能力和思想意识的内容。也就是说，人是一切社会关系的总和这一本质，决定着人们的生理需要和心理特性，所以这种人的需要和特性是随着社会关系的变革而不断变化的。但是，由于社会意识形态有相对独立性，社会关系变革之后，人们的道德观念和道德习惯并不可能立即变化；为了适应新的社会关系所需要的新道德要求，个人的道德观念和实践需要主观上的修养改变。另一方面，在阶级社会里道德是有阶级性的，虽然统治阶级的道德要求占有统治地位，但各个不同的阶级和阶层的道德要求各不相同，而且在个人的思想意识上又会相互影响。所以，为了维护自己的阶级或阶层的利益，也需要在个人道德修养上下功夫，坚持自己的阶级和阶层的道德的纯洁性，而排除其他的思想影响，进行思想意识上的自我斗争和改造。

　　在公有制的社会主义社会里，个人利益和社会国家的公共利益基本上是一致的；因此，以社会、国家利益为最高道德标准的集体主义的道德体系是全社会的道德要求。但是，中国的社会主义社会，是从半封建半殖民地的私有制社会脱胎而来的；封建的、资产阶级的和半殖民地的各种思想残余的影响还没有完全消除。更重要的是，当前我国社会主义现代化建设，需要对外开放，对内搞活经济的政策，除去全民所有制的国营经济和人民的集体经济之外，还存在有个体私人经济和公私合营企业。因此，资产阶级的腐朽思想的侵袭和商品经济自发产生的自私自利观念的滋长，反映在人们的道德观念上，就会与集体主义道德准则、规范发生矛盾。在这种情况下，个人的共产主义道德修养就有特别重要的意义。它的目的和实质，就在于自觉地抵制剥削阶级意识和腐化因素的侵蚀，增强共产主义道德教育的效果，促进社会主义精神文明建设，使全国人民都成为有理想、有道德、有文化、有纪律的新人；从而保证顺利地实现社会主义现代化建设。由此可知，社会主义国家的公民，个人的道德修养不仅是非常必要的，而且是关系社会、国家发展的重大问题。所以，道德科学的研究，应该深入探索当前个人道德修养的原则、途径和规律。

道德修养和道德教育是一个统一的认识过程。所以修养的原则，首先是虚心学习、善于思考。道德修养包括思想观点和品德方面的修养。思想观点不正确，对于道德理论和准则、规范的理解就不会深透甚至会理解错误；品德的修养也不可能取得好的效果。对共产主义者和社会主义国家的公民来说，马克思主义理论的学习是至关重要的。它是正确理解共产主义道德的思想基础，是建立科学的人生观的理论依据，是人生航程中的指针。除去马克思主义的理论学习之外，其他关于个人工作的科学知识和社会生活经验的学习也是十分重要的。因为道德问题是渗透到人们的社会实践的各个领域之中的，只知道几条道德原则和规范，而个人没有任何从事劳动和工作的技能，道德信念也将会变成空的。所以要多闻、多见、多向别人学习。中国古代的圣人孔夫子常说："三人行，必有我师焉，择其善者而从之，其不善者而改之。"（《论语·述而》）这话说得是很有道理的，虚心学，善于思考辨别善恶，然后学善而戒不善，学习和修养的意思都包含在这一句话之中了。所谓虚心学习，是要联系实际地分清是非、善恶，学的是真理和善良的东西，而不是兼收并蓄，更不能猎奇、赶浪头；这就需要认真的思考。现在有些青年人渴望学习新鲜知识这是好的；但是认为马列主义理论是大道理，不直接实用，可以不必学。这种想法是很危险的。表面看来比较实用的小道理，需要符合科学的大道理；如果小道理没有正确的大道理的指导，或者只看小道理眼前实用而不符合正确的大道理；那么，将会迷失方向而走上邪路。所以虚心学习马列主义、毛泽东思想的理论和其他科学文化知识，以及共产主义道德知识和他人的道德实践经验，是共产主义道德修养的首要原则。只有在生活实践中能够虚心学习、善于思考，才能正确地掌握共产主义道德的基本原则，确立明确的修养方向和方法。

其次是，坚持理想、勇于实践。在任何条件下，要在坚持为实现自己的理想而奋斗的实践中，才能检验并锻炼自己的思想意识，培养自己的道德情感，锻炼自己的道德意志。特别是在逆境和胜利、荣誉面前，能够坚持自己的革命信念和理想，敢于在实践中进行道德修养是很重要的。就是说，在逆境中不消极气馁，在顺境中不骄傲自满，始终坚持个人理想而努力苦干。

有些人在艰苦条件下，可能注意自己的道德修养，而在胜利和一帆风顺的情况，就放弃了自我改造，放松了对自己的道德要求，滋长起骄傲自满情绪和个人主义的贪欲。甚至多年的老党员、老干部也变得以权谋私，搞新的不正之风。有的青年一朝得意，生活条件变好了，就看不起农村生活，认为生活在农村的父母、妻子给自己丢脸，因而弃旧迎新。这些都说明，自己的理想和信念，经不起社会生活实践的考验，不能坚持在任何条件下进行自我修养的实践，自然就会随着恶浪浮沉。

第三是经常反躬自省，正确地进行批评和自我批评。道德修养的含义就是严格地要求自己，按照自己的道德信念行事。要做到这一点，就必须经常反省自己的言行，是否有利于人民和国家社会？是否符合自己的道德信念？是否言行一致？自己有哪些长处和哪些短处？检查的结果还能当众说出来争求别人的帮助。同时，见到别人的缺点错误，也能坦率地批评。这就是共产党人的批评和自我批评的自我教育方式；也是道德修养的重要原则之一。周恩来就有这样两条修养原则："要与自己的他人的一切不正确的思想意识作原则上坚决的斗争；""适当的发扬自己的长处，具体的纠正自己的短处"（1943 年在重庆红岩工作时订）。①这前一条就是积极进行批评和自我批评的原则。因为批评别人也是考验自己是否能坚持正确的无产阶级的思想意识，是否能辨清是非；自我批评就是能够反躬自省，正确地认识自己。然后才能根据对自己的认识，发挥长处纠正错误。所以每一个人对自己应有一个实事求是的切合实际的认识，作为自我修养的必备条件，这就是我们通常说的：人贵有自知之明。只有对自己有了比较切实的认识，才能找到修养的方向，发扬自己的优势，补充自己的不足。而经常反省自己的言行并敢于自我批评，争取别人的帮助，是正确认识自己和提高修养效果的有效方法。

　　思想意识和道德修养的实质，就是和自己的不正确的思想意识、道德观念作坚决斗争。没有自我思想斗争也就很难谈到什么思想和道德的修养。不过，由于过去长时间的"左"的思想影响下，使思想斗争走向了极端，和风细雨的批评和自我批评变成为粗暴的、不实事求是的随意上纲的残酷的政治斗争。因此现在一提批评和思想斗争，大家就心有余悸而且反感，这当然是可以理解的。但是，不能由此得出结论，认为批评和自我批评、思想斗争都是要不得的，于是放弃批评自我批评和思想斗争。实际上，没有思想斗争也是不可能的。因为任何时候思想上的矛盾总是存

---

① 见《周恩来选集》上卷，人民出版社 1980 年版，第 125 页。

在的，有矛盾就会有斗争，这是不以人的意志为转移的客观规律。你不主动地反对不正确的思想的侵袭，就会成为被动的为错误的腐朽的东西所冲击或压倒，任凭没落的腐朽的思潮自由泛滥。这样不仅会使人们的道德堕落，而且还会冲乱我们整个社会主义现代化建设的方向和计划。因此，在加强共产主义的理想、道德和纪律教育的同时，重新建立正确的批评和自我批评的自我教育制度和习惯，在当前来说，是十分重要的。我们决不能因噎废食，把正常的和风细雨的思想斗争丢掉，采取自由主义的态度。那样就堵塞了自我教育和思想进步的道路。放弃了批评自我批评，就会使人们丧失自知之明，而变得晕头转向、胆大妄为，或随波逐流，或被恶浪所吞没。当前不少的老党员被卷入了经济犯罪案件，就是一个严重的教训。所以，在人的一生过程中，任何时候都不可放松个人的思想意识和道德的修养。要使全国人民成为有理想、有道德、有文化、有纪律的社会主义新人，就必须在道德教育活动中，指导和培养青少年建立起自我教育和道德修养的方法和习惯。

（选自《道德学说》，中国社会科学出版社 1989 年版）

道德学说中的一般范畴

道德学说的体系是由一系列的范畴、原则和概念所构成，这一篇只选择几个相对独立的范畴加以讨论。

一 善与恶

善与恶是道德学说中的一对价值范畴，是道德评价中最一般的表示道德价值的最高概念。善、恶的内容以一定的道德准则和规范为转移，符合现实社会道德准则和规范的行为、品质就是善；而违反现实社会道德准则和规范的行为、品质就是恶。在阶级社会里，不同阶级有不同的道德准则和规范，因而善与恶的内容是相对的。同一件事情，在统治阶级看来是善，在被统治阶级看来可能是恶；反之，也是如此。因此，善与恶是随着社会发展变革而不断变化的，是一种具有时代性和阶级性的历史概念；两者具有对立统一的辩证关系。

在道德学说史上，往往把善恶对立的研究作为道德学的目的；但对善、恶的理解却有各种分歧。在西方古代思想家中，有的认为，善就是最高的知识（苏格拉底、柏拉图）；有的说：幸福生活就是最高的善。快乐是幸福生活的开始和目的，所以，善就是快乐。反之，痛苦生活则是恶（德谟克里特）；有的说：至善即是依照我们的本性选择一切事情，依照健全的理性而行动（芝诺）。凡是与道德一致的即是善（斯多葛派）。亚里士多德则认为，善是人生所追求的目的，人类的善是心灵合于最好的和最完全的德行的活动；等等。概括起来说，在古希腊哲学家中对于善恶的理解，基本上就是三种：善是知识，恶是由于无知；善是幸福和快乐，反之，不幸和痛苦就是恶；再一种就是，善是符合德行或履行义务的行为，否则就是恶。看来最后一种说法还比较接近实际。到中世纪，在西方是神学统治一切的时代，认为人生来都是有罪的，是恶的；只有上帝是善的化身。所以人们只有崇奉上帝并得到上帝的恩宠，才可能有善。近代资本主义经济关系形成和发展时期，大部分伦理学家是以抽象人性论为出发点的，因而主张以快乐和痛苦为善恶的分界标准。斯宾诺莎认为：所谓善或恶，"是指对于我们的存在的保持有益或有妨碍之物而言，……只要我们感觉到（……）任何事物使我们快乐或痛苦，我们便称那事物为善或恶。"① 所以在他看来，善与恶不是别的，只是自己快乐和痛苦的感情所必然产生的观念而已。17、18 世纪西欧的思想家们，也是主张：善就是能引起或增加人们快乐的东西；恶是能产生或增加人们痛苦的东西。英国霍布斯说："凡任何人嗜欲或欲求的任何对象，自他一方面言，便名为善，而任何他所仇恨及憎避的对象，则名为恶。"② 法国 18 世纪的爱尔维修，也以人的肉体的快乐和痛苦的感受为善恶的标准。他们把"物"和行为混为一谈，其实，人和物的关系是谈不到道德意义

---

① 《伦理学》，见《西方伦理学名著选辑》上卷，第 626 页。
② 《利维坦》，见《西方伦理学名著选辑》上卷，第 656 页。

上的善恶的。但是霍布斯认为人在自然状态时，因人的天性是趋向个人私欲的追求，结果互相争夺斗争不得安宁，为了使大家能够和平地生活，而相互订立契约；所以善就是履行契约，由法官所定的法律决定善恶的准则。法国伏尔泰认为："道德上的善与恶，都是对社会有利或有害的行为；……善行无非是给我们带来好处的行为，……过恶就是做一些使人们不高兴的事情的习惯。"① 因此，他把社会福利当作善恶的唯一标准。到 19 世纪的德国黑格尔提出了一种抽象的表述："善就是被实现了的自由，世界的绝对最终目的。"② "这种包含于概念中的，相等于概念的，把对个别的、外在的现实之要求包括在自身之内的规定性，就是善。"③ 他认为善只是某种"应有"，而实现了的善就是由于它已经在人的主观目的中。而善的实质是法和福利所构成的东西。就是说，福利没有法不是善，法没有福利也不能是善。简单地说，在黑格尔看来，善就是客观所规定的义务，通过个人的主观意志为尽义务而行动；这就是实现了个人的自由。他所说的义务包含着法和福利。而恶是希求与普遍性的规定相对立的东西。他把辩证法运用于善与恶的关系上，认为善与恶是不可分割的对立统一的关系。因为善与恶都导源于意志的自由选择，所以意志的概念中，既有善的又有恶的。善与恶是相互依存的辩证统一体。

黑格尔关于善恶概念的理解以及二者的关系的论述，尽管是唯心主义的，但是有许多合理因素。特别是对于"恶"的作用的揭示，是过去道德学说史上很少有人提到过的。所以恩格斯在批

---

① 《十八世纪法国哲学》，第 84 页。
② 《法哲学原理》，第 132 页。
③ 《逻辑学》下卷，商务印书馆 1981 年版，第 523 页。

判费尔巴哈的伦理思想时，特别提出了费尔巴哈在善恶对立的研究上，要比黑格尔肤浅得多。他写道："在黑格尔那里，恶是历史发展的动力借以表现出来的形式。这里有双重的意思，一方面，每一种新的进步都必须表现为对某一神圣事物的亵渎，表现为对陈旧的、日渐衰亡的、但为习惯所崇奉的秩序的叛逆；另一方面，自从阶级对立产生以来，正是人的恶劣的情欲——贪欲和权势欲成了历史发展的杠杆。……但是费尔巴哈就没有想到要研究道德上的恶所起的历史作用。"① 恩格斯这一段话，不仅指出了黑格尔关于善恶对立的研究的深刻性，而且揭示了恶为什么和怎样成为历史发展动力借以表现的形式的。恩格斯从两个方面阐明了恶是历史发展动力借以表现的形式。一方面是从革命的角度说明每一种进步变革，对于旧的日趋衰亡的秩序和习惯势力，都是一种亵渎和叛逆，从统治阶级的道德要求来说，自然是"恶"；从进步阶级的道德观念来说，进步变革的行为则是善。这正是阶级社会里阶级斗争在道德领域里表现为善与恶的斗争形式，所以它是推动社会发展的动力。同时，也说明了善与恶的辩证统一关系，同一种行为，在不同社会地位和不同利益的阶级看来，则是善与恶的对立，是善与恶的相互转化运动，也是一种道德历史发展的运动。另一方面的表现，恶作为情欲，即贪欲和权势欲表现出来所起的历史发展的杠杆作用，是私有制度下的上层建筑和意识形态对经济基础的反作用。即物质文明的发展，刺激人们、特别刺激统治阶级的情欲的不断增长；情欲的增长，又促进物质文明和精神文明的发展。尽管恶劣的情欲的增长，会带来许多社会罪恶活动和社会矛盾的激化，但是，这种矛盾的激化，会教育提高被剥削、被压迫阶级的阶级觉悟，激发他们反抗压迫的斗争意

---

① 《马克思恩格斯全集》第 21 卷，第 330 页。

志。因而这种恶的表现形式毕竟起着推动阶级斗争和各种社会文明建设的杠杆作用。这在我国封建时代的光辉历史文化的发展中可以得到证明。例如自秦始皇以来的历代帝王墓地出土的文物，隋炀帝的修建运河等，就足以证明封建时代的统治阶级的贪欲和权势欲，对于民族文化的发展的重大作用。但是，这些由情欲促成的重大建设工程的成就，却是广大劳动人民（包括技术劳动者）的苦难和牺牲换来的。同时也激化了当时的阶级矛盾，促进了农民起义的阶级斗争。这些历史事实，从道德的角度来说，恶的情欲的确起着推动历史发展的杠杆作用。资本主义社会的自由竞争和垄断，同样也刺激着资产阶级的贪欲和权势欲的发展，而这种恶劣情欲的增长，推动了资本主义商品经济和科学技术的进步。但是，这个历史发展的过程中，所造成的社会生活中的各种罪恶事实也在同时发展；激化的社会矛盾将导致资本主义制度的必然灭亡。我们还可以从恩格斯的这段话中，找到开拓道德科学研究的新的途径和广阔天地；那就是不要局限于研究日常生活中的善恶对立问题，应该深入到社会发展的各个领域中在探索善与恶的辩证运动过程及其历史作用。

根据中外道德学说史上有关善恶这一对范畴的资料，用马克思主义的辩证唯物主义历史观作指导，我们可以概括出关于这一对范畴的明确认识如下：

（一）善与恶是一件事情的两面，两者是对立的，又是相互依存的。没有恶的观念，也就没有善的观念，反之也一样。从古希腊的辩证思想的奠基人之一的赫拉克利特到近代德国的黑格尔，他们都谈到"善与恶是一回事"（赫拉克利特语），"善与恶是不可分割的"（黑格尔语），是一个事物的肯定与否定的关系。就是说，在同一种道德准则规定下，善是肯定的思想行为，恶是否定的思想行为。以同一件事情来说，以不同的道德准则为依据，一方认定是善，另一方认定是恶。所以，善恶是随着时代和阶级的不同而不断变化的。因此说善与恶是一回事的两面。

（二）善与恶有严格的界限和质的区别。前面说善与恶是不可分割的一回事的两面，那末，是不是会混淆两者的界限而善恶不分呢？是不是说善与恶是纯主观的随意评价呢？不，不是。善恶之间是有一个严格的界限的，是有由一定的社会、阶级或集团所公认的客观标准的，这个标准就是反映一定时代的经济关系及其政治制度的道德准则和规范，它是客观的。以这种客观的道德准则来评价人们的思想行为的善恶，它们的界限是鲜明的不容混淆。从道德学说史上来看，尽管各个学派对善恶的理解不同，但提出了各自认为带普遍意义的善恶分界标准。至于所提的标准是否代表现实社会生活中的道德准则，那无关紧要，问题的实质在于要说明善与恶的区分和意义，就必须有一个客观分界标准，才能说明善与恶的含义，才能证明善与恶的不同道德价值。所以善与恶是有严格界限的。从善恶概念的内涵来说，它们不仅有严格界限，而且还有本质的区别。道德的准则和规范是区别善恶的标准，而道德准则和规范则是一定的社会、国家、阶级利益的反映，那么，同一个道德体系中的善与恶的本质，就是善是有利于社会、国家和一定阶级利益的观念和行为；恶就是不利于社会、国家和一定阶级利益的观念和行为。这就是善与恶在本质上的区别。

（三）善与恶的存在，既需要有一个客观标准，同时又必须通过个人的主观意志的自由选择的自觉行动表现出来；所以善与恶都是主观与客观的统一。用黑格尔的话说，就是"善是被实现了的自由"；用恶的表现恰恰证明人的意志自由是有限的，是相对的。恶就是超越了现实社会生活中的必然性的选择就成为不自由。也就是主观与客观的背离。由此可知，意志的相对自由是道德责任或道德价值的基础。

（四）善与恶表现为个人的理智与情感的关系，即情欲的冲动与理性克制的关系。善并不排斥人们的福利欲求，但是欲求必须限制在一定的道德准则规定的范围之内。实质上，就是个人利益同社会、国家与阶级利益之间的相互关系，个人利益不可能超越社会、国家利益而实现。从个人心理方面说，就是理智能不能把情欲引导到适合于公共福利的轨道上，能够引导并能克制过分的个人欲求的情感和行为，就是善。理智不能引导和克制个人的不合理的欲求，就将形成恶的行为。所谓"改恶从善"，就是一方面提高道德认识和自觉性，另一方面，就是要锻炼个人的理智对情欲过度追求的克制能力。

（五）善与恶的历史作用，随着时间的推移而变化，但都有促进或阻碍社会发展的作用。

二　正义与不义，幸福与不幸

正义与不义、幸福与不幸，是两对含义相对立的道德学的范畴。正义这一概念，在中国伦理思想史上是出现较早的。在《荀子·正名》篇中，就有"正义而为谓之行"之句。这里的"正义"是指正当、正道或公正的意思。这句话的意思就是说，按照正当的礼义做事就叫做有德行。那么，正义或公正是如何产生的呢？古希腊的伊壁鸠鲁认为："公正没有独立的存在，而是由相互约定而来，在任何地点，任何时间，只要有一个防范彼此伤害的相互约定，公正就成立了。"① 到 18 世纪法国的爱尔维修说得就更明确了。他说："一种不义实际上是什么东西呢？是违犯一种为

---

① 《西方伦理学名著选辑》上卷，第 96 页。

了多数人的利益而制定的协议或法律。因此不义不能先于一种协议、一种法律和一种共同利益的建立。在有法律之先，是没有不义的。"① 所以他认为，正义是以既定的法律为前提，而尊重正义又以公民之间势均力敌为前提。一种有益的相互畏惧，迫使人们彼此以正义相待。如果势均力敌的平衡打破了，那么法律就要改善使之平衡。因此他认为，正义是维持公民的生命和自由的。这样看来，法律又是根据正义的需要而定的；正义是支配法律和一切社会制度的。这种观点几乎是一切资产阶级所共同的，目的在于说明资本主义是符合正义的，资产阶级是根据正义的要求而废除封建制度和制定法律的。这是一种唯心主义历史观的表现。不过，他们也接触到了一些问题的实质。例如，爱尔维修说："一个人一切行动都以公益为目标的时候，就是正义的。"② "人人都愿意享受他的各种所有物。因此人人都喜爱别人身上的正义，都愿意别人对自己正义。""人爱正义的基础，或者是有畏惧伴随着不义俱来的种种坏事，或者是有希望伴随着重视、尊敬以及与实行正义相联系的权力俱来的种种好事。"③ 这里揭露了人们之所以尊重正义是为了正义给自己带来的好处；因而他所谓的"公益"，实质上就是保证每一个个人的利益，许多个人的利益就是公益。正如恩格斯所指出的："永恒的正义在资产阶级的司法中得到实现；平等是归结为法律面前的资产阶级的平等。……18世纪的伟大思想家们，也和他们的一切先驱者一样，没有能够超出他们自己的时代所给予他们的限制。"④

　　马克思主义者的正义观，是以唯物史观为指导的。认为正

---

① 《论人的理智能力和教育》，见《十八世纪法国哲学》，第504页。
② 《论精神》，见《十八世纪法国哲学》第463页。
③ 《十八世纪法国哲学》，第504、506页。
④ 《马克思恩格斯全集》第20卷，第20页。

义、公正或公平观念是由经济关系表现为法律关系形式的价值观念。也就是恩格斯所论述的，"而这个公平却始终只是现存经济关系在其保守方面或在其革命方面的观念化、神圣化的表现。希腊人和罗马人的公平观认为奴隶制度是公平的；1789 年资产者阶级的公平观则要求废除被宣布为不公平的封建制度。……所以，关于永恒公平的观念不仅是因时因地而变，甚至也因人而异。"① 正义或公平、公正的概念，虽然多是从法律的角度论述的，但是实际上，也是道德领域里的价值范畴。不过正义的标准主要是从法律规范中引申出来。正义或公正、公平的标准也就是不义、不公正、不公平的标准。彼此是互相依存的对立统一的概念，没有正义、公平的观念，也就没有不义、不公平的观念。具体地说，在统治阶级看来，遵守一定经济关系表现为法律规范的行为就是正义、公平的；从革命方面来说，已经不适应现已形成的新的经济关系的法律和社会制度及其实践，都是非正义或不公平的。因此，正义或公正、公平的实质，就是维护一定经济关系需要的价值观念；是随着经济关系的变革而变化的。没有什么永恒不变的抽象的正义或公平。

正义和不义的观念和实践，在人类历史上起着错综复杂的积极和消极的作用。在阶级社会里，统治阶级对于自己所定的法律和道德规范，往往是不履行的。因而正义和不义的矛盾显得特别尖锐。许多依富欺贫、依强凌弱的严重的不义事实，造成各种罪恶和广大被压迫者的苦难；不仅激起了被剥削、被压迫阶级的愤怒和反抗斗争，而且也激发着统治阶级内部的有识之士，为了维护统治阶级利益的正义感。就是说，有一些有爱国心和责任感的统治阶级的官吏（清官）和小所有者，被激起了打抱不平的思想

---

①　《马克思恩格斯全集》第 18 卷，第 310 页。

行动。这从中国的历史文献和文艺作品中，都可以找到生动的实例。比如被人民称颂的著名的封建时代的清官，宋朝的包丞、明朝的海瑞等，对于当时的豪门贵族欺压人民的冤案，敢于伸张正义（依当时的法令）而不怕得罪权贵。因而得到了人民的爱戴和传颂。另一种情况则是，司马迁在《史记》一书中所称道的"闾巷之侠"和跖蹻之徒的正义观念和仗义行动。这些人不作官、不积财，"专趋人之急，甚己之私"；"振人不赡，先从贫贱始"；"所藏活豪士以百数，其余庸人不可胜言。"这是说历史上义侠之士，专门救人之急，解救被公卿、豪贵追捕迫害的人，为打抱不平不惜自己的钱财和生命。所以得到广大人民群众的拥护。司马迁的评语是："今游侠，其行虽不轨于正义（指当时统治者的'正义'——引者注），然其言必信，其行必果，已诺必诚，不爱其躯，赴士之厄困，既已存亡生死矣，而不矜其能，差伐其德，盖亦有足多者焉。"[①] "虽时扞当世之文罔，然其私义廉洁退让，有足称者。"[②] 实际上司马迁是肯定了游侠有他们自己的正义观的，而且给予了很高的评价。作为封建时代的史学家来说，他是公正处理史实的。他把历史上两种对立的正义观念和行为，同时并列于史册而加以评论。他写道："鄙人有言曰：'何知仁义，已飨其利者为有德。'故伯夷丑周，饿死首阳山，而文武不以其故贬王；跖、蹻暴戾，其徒诵义无穷，'窃钩者诛，窃国者侯，侯之门仁义存'，非虚言也。"[③] 这段话里包含着两个重要的意思：一是把当时两种对立的正义观相提并论，即统治阶级褒奖的忠于已亡的王室的臣子，并承认为"盗"者诵扬反抗压迫的正义感。

---

① 《史记·游侠列传》。《史记》传（四），中华书局1972年版，第3181、3183、3182页。

② 同上。

③ 同上。

二是表明作者对小盗受诛，大盗窃国反而为侯的社会现象，认为是不义或不公正的。这就基本上揭露出了阶级社会的所谓正义和道德的伪善。作为两千多年前的史学家来说，这种思想是可贵的。

幸福与不幸是人生哲学中的一对重要范畴。在中国"幸"是幸运或"福"的意思，而"福"是指运命安吉，境遇顺遂。从幸福和不幸的概念本身来说，是指人们对自己的生活条件和生活内容的最大的内心满足或打击；是一种心理上的感受。至于幸福的具体内容，则取决于个人的不同生活条件、不同的人生观而形成的不同理解和要求。在中国的封建社会里，幸福的具体内容，统治阶级是要求不劳而获和福、禄、寿、财；而被统治阶级则认为，能够靠自己的劳动果实，不被统治者所剥夺、奴役和欺压而自由生活，就是幸福。在资本主义社会，资产阶级所追求的幸福则是最大利润、资本的不断扩大和尽情的物质享受；而靠出卖劳动力生活的阶级，能够有一个稳定的职业而保证全家的正常生活和子女受教育的生活条件，就会感到幸福了。总之，在阶级社会里，幸福的内容是不同的，幸福的要求是对立的。更重要的是剥削者的"幸福"是建立在被剥削者和剥削阶级内部的竞争失败者的"不幸"的基础上的。所以幸福和不幸也是相互依存、相互转化的。对立阶级之间的幸福与不幸是相互依存、相互转化，个人的幸福和不幸也是相互依存、相互转化的。

从道德学说史上来看，不同学派对幸福与不幸有不同理解。亚里士多德认为，"至善即是幸福"，他指出："'最高尚的事是最公正的事情；最优美的事情是健康；最快乐的事情，是欲望得到满足。'……我们把这些性质，……视为即是幸福。"[1] 就是说，

---

[1] 《西方伦理学名著选辑》上卷，第288页。

公正、健康、欲望的满足就是幸福。不过现实的阶级社会生活中，公正和欲望往往是发生矛盾的，发生矛盾怎么办？这还是有待回答的问题。到近代、资产阶级思想家，大部分人是把幸福、快乐（欲望的满足）和道德紧密地联系在一起，或者完全等同起来。认为人的本性就是追求快乐和幸福的，所以，快乐就是善、就是幸福。托马斯·莫尔（1478—1535 年，英国空想主义者）提出：正直高尚的快乐才构成幸福，德行引导人们的本性向着正直高尚的快乐。他强调了快乐必须符合高尚道德才是幸福。到 17 世纪的洛克便倒过来了，洛克认为："什么是幸福——因此，充其量的幸福就是我们所能享受的最大的快乐；充其量的苦难就是我们所能遭受的最大的痛苦。至于幸福的最低限度，则是恰好离开一切痛苦的安慰，……"① 他还进一步阐述了快乐、幸福或苦难和善恶之间的关系。他说："凡容易给我们产生快乐的对象，我们便叫它做好事；凡容易给我们产生痛苦的对象，我们便叫它做恶事。而我们所以如此称呼它们，亦只是因为它们能产生组成幸福的那种快乐，也能产生组成苦难的那种痛苦。"② 这就是说，幸福与苦难（不幸），善与恶都是以快乐和痛苦为标准。这就同托马斯·莫尔所说的，"只有正直高尚的快乐才是幸福"根本不同了。自洛克以后的资产阶级道德学说，绝大多数是快乐论或幸福论；以快乐和幸福为人生目的，为善恶的准绳。强调幸福就是快乐，而且主要是物质享受方面的快乐。爱尔维修主张，肉体的感受性是人们一切活动、思想感情的唯一动因，也是人的社会性的唯一原因。人们之爱正义，只是爱正义给带来的权力和幸福。他虽然也提出公共幸福，但是他所说的公共幸福是由个人幸福相加

---

① 《人类理解力论》，见《西方伦理学名著选辑》上卷，第 728 页。
② 同上书，第 728—729 页。

而成的，基础还是个人幸福和快乐。在爱尔维修看来，个人幸福就是把自己的财产、生命和自由的所有权，同某种小康生活状况结合起来，就是人人都同等的幸福。而资本主义社会的自由竞争，小康生活状况是不可能稳定和普遍存在的，所以这种想法显然是不现实的。但他企图用法律来保证这种幸福。霍尔巴赫提出了幸福是连续的快乐，强调最持久、最扎实的幸福，而不要"暂时的、表面的、骗人的幸福"①。19世纪德国的费尔巴哈的人本主义道德学说，仍然没有跳出18世纪法国唯物主义者的圈子，他的幸福观同样也以人性论为基础。他在他的《幸福论》一书中，专门对幸福作了系统的论述。他认为一切生物都有幸福的追求，人类当然更有希望自己幸福的意志。在他看来，人所追求的幸福，除了在物质生活上得到满足之外，还包括排除各种苦恼、痛苦、疾病、贫困、饥馑和灾祸等。追求幸福之所以成为人们的本能，主要是为了满足自我保存的需要。实际上，基本上还是18世纪资产阶级的幸福观。

马克思主义者认为，幸福和不幸是个人对人们现实社会生活状况、生活意义和生活价值的一种评价，也是个人对自己的现实生活处境、生活理想和实践的一种感受。它既包括物质的因素，也包括精神的因素。个人幸福的内容和实现，总是和社会关系、社会制度和公共幸福联系在一起的。恩格斯在批判费尔巴哈的幸福论时指出："当一个人专为自己打算的时候，他追求幸福的欲望只有在非常罕见的情况下才能得到满足，而且决不是对己对人都有利。"② 费尔巴哈提出追求幸福是人为自我存在的需要，无条件的人人有追求幸福的平等权利。恩格斯指出，平等权利在资

---

① 《十八世纪法国哲学》，第649页。
② 《马克思恩格斯全集》第21卷，第331、332页。

本主义社会，口头上是被承认了。"但是，追求幸福的欲望只有极微小的一部分可以靠理想的权利来满足，绝大部分却要靠物质的手段来实现，……所以资本主义对多数人追求幸福的平等权利所给予的尊重，即使一般说来多些，也未必比奴隶制或农奴制所给予的多。"① 不仅如此，恩格斯还进一步揭露了费尔巴哈的幸福观怎样适应资本主义社会的需要，他举了一个非常尖锐的例子加以分析。他说："如果我追求幸福的欲望把我引进了交易所，而且我在那里又善于正确地估量我的行为的后果，因而这些后果只使我感到愉快而不引起任何损失，……我也并没有因此就妨碍另一个人追求幸福的同样的欲望，因为另一个人和我一样地是自愿到交易所里去的，他和我成立投机交易时是按照他追求幸福的欲望行事，正如我是按照我追求幸福的欲望行事一样。如果他赔了钱，……而且，在我对他执行应得的惩罚时，我甚至可以摆出现代拉达曼② 的架子来。……因为每个人都靠别人来满足自己追求幸福的欲望，而这就是爱应当完成和实际从事的事情。"③

　　以上引文，充分说明了追求幸福的欲望的实现，是以现实的社会物质生活条件为基础的，在阶级社会里，仅在口头上、书面上承认每个人都有追求幸福的权利是无济于事的。被剥削阶级没有追求幸福的物质条件，都不可能像剥削阶级那样满足追求幸福的欲望；而且剥削阶级追求幸福的欲望是靠别人（其中也包括资产阶级中的竞争失败者）的不幸或苦难来满足的。所以，马克思主义者的幸福观认为，幸福与不幸的内容和实质，是以一定的经济关系和个人的物质生活条件为基础的。被剥削阶级的物质生活

　　① 《马克思恩格斯全集》第 21 卷，第 331、332 页。
　　② 拉达曼，古希腊神话中的贤明公正的法官。
　　③ 《马克思恩格斯全集》第 21 卷，第 332—333 页。

条件不可能使他们追求幸福的欲望得到满足，他们注定是满足别人的幸福欲望的牺牲品和不幸者。因此，现代无产阶级只有为实现无产阶级和全人类的解放而斗争，才是最大的幸福。在争取解放的奋斗过程中，无论怎样艰苦和牺牲都会感到无比的幸福。只有实现了阶级的完全消灭，才可能实现每个人都获得幸福。

社会主义社会初步消灭了私有制和剥削阶级，同时也消灭了一部分人的幸福建筑在另一部分人的不幸上的对抗性矛盾，一切社会主义国家公民的幸福，都要以自己的劳动为基础；幸福的程度和内容，取决于个人对社会的贡献大小和个人的兴趣、智能的发挥。所以，在社会分工的劳动岗位上的人们，都可以满足自己的一定幸福要求；丧失劳动力的老人和未成年的儿童，老人可以安度幸福的晚年，儿童得到幸福的教养。同时，社会和集体又为更大的幸福创造条件。因此，社会主义社会的个人幸福是和集体主义道德准则联系在一起的。幸福的中心内容是充分地发挥个人的聪明才智，为广大人民和社会的幸福创造条件；同时也就实现了个人幸福。这样说来，社会主义社会的成员是不是就没有不幸的事呢？当然不是。个人的不幸事件还是经常出现的，不过，这种个人的不幸，和阶级社会的苦难是根本不同的。幸福与不幸在社会主义社会里还是一对对立统一的范畴，它们是相比较而存在的。因为社会主义历史阶段，还存在有个人生活条件的差别，存在有个人文化知识水平、工作能力和个人努力程度的差别，社会主义制度还是初建，还不够完善，以及国家工作上的失误等等，都会给个人造成不幸的条件。但是，重要的问题在于，个人对于不合理的遭遇是可以争取改变的。国家、社会和集体一旦发现了由于工作失误或个人不慎造成的不幸，就会认真尽力纠正。因此，社会主义社会里，个人幸福是在个人的智能充分发挥、和各种工作失误的斗争过程中实现的。

三　义务与良心

　　义务和良心是道德学说中的重要范畴。它是指国家、社会、民族、阶级、家庭和某些社团，对其成员的一种道德要求；从个人方面说，是一种社会责任和责任感。义务从法律角度来说，是个人对国家、社会、家庭及其他集体应该而且必须承担的任务；从道德角度来说，义务是个人对社会、国家、民族、阶级、某些集体和家庭应该负有的责任；它反映着个人对上述社会组织的道德关系，应该是自觉地履行的责任。道德义务同样也受着社会经济关系及其社会制度的制约，不同社会形态的道德义务的内容是不相同的。封建社会的道德义务，反映封建宗法制及等级成员之间的关系；个人除去对社会、国家和民族的一定义务之外，还有农奴（农民）对领主或地主、子弟对家庭成员之间的义务。到资本主义社会，个人对社会、国家的义务就简单多了，相反地，主要是讲求个人的自由权利或社会、国家对个人的义务。

　　在资产阶级的学者中，对于义务这一概念是有不尽相同的解释的。例如康德和黑格尔就不太相同。康德认为，义务是一种先验的，纯粹出于对行为规律的尊重的必要性，或者说，"行为要出于纯然对行为规律的尊重，而这种必要就是义务。"[①] 他强调行为要有道德价值，一定是为义务而实行的。出于义务心的行为所以有道德价值，不是因为它要达到一定的目的，而是因为决定这个行为的格准，只在于行为由以发生的立志作用所依据的原则，与欲望的对象无关。这样，就是"出于义务心的行为一定要完全排除爱好的势力以及意志的一切对象，做到在客观方面除了

---

①　《道德形而上学探本》，第18页。

这个规律，在主观方面除了纯粹对这个行为上的规律的尊重，因而除了'就是牺牲我的一切爱好，我也应该遵守这个规律'这个格准以外，没有什么能够决定我的意志。"① 实际上，康德认为，义务就是道德命令，而黑格尔却不赞成康德这种义务论。他认为，法律和权力这些实体性的规定，对于个人说来是一些义务，并拘束着个人的意志。但是，"在义务中，个人得到解放而达到了实体性的自由。""义务仅仅限制主观性的任性，并且仅仅冲击主观性所死抱住的抽象的善。……所以，义务所限制的并不是自由，……义务就是达到本质、获得肯定的自由。"② 这里虽然认为义务是一种法律和权力实体的规定，而不是抽象的先验的，但是，黑格尔认为国家是伦理的绝对精神的体现。所以他也是以唯心史观为基础的义务观。

马克思主义者认为，义务是由一定的社会关系所决定的，个人对社会、国家以及各种集体所负有的社会责任。所以义务是现实的、客观的，个人应该自觉遵守的。当然国家法律所规定的公民义务，是道德义务的内容的组成部分，除此之外，还有道德准则和规范所规定的道德要求，也是道德义务的重要内容。

良心这一概念，在道德学说中是个重要的范畴。它的含义是指个人对一定的道德准则、规范和一切事物的真相的认识和自觉的表现，是由个人的信念和所处的社会地位和利益决定的。马克思曾说："良心是由人的知识和全部生活方式来决定的。"③ 因而良心是有阶级性的，它的内容也是随着社会关系和个人生活方式的变化而变化的。但是，不同时代和不同阶级的思想家对良心的

---

① 《道德形而上学探本》，第 15 页。
② 《法哲学原理》，第 168 页。
③ 《马克思恩格斯全集》第 6 卷，第 152 页。

阶级的穷苦百姓是没有什么社会荣誉可言的。但是在劳动人民群众的范围内，也有他们自己的荣誉感，那就是保持劳动人民的优秀品质和人格的尊严。中国有一句古老的格言，叫做"人穷志不短"。这就是劳动人民的自豪感或荣誉感。就是说，决不屈服于富豪和强权的淫威而损害自己的人格，这是被压迫者的荣誉。敢于为劳动人民的利益而斗争，就会得到广大劳动人民的称赞或给予世代相传的高尚的道德荣誉。

在社会主义社会里，个人和集体的荣誉，是表示国家、社会对个人和集体所作出的社会贡献的奖赏，权利、地位都不能成为荣誉的基础。相反地，个人的英雄事迹则会成为广大人民学习的榜样，从而占有被人民尊敬的社会地位；但并不享受任何特权。因此，社会主义社会的荣誉，必然成为激发人们追求理想的力量，鼓舞人们的事业心，使人们的行为，真正符合社会主义荣誉的本质。如果荣誉变成了追求个人名利的刺激，那么，荣誉感将变为个人主义道德意识的虚荣心。这种虚荣心的行为动机是专为个人打算，做一点好事之后便和别人争抢荣誉。所以虚荣心不可能激发人们的事业心，而且在满足不了自己的欲求的时候，就会怨天尤人而不顾全大局和公益的事情。所以荣誉感和虚荣心是两个对立道德体系的概念，不可混同。

耻辱是羞耻和屈辱相结合的含义，是指个人对自己的不良思想行为和恶劣品质，深刻认识后的悔恨或愤怒的心理感受。即深感自己的思想行为不符合应有的道德准则和情操，而觉得羞愧和辱没自己的人格和尊严的情绪。马克思曾说："耻辱是一种内向的愤怒。"[1] 这里包含着两种情况下的心情：一种是对自己的行为的悔恨和内向的愤怒；另一种是个人或集体（包括国家）受到

[1] 《马克思恩格斯全集》第 1 卷，第 407 页。

外力的侮辱，伤害了个人或民族自尊心而产生的一种内心情感。如近代帝国主义者对中国强迫订立的割地赔款的不平等条约，用武力破坏中国的领土主权和掠夺中国的文物等历史事件，都是中华民族的奇耻大辱。这种民族的耻辱激发了广大中华儿女奋起反帝反封建的斗争，经过了辛亥革命、五四运动和新民主主义革命，终于在中国共产党领导下，驱逐了帝国主义势力，废除了不平等条约，收复了被外国强占的失地，消灭了半封建半殖民地的政治统治，建立了独立自主的社会主义制度的新中国。由于经济落后、政治腐败招来的耻辱，变成了中华民族奋发图强的内在力量。从个人来说，自己做错了事或受了不公正的、侮辱性的待遇而形成一种个人的内向愤怒，也可能激发起个人发奋图强的精神。因此，耻辱可以转化为荣誉。例如，有些一时失足的青少年，经过一段劳动教育之后，认清了自己的错误而唤起了个人内心的羞耻和悔恨，从而激发起自我改造的决心，结果为社会、国家做出了突出贡献或自学成材，从而获得了社会和人民的肯定并给予一定的荣誉。这在社会主义国家是常见的事情。反过来说，不能正确地对待个人的荣誉，把荣誉变为追求个人名利的资本；结果，不但不能保持荣誉，而且还可能作出损害公益的坏事，使荣誉转化为耻辱。所以，荣誉和耻辱也是一对对立统一的道德概念，两者有相互依存、相互转化的辩证关系。

关于耻辱的具体内容，也和荣誉一样是随着时代和社会制度的发展、道德准则和价值观念的变化而有所变化。而且阶级立场不同，对耻辱的理解也是不同的。

五　结束语

道德学说中的这些最一般的重要范畴，它们彼此之间都是有一定的内在联系的，在道德评价、道德教育和修养中，各有自己的意义和作用。但是，它们的具体内容，都取决于一定的社会经济关系、道德准则和价值观念。依据个人对一定的道德准则的肯定或否定，来区分善与恶、正义与不义、幸福与不幸、荣誉与耻辱以及义务和良心的界限和内容。而道德准则和规范是由一定的社会经济关系所决定的，所以，道德范畴的内容和实质也都反映着个人和社会的关系。因此，它们作为道德评价的价值概念，都有一定的调整社会关系的作用，是道德体系的社会作用的具体表现。因此，正确地认识这些基本的价值范畴，是实现一定的社会道德准则体系的重要保证。如果这些价值概念脱离了现实的道德要求，那么这些范畴也就会成为空洞的、抽象的、甚至错误的东西。所以道德准则对一切道德范畴和概念有着制约作用。

但是，上述许多道德范畴都属于心理上的情感方面，它并不是一下子可以形成的，而是在道德实践的过程中，和道德准则、信念一起逐步形成的。

（选自《道德学说》，中国社会科学出版社 1989 年版）

人生的价值和意义

一　什么是人生

　　每一个人的青年时代,都会提出一个共同的问题:什么是人生? 这是个非常现实的问题, 又是个富有哲理的问题;乍一看, 问题很简单, 然而要明确回答却是不容易的。究竟什么是人生? 回答可能是多种多样的, 但是不管有多少样回答, 实际上, 人们总是忙忙碌碌地活动着, 所以有一个最抽象的回答就是: 人生就是活动。不过, 这未免太抽象了。我们必须加一点限制词, 概括为人生就是在现实的一定社会关系中有目的的活动;这种有目的的活动是多方面、多种形式的, 概括起来就是物质和精神的生产、生活活动。物质的活动就是物质生活资料和生产资料的生产活动, 精神活动可以包括政治的、法律的、道德的、宗教的、艺术的以及科学文化等活动;而物质生产决定着精神活动。就这个意义来说, 人生就是人们的整个生活内容, 就是人们的生活本身。但是, 人们对于生活本身的看法却是很不相同的。

　　不同的生活条件, 不同的社会地位, 不同的思想信仰和不同的文化水平的人们, 则各有自己的人生看法和人生态度。站在宗教的立场看人生，就认为人生的活动是罪孽、是苦恼。而且是上帝对人类的惩罚，是上帝安排好的人类命运。而人的一切欲望都是苦恼和罪恶的根源，所以宗教家主张禁欲主义的生活态度，只有远离尘世生活的干扰，才能解脱苦恼。这几乎是一切宗教对人生看法的共同点。

和宗教禁欲主义人生观相对立的有封建统治阶级、特别是统治阶级没落时期出现的享乐主义人生观。认为人生是短促的，应及时行乐，尽情享受；也有一些封建时代的知识阶层，对现实社会的腐败现象不满，但又看不到出路而苦闷，采取今朝有酒今朝醉的生活态度。而资本主义社会的百万富翁们当然更是享乐主义的人生观，他们认为人生就是吃、喝、玩、乐，否则就是白活着。总之，享乐主义人生观都是有产又有闲的阶级才可能有的。真正和禁欲主义人生观相对立的，是近代反封建制度的资产阶级个人主义人生观。在资产阶级上升时期反对上帝创造一切的神学，以人性和神性相对抗，认为人类是自然生成的，所以人的肉体需要和欲望都是人的天性，不是罪恶，应该尽量满足。满足个人的肉体欲望不仅不是罪恶，而且是人的自然权利。有的资产阶级学者概括为：人生而有欲，有欲就要活动，活动就是人生。就是说，满足个人欲望就是人生。这在资本主义初期，成为资产阶级及其他一切反对禁欲主义的阶层的普遍的人生看法。这首先是当时经济关系的反映，对当时的资产阶级革命和社会进步是有积极作用的。但是这种以人性论为出发点的人生看法，不仅把人性看作是自私自利的，而且认为人性是不变的。所以，自私自利的人性是人的生活主宰，人生只能顺应着人性中的欲望活动。这样一来，刚刚摆脱了天命论的束缚，又陷入了人性永恒不变的宿命论。

这种个人主义的人生观，也有许多不同说法，有的人认为，人生就是追求个人幸福或快乐;有的人认为,人生就是为了生存而适应环境;有的人认为,人生就是追求个人自由与个性解放等等。各种说法不一,但个人主义的思想体系则是他们的共同基础。

在当前我国也出现了一种类似个人主义人生观的人生哲学,叫做"实惠主义"。"实惠"按其本意说,是一种好的概念,在社会主义制度下,不应讲虚夸、伪善而应重实际。但是,现在有些人把实惠加个"主义",就是一切为了实惠,实惠成了人生的目的。而这个"实惠"的含义则是指个人利益,就是对个人有实际的好处。无论什么事情,首先看是不是对个人有好处。有,就干;没有就不干。根本不考虑人民和社会的需要。这种人生观的出现在当前的社会主义社会里,自然有其一定的社会历史根源;但是,这是不符合社会主义社会发展需要的,在现实的社会生活实践中终究是要碰壁的。

从唯心主义立场来看人生,也有各种形式的人生看法。唯心主义者强调人的意见支配世界,强调人的意志自由,最极端的就是唯意志论者的人生观。在他们看来,人的意志是绝对自由的,个人想做什么,就能做什么。有的认为国家制度、法律、道德等等都是限制个人意志自由的,应该否定;于是形成某种虚无主义人生观。有的主张权力意志论,只准许高贵的、强有力的个人和民族存在,其他低劣民族应该统统消灭。这便是希特勒根据尼采的权力意志论思想所引申出来的法西斯主义人生观。

西方资产阶级人生观,在解放前的旧中国是有过不同程度的影响的。影响较大的是进化论和实用主义人生观。从五四运动前后到20世纪的30年代,中国曾有过一次人生观的大论战,各种类型的剥削阶级人生观都有所表现。其中以生物进化论为基础的实用主义的适应环境的人生观影响较大,它的代表人物是胡适。

他开始提倡个人主义人生观，对反帝反封建起过一定积极作用，但是当马克思主义传入中国并产生了共产主义人生观之后，他便积极反对唯物史观的决定论，并积极宣传实用主义的偶然论。他引用美国詹姆斯的话说，上帝向人发出号召："我给你一个机会，请你加入这个世界，……这个世界是一种真正冒险事业危险最多，但是也许有最后的胜利。这是真正的社会互助的工作。你愿意跟我来吗？"詹姆斯说："我愿意承认这个世界是真正危险的，是需要冒险的。……不赌那会有赢？我愿意赌，我就赌，……只当我不会输的！"① 这种对人生的看法，正是资本主义商品经济从竞争到垄断的真实反映。美国著名作家杰克·伦敦的小说《毒日头》就是揭露这种资本主义的冒险和赌博式的人生观的。作者介绍小说主人公毒日头的观点说："照他自己粗制的社会学看起来，一切都是赌博。上帝就是叫做'幸运'的幻想的、空虚的玩物。至于人为什么偶尔生在世上——不管是傻瓜或者强盗——就是赌博的开始。'幸运'发下牌来，孩子们就拿起分到的一手牌。抗议也不中用。……玩牌就是生活；一群玩牌的人就是社会。"② 作者又借毒日头之口说："生命是一场大赌博。有些人运道好，有些人生来运道坏。每一个人都坐在赌台边，每人都想要抢劫别人。大多数是受了抢劫，他们生来是傻瓜。像我这样的人来到这里，料到这样的形势。我可以在两者之间选择。我可以和傻瓜们混在一起，也可以和强盗们混在一起。做了傻瓜，我就一无所得。甚至一片面包屑也会被强盗们从我的嘴巴里夺去。"③ 所以毒日头和强盗们混在一起，他把许多强盗都挤垮而赌赢了。这里

---

① 《胡适文存》第 2 卷，上海东亚图书公司 1920 年版，第 254—255 页。
② 《毒日头》，上海译文出版社 1985 年版，第 195 页。
③ 同上书，第 235 页。

所谓"幸运"，就是资产阶级所宣扬而又崇拜的偶然性或"运道"。由此可知，"实用主义"的人生观，是资本主义竞争和垄断的产物。他们相信在竞争的赌博场中，一夜之间可能成为百万富翁，也可能成为破产的流浪汉。这是资本主义商品经济的自然反映，偶然性掩盖着必然的规律性。

资产阶级个人主义人生观的另一种表现形式是悲观厌世。因为他们的竞争条件不足，生活反复无常难以预料，于是对现实生活不满，但自己又无能为力；人与人之间都不可信赖，自认为看透了一切，人生没有意义。从而产生悲观厌世的情绪，有的人采取混世主义，做一天和尚，撞一天钟，没有任何积极打算。有的人则采取激烈手段，遇到挫折就毁灭自己，立即自杀或慢性自杀。这是最错误的人生态度。

以上种种对人生的看法和态度，都不能说明人生是什么。因为立场、观点都受着时代和阶级的局限，在观察人生的方法上也是形而上学的片面性的。所以对人生没有正确的看法，在生活实践中也找不到一条正确的道路。那么，究竟怎样才能正确地认识人生呢？我们认为必须有一个科学的世界观作指导，正确地认识个人与社会的本质及其相互关系，用唯物主义的辩证方法观察人生，才能正确认识人生是什么。

马克思主义者认为，人生是人在一定社会关系中的各种有目的的活动，这种活动的目的不单纯是为了满足人的肉体需要。马克思曾指出："动物只是在直接的肉体需要的支配下生产，而人甚至不受肉体需要的支配也进行生产，并且只有不受这种需要的支配时才进行真正的生产。"① 这就是说，人的活动内容首先是劳动生产，这种劳动生产包括物质生产和精神生产。这种劳动生

---

① 《马克思恩格斯全集》第42卷，第97页。

产和动物的本质区别，就在于人的劳动生产活动不受肉体需要直接支配也进行生产，这就是生产工具的生产，某些科学、文化的生产等等，这是受着一定的社会发展规律制约的有目的的、能动的社会活动；而不是受自然规律支配的单纯满足肉体需要的活动。

人类的社会实践活动中起决定性作用的是物质生产活动，因为人们在劳动生产活动中，改造自然物的同时，也改造着人本身。就是说，人的思维能力、意识、心理活动、生理机能和生活需要，都是随着劳动生产的发展而发展的。换句话说，人们能动地通过劳动生产创造人类社会的物质生活和精神生活。所以，人生就是为创造更美好的社会生活和充分发展个人智能而斗争。从哲学角度来说，人生活动是主观与客观规律的统一，是理想与现实的统一，是客观必然性通过各种偶然性的实现。因为，人类在改造自然的生产过程中，逐步认识自然和社会的本质及其发展的规律性，同时提高了人们的思维能力和认识能力。人们的认识能力提高了，改造自然的能力也就提高了；从而人们的生活需要也随之提高。现实生活的状况激发人们产生更高的要求，于是形成新的社会生活理想。为了实现新的理想，人们又为改造现实而奋斗。所以，人生就是这种不断的各种矛盾运动的过程。

二　人生的追求

人作为一种生物是自然界的一部分，但是他们的生活是在一定的社会关系当中活动的，是有目的、有规律的活动。具体地说，每一个人都有个人自己的生活追求。至于追求什么？这要取决于个人所处的时代、个人的生活条件、社会地位与文化水平，以及由个人的生活环境的变化等具体情况而定。比如，封建时代的统治阶级，都追求高官厚禄以光宗耀祖和物质享受；追求福寿双全和长生不老。而被剥削、被压迫的劳动人民，则只求得摆脱地主老爷们的奴役，靠自己勤劳所获而过上平安而温饱的生活也就满足了。至于封建时代的知识分子和比较有些见解的官吏，根据个人的不同际遇而有各种不同的追求。有的追求现实的功名地位；有的追求一种清静无为的田园生活；有的追求现实的荣华富贵之外，还祈求来世或死后还能过同样的富贵生活；也有的追求个人的名利地位之外，还希望为国家民族有所建树，在死后留下某种不朽的荣誉。这样就产生了一个对生与死的意义的问题。

在中国思想史上，很早就有人认识到人的生死是自然现象，有生必有死，有死必有生。《庄子·达生》篇中说："生之来不能却，其去不能止。"意思是说，生死是自然的，人是无能为力的。但是怎样生、怎样死才有意义呢？我国汉朝的文学家和史学家司马迁曾说："人固有一死，或重于泰山，或轻于鸿毛。"（《报任少卿书》）就是说，除去自然死亡之外，有些时候死是可以自己选择的。毛泽东同志非常称赞这一观点，他在为公牺牲的战士追悼会上说："为人民利益而死，就比泰山还重；替法西斯卖命，替剥削人民和压迫人民的人去死，就比鸿毛还轻。张思德同志是为人民利益而死的，他的死是比泰山还要重的。"[1] 这里告诉我们，人应该怎样生和怎样死才有意义。这确切地表明了共产主义者对生与死的正确看法。在中国人民民主革命和抗日战争中，革命的烈士们，都十分理解生和死的意义。李大钊同志曾说："高尚的生活，常在壮烈的牺牲中。"[2] 抗日将领吉鸿昌同志就义时的诗

---

[1] 《毛泽东选集》合订本，第 905 页。
[2] 《李大钊选集》，第 247 页。

写道："恨不抗日死，留作今日羞，国破尚如此，我何惜此头。"① 这些伟大的名言和诗篇，充分表明了一个共同的信念：为人民利益、为民族的生存而战斗，是人生的真正意义；为了消灭反动势力的压迫，不惜牺牲自己的生命，是死得有价值。同时，说明生与死有着密切的内在联系，一个为人民利益为社会进步而斗争的人，他会不惜牺牲自己生命而敢于光荣地死；反过来说，当国家、民族被外族侵略的生死存亡关头，敢于为挽救国家和民族的命运、为保卫人民的利益而死的人，他的人生一定也是高尚的。所以，当国家、社会、民族、人民的需要同个人的身家性命发生矛盾之际，应作如何选择：是为人民和民族利益挺身而出，为保卫人民和民族利益而死，还是贪生怕死、卖国求荣地屈辱而生？这不仅是一个个人的生死问题，而且是一个民族气节和人的尊严问题；也是个人的人格的铸造问题。因此，人生的价值最容易在这种时刻见分晓。我们在怀念一个对人民和社会事业有贡献的同志时，经常要说：你人虽死了，但你的崇高的精神将永远活在人民心中。

　　由于对生与死的态度不同，又产生了死后对社会和后世的影响问题。在中国封建社会里有所谓"名垂青史"和"永垂不朽"的观念。不过对这种"不朽"也有不同的理解。有的人认为，"留芳"和"遗臭"都是不朽，如岳飞和秦桧都可以说是大不朽，不过一个香一个臭而已。这种观点显然是否定了是非和善恶的界限，也模糊了"不朽"的根本含义。在中国历史上有不少的野心家和某些权贵，在为自己的恶行辩解时，就往往持这种观点，即

---

　　① 吉鸿昌是中国共产党党员，冯玉祥是察绥民众抗日同盟第二军长，1933 年 11 月 24 日被国民党逮捕杀害，上面的诗是在刑场的土地上写的。见《革命烈士诗抄》，中国青年出版社 1959 年版，第 83 页。

所谓:"不能留芳百世,亦当遗臭万年。"① 这是一种极端个人英雄主义的人生观,而且往往是只会遗臭万年而不会留芳百世的。实际上,不朽本来是一种褒义词,中国古代的所谓"三不朽"之说,是指有"立德"、"立功"、"立言"的功绩,而经久不废的谓之不朽。就是说,人的行为有高尚的品德,在事业上有所建树,在言论上有所成就,都是对社会、国家和人民有益的活动才叫做"不朽"。这个不朽,就是专指对社会、国家和人民有益的言论行动,对后世有长久的影响。至于对国家、民族和广大人民有重大罪恶的人,虽然也会被后世人民长期的咒骂,也可以起一定的告诫作用,但他们的罪恶活动则永远被人民所憎恨,警戒人们不要再犯。这种民族的败类和罪人怎么能和不朽相提并论呢!当然,所谓不朽也不是说,那些历史人物的事迹永远适用于后世;只是说,某些人的活动对于社会发展、人类进步的历史功绩是不朽的;他们的高尚精神对后人是有教育和鼓舞作用的。而且在这种高尚精神的鼓舞下,又会产生新的功绩、新的不朽精神。

在马克思主义者看来,人生目的不在于追求个人死后的精神不朽,而是要充分发挥个人的智慧和才能,为人民谋利益、为社会发展作出自己应有的贡献。贡献不论大小,对于人类历史发展来说都是有作用、有意义的。历史并不是个别英雄人物所创造的,广大人民群众才是起决定作用的历史创造者。人的能力有大小,只要在正确认识了社会发展的方向的前提下,在个人的劳动岗位上,努力追求对人民和社会有益的成就,这就是有意义的人生。毛泽东同志在《纪念白求恩》一文中,曾经深刻地分析了白求恩同志的人生追求。他说:"一个外国人,毫无利己的动机,

---

① 晋人桓温,初拜驸马都尉,后权力日大,官至大司马,作恶多端,并表示阴谋篡夺王位的决心,曾说此语。

把中国人民的解放事业当作他自己的事业，这是什么精神？这是国际主义的精神。"① 这里说明白求恩到中国来参加抗日战争，是他为殖民地半殖民地人民的解放斗争的最高人生目的和追求。白求恩同志"毫不利己专门利人的精神，表现在他对工作的极端的负责任，对同志对人民的极端的热忱"。这是白求恩同志的人生态度。白求恩同志是个医生，他以医疗为职业，对技术精益求精，在整个八路军医务系统中，他的医术是很高明的。这是白求恩同志在具体的劳动岗位上的具体追求。因此，毛泽东同志告诉我们："大家要学习他毫无自私自利之心的精神。从这点出发，就可以变为大有利于人民的人。一个人能力有大小，但只要有这点精神，就是一个高尚的人，一个纯粹的人，一个有道德的人，一个脱离了低级趣味的人，一个有益于人民的人。"的确，白求恩同志的事迹告诉了我们，作为一个人，应该追求什么？怎样追求才能达到目的？因此，他可以成为每一个共产党员、共青团员和一切进步人士的榜样。

但是，当前我国青年思想中，个人或"自我"成为一个非常重要的概念。有的人说，中国80年代的青年特点，就是具有强烈的"自我意识"。这话可能有些道理。不过，如何理解"自我"和"自我意识"，却是个值得研究的问题。"自我"是一种哲学概念，近代一些资产阶级唯心主义哲学家都很强调自我这一概念。笛卡儿针对怀疑论者提出"我思故我在"的命题，这意味着自己意识到"我"的存在。德国的康德认为，"自我"是惟一的最终的实在，人的意志是自由的，"自我"是可能归个人负责的一切行为的主体。而黑格尔的说法不同于康德。他认为"自我"不能抽象地规定，它取决于在某一历史时期精神联系发展的程度。自

---

① 《毛泽东选集》合订本，第620—621页。

我意识就是对于自己本身的知识。黑格尔把自我概念和历史发展联系起来了，尽管他把历史发展作为客观绝对精神的体现，但是他把个人的自我意识置于历史发展的制约之下，认为自我意识是要随着客观历史发展而变化的。而且他认为，人的意志不是绝对自由的，是受个人对必然性的认识所制约的。所以他认为"自我"在历史的进程中，人的责任范围是随着有意识的活动范围而扩大的。在这一点上黑格尔是对的。

在当前的世界思潮中，有各种以"自我"和自我绝对自由为主导思想的学派，又重新强调脱离社会现实的自我独立性。这可以萨特的"存在主义"为代表。萨特对各方面批评他的文章的一篇答复，题为《存在主义是一种人道主义》一文中，比较明确地阐述了存在主义的特点。他写道："人，不外是由自己造就的东西，这就是存在主义第一原理。"① 这个原理，也即是所谓主观性。"人在开端就是一种有自觉性的设计图，而不是一片青苔、一块垃圾或一朵菜花，没有什么东西存在于这个设计图之前。……当我们说人挑选他自己的自我的时候，我们是说我们每一人都如此做。"② 这就是说，人的一切活动都是"自我"的自由意志支配的，所以他反对决定论。他写道："假如存在确实是先于本质，那么，就无法用一个定型的现成的人性来说明人的行动，换言之，不容有决定论。人是自由的。人就是自由。另一方面，如果上帝不存在，我们便找不出有什么价值和诫律可借以证明我们的行为是正当的。"③ 这里说的"存在先于本质"是什么意思呢？他说："首先是人存在、露面、出场，后来才说明自

---

① 见《存在主义哲学》，商务印书馆 1963 年版，第 337 页。
② 同上书，第 337—338 页。
③ 同上书，第 342、337 页。

身。……于是人就照自己的意志而造成他自身。所以说，世间并无人类本性，因为世间并无设定人类本性的上帝。人，不仅就是他自己所设想的人，而且还只是他投入存在以后，自己所志愿变成的。"① 这就是说，"人首先是存在着"，人首先是一种把自己推向将来的存在物，并且认识到自己把自己想像成未来的存在。他认为，人是无依无助的，任何人都不可信赖，因而人就是孤寂的，命定只有自己造就自己。所以就把自我放在社会集体之上，只有靠自己的意志来设计，靠自我奋斗达到自我实现。这种存在主义思想在当前我国青年中，曾发生过一定影响，给这些青年带来了莫须有的苦恼和孤独、甚至绝望。他们拒绝建立远大理想和革命人生观，只凭个人随意设想的脱离现实社会生活的个人主义的眼前利益作为人生的目的。结果，只能把自己封闭在"自我"和"自我奋斗"的孤立的小圈子里，自寻个人的孤寂与苦闷，看不到社会生活的广阔天地。其实，不是生活的道路越走越窄，而是被绝对的"自我意识"孤立起来的个人主义思想把自己引入了牛角尖，当然是路越走越窄。所以，我们说，自我意识是可贵的，但是必须对自我意识有一个正确的理解，然后才能按照正确的自我意识确立正确的人生追求。

从马克思主义者的观点看来，自我意识是人类认识能力发展的表现，是人对自己和自己在社会关系中的地位、作用的认识。用马克思的话说："自我意识是人在纯思维中和自身的平等。平等是人在实践领域中对自身的意识，也就是人意识到别人是和自己平等的人，人把别人当做和自己平等的人来对待。"② "平等"是德国的用语，"自我意识"是德国的表达方式，含义是一样的，表明人对人的社会

---

① 《存在主义哲学》，第 342、337 页。
② 《马克思恩格斯全集》第 2 卷，第 48 页。

关系。自我意识是人类的认识或思维能力发展到一定阶段上才可能出现的意识。原始社会的人们，很长时间是分不清个人、自然和集体之间的区别的，个人和氏族集体融合为一体，根本没有"我"的观念。当生产发展到个人可以独立从事劳动生产的时候，哪些产品是自己的劳动成果，哪些是别人劳动的产品可以分清的时候，才知道自己是一个独立的个体。社会发展到阶级社会时，人们才逐步认识到自己的生活利益、地位同一部分人是相同的，同另一部分人是不同的，这样自我意识开始形成，并在自我意识的基础上逐渐产生阶级意识。所以，从人类的认识或思维能力发展过程来看，自我意识是一个重要的认识环节。从道德关系方面来说，有了自我意识，人们才能理解人与人之间、个人与社会集体之间的道德关系，才能控制和指导自己按照道德准则和规范行动，并且能够评价别人的行为。由于人们有了自我意识，个人才可能形成道德信念、道德责任感和个人尊严等一系列的道德意识。因此，"自我意识"并不是坏东西。但是，必须清楚地理解，个人的自我意识是在一定的社会关系中形成的，它的具体内容和作用，受着一定的社会物质生活条件和社会意识的制约，它决不可能独立于一定的社会关系之外而产生和存在。就是说，人们的自我意识和个人的实践活动，总是在社会历史发展的客观法则的范围之内才能发生作用，才能自由地能动地创造历史。因此，顺应社会历史发展规律确立的人生目的和追求，便容易得到实现，个性的发展和个人在社会历史上的作用，才可能获得最好的实现。

三 个人在社会历史发展中的作用

社会发展是有一定的客观规律的，但这并不否定个人在社会历史发展中的作用。而且只有肯定了个人的社会作用，才可能谈

能按照个人的意愿和目的完全实现，总还要受到一定的社会客观进程的制约。恩格斯在给布洛赫的信中说得好，他说："历史是这样创造的：最终的结果总是从许多单个的意志的相互冲突中产生出来的，而其中每一个意志，又是由许多特殊的生活条件，才成为它所成的那样。这样就有无数互相交错的力量，有无数个力的平行四边形，而由此就产生出一个总的结果，……这个结果又可以看作一个作为整体的、不自觉地和不自主地起着作用的力量的产物。因为任何一个人的愿望都会受到任何另一个人的妨碍，而最后出现的结果就是谁都没有希望过的事物。……但是，各个人的意志……虽然都达不到自己的愿望，而是融合为一个总的平均数，一个总的合力，然而从这一事实中决不应作出结论说，这些意志等于零。相反地，每个意志都对合力有所贡献，因而是包括在这个合力里面的。"① 这一段话，非常客观的既从宏观世界考察了个人在社会历史发展中的活动，又从微观领域分析了个人意志互相交错的力量，从而揭示出社会发展客观法则把个人的意愿之间的冲突统一为一个推动历史前进的合力。这是极为深刻的关于个人的社会作用的论证，说明人们创造自己的历史的过程，任何个人力量都是有作用的（推进的和阻碍的）。而其中劳动人民群众的创造活动，是社会物质基础的创造活动，它对人类社会的生存和发展起着决定性作用。

在社会主义制度下，没有对立的阶级存在，绝大多数人的意志的方向是一致的，主要的问题是，如何掌握丰富的科学文化知识，不断提高对客观事物和个人与社会关系的认识，在各自的劳动（包括脑力劳动）岗位上做出自己的社会贡献，减少个人意志之间的力量的冲突。不过个人的社会作用，是需要在社会集体和

---

① 《马克思恩格斯全集》第 37 卷，第 461 页。

人民群众的合作与支持下才能实现的。因为"只有在集体中，个人才能获得全面发展其才能的手段，也就是说，只有在集体中才可能有个人自由。"① 因此，个人的理想、追求，个人的发展方向和具体计划，只有根据社会发展的需要和现实可能性，争取和依靠群众的支持下，努力发挥个人的聪明才智，才能创造出社会价值和个人的人生价值和意义。

四　人生的价值和意义

个人在社会生活中的各种活动，都会对社会历史起一定的作用，无论是"正"作用还是"负"作用，都会成为社会历史前进中的一种相互影响的力量。但是，论到人生的价值和意义，则不是个人的任何活动都会有价值和意义的。人生是在一定社会关系中的、有目的、有规律性的活动，人生追求的目标，必须顺应社会发展的需要才能实现；才对人类社会生活（包括自己的生活）的进步有积极作用。那么，人生的价值和意义，也就自然地在这种促进社会发展和人类进步的活动之中了。

价值这一概念，从哲学的角度来说，是主体同能满足主体需要的客体之间的关系的表现。这种客体，包括物质的和精神的活动以及活动的产物。那么，人生的价值，是否可以这样表述：个人作为主体又作为客体，个人与个人的活动之间，个人活动与社会发展运动之间，相互满足需要的关系的表现，就是人生的价值。换句话说，就是我的生命活动对于社会发展运动的需要（包括他人的需要）的满足，能发生一定有益的作用，那么我的生活就是有价值的；别人的生命活动对于社会发展运动和我的需要的

---

① 《马克思恩格斯全集》第3卷，第84页。

满足，能发生一定有益的作用，那么别人的生活就是有价值的。因此，我的需要的满足和享受，并不标志我的人生有价值，而是别人的生活价值的表现和反映。所以，只有人人对社会和他人作出贡献，人人才可能得到需要的满足；如果人人都向社会"索取"满足个人需要的东西，而没有人奉献，那么谁的索取或需要也得不到满足。而人的生命活动也就自然会停止了。所以，人生的价值，表现在个人的生命活动对社会和人民需要的奉献关系之中。

有的人说，人生价值既要奉献也要索取，否则就太不公正了。其实，这是把个人孤立于社会关系之外去看问题，是会自相矛盾的。因为这种看法，不仅把个人同社会之间的联系割断了，而且还把它们对立起来，似乎不索取，社会和他人是不进行奉献活动的。如果说索取是指个人向自然索取满足人们需要的活动，从而把向自然索取之所得满足社会和个人的需要，那当然是对的。如果索取是自己不劳动而向社会索取别人的劳动成果来满足自己的需要，那这样一来，"既要奉献"的话不是就自己否定了吗？如果说，社会和他人的奉献，还必须索取才能满足别人和社会需要，那么，奉献的主动性也就被取消了，而不能叫做"奉献"了。由此看来，既要索取又要奉献的命题是自相矛盾的、不能成立的。实际上，个人作为主体奉献给社会和人民所需要的，同时，他又作为客体接受社会和他人所奉献的；反过来说，也同样如此。因此，个人生命活动的价值、即人生价值就表现在这种个人与社会（包括他人）相互奉献的关系之中。"奉献"本身就标志着一种相互关系，而且是个人与社会之间的相互有益的关系，所以它才是人生价值和意义的实质。

这里可能还会有人提出这样的问题：在阶级社会里，劳动人民对社会和他人奉献最多，可是他们所得到的满足需要的东西最少。相反地，剥削阶级根本不奉献什么，可是他们得到的最多。这样不公正的现象又怎么解释呢？如果说，人生的价值在于奉献，那不是等于肯定了剥削制度是永远合理的吗？这个问题在某种意义上提得有一定道理。在阶级社会里，奉献的活动和获得的享受或需要的满足是不公平的。但是，这并不等于说，不劳而获的寄生虫式的生活是人生的价值；相反地，这正是私有制社会不合理的表现。但是这是社会发展的必经阶段，是社会发展的客观规律。生产力发展的需要产生了私有制并且发展了私有制，今后生产力发展不需要私有制了，私有制将会消灭。

　　私有制使剥削阶级的人生态度是贪图享受和索取，但是剥削阶级的活动，也不是任何时间、任何方面都没有奉献的。剥削阶级的成员中有很多人是在精神生产方面进行活动的，因此，在科学、文化等思想领域里，他们是负有奉献的使命的。实际上，剥削阶级的精神生产者，对人类社会的科学文化进步及其对物质生产方面的作用，都是有重大贡献的。另一方面，一个新兴的剥削阶级在形成和发展阶段，它对经济、政治的组织管理活动，对于满足社会和人们的需要来说，也是一种奉献。但是，从根本上来说，剥削阶级的人生价值观，是以索取、享受为基础的。他们的一切活动都是为了更多的索取和为索取辩护。尤其是在剥削阶级的社会制度发展到一定程度的时候，剥削阶级走向没落时期，剥削阶级成员中的一部分人完全脱离社会公益活动，专靠其代理人为其效力，他们自己主要追求享乐生活。这就是通常所说的寄生虫式的生活，对社会发展和他人的生活利益，只能起着损害、阻碍和腐化的作用。这种靠别人的奉献和牺牲的寄生虫生活，是没有人生价值可言的。因此，我们反对这种索取的人生哲学。在剥削阶级看来，人生目的和追求就是向社会和劳动者索取、索取、再索取。他们早期经营企业的投机活动是为了索取利润积累资本；他们脱离直接经营专门享乐时期，还是要督促他的代理人索取更大的利润和垄断资本。但是他们并不放弃无耻的伪装，他们强调他们有产阶级推动着社会的进步和发展，甚至说什么，他们的豪华享乐生活需要各种服务人员，这使穷人有了工作的机会，就是给穷人活命的最大好处。这种不公正的矛盾现象，正是资本主义社会基本矛盾，在人生价值观问题上的表现。所以，阶级社会里的矛盾冲突发展到一定阶段，就要发生革命变革社会关系的运动，由社会主义公有制经济关系代替私有制社会，消灭剥削和阶级。社会主义社会里人人劳动（包括脑力劳动），人人都能充分发挥个人的才能，为创造社会发展和人民的生活幸福而奋斗，便成为人生的最高价值和最大意义。所以，把个人的生命活动及其成果奉献给社会发展和人民幸福，就是科学的人生价值观。在一个真正自强不息的人看来，一个人生来有头脑、有智慧又有一双手，就必须充分运用自己的头脑、智慧和双手，为人类社会进步和人民生活的需要，作一些有益的事情，才算有意义的生活，而不至于虚度一生。这也就是真正的人生价值和意义。

（选自《道德学说》，中国社会科学出版社 1989 年版）

马克思主义道德学说在中国的
传播和发展

一 马克思主义道德学说在中国的传播

19世纪末20世纪初，西方资本主义国家的无产阶级反对资产阶级的革命斗争，已经成为社会政治生活中的主要内容；科学共产主义学说也已广泛传播。中国的知识分子，为了反对帝国主义的侵略和压迫，为了反对当时的封建统治，都向西方寻求救国救民的道路和方法，很快便接触到了马克思主义科学理论。所以，在俄国十月革命之前，就有了零星的介绍马克思和恩格斯及他们学说片断的文章；但影响不大。真正有意识地介绍和传播马克思主义理论，是在俄国十月社会主义革命之后。

最早接受并传播马克思主义思想的是李大钊。俄国十月革命前，他在日本留学时就读过马克思主义的著作。到十月革命之后，正是中国五四运动的前夕。当时李大钊在1917年冬接任北京大学图书馆馆长时，就特意购买了大批马克思主义的外文图书，并组织起"马克思学说研究会"。1918年起他在讲演和写文章时，便开始宣传十月革命和马克思主义。这种传播对于当时的群众反帝反封建的革命运动，有很大推动作用，在革命形势成熟的条件下，五四运动爆发了。因此，在五四运动反对封建旧道德、提倡新道德的革命思潮中，李大钊便成为在中国的马克思主义道德学说的拓荒者。

李大钊根据当时的革命需要，主要在道德的根源、变化和人生观问题上作了大量工作。开始阶段，他虽然还没有摆脱达尔文生物进化论思想的影响，但他积极传播马克思主义唯物史观的理论。他在《物质变动与道德变动》一文中写道：马克思一派唯物史观的要旨是："人类社会一切精神的构造都是表层构造。……所以思想、主义、哲学、宗教、道德、法制等等不能限制经济变化物质变化，而物质和经济可以决定思想、主义、哲学、宗教、道德、法制等等。"① 他并且从道德的演变过程论证了道德随着物质的变动而变动。他认为孔子的伦理思想之所以支配中国人心两千余年，不是因为孔门学说是永久不变的真理，而是"因它是适应中国两千余年来未曾变动的农业经济组织反映出来的产物，因它是中国大家族制度上的表层构造，因为经济上有它的基础。"② 这里表明，他对道德和经济的关系有了进一步的理解，肯定经济组织是道德的根源，道德是经济基础上的表层构造。这种用马克思主义唯物史观的原理，来说明道德的根源及其随物质变动而变动的观点，不仅对传播马克思主义道德学说有重要意义，而且对于培育当时青年人的马克思主义的道德理想和人生观，也起了积极的推动作用。

在当时人生观大论战中，李大钊认为人生观是由人们的世界观中的历史观决定的。他在《史观》一文中指出："故历史观者，

---

① 《李大钊选集》，第 260—261、297 页。
② 同上。

实为人生的准据，欲得一正确的人生观，必先得一正确的历史观。"① 这样就引导人们去探索科学的历史观，接受马克思主义的唯物史观。同时，他积极宣传马克思主义唯物史观的理论。

对人生观中的生死观，李大钊作了辩证的精辟的论述。他说："人生的目的，在发展自己的生命，可是也有为发展生命必须牺牲生命的时候。因为平凡的发展，有时不如壮烈的牺牲足以延长生命的音响和光华。……高尚的生活，常在壮烈的牺牲中。"② 在这短短的几句话中，包含着极为丰富而深刻的内容。既包含着人生的目的、价值和意义，也包含着死的目的、价值和意义，更重要的还包含着生与死的辩证关系。人生目的本来是为了个人生命的发展和延长，可是有时候为了生命的发展和延长，却需要死，壮烈的牺牲生命反足以发展和延长生命的影响。这就是说，壮烈的牺牲虽然缩短了个人生命的活动，但是由于它充分发挥了个人生命活动的最光华的部分，肉体生命虽死，精神的生命却扩大和延长了。即所谓高尚的生活常常在壮烈的死中表现出来。这种生与死的辩证观点，正说明他的人生观是有科学的理论基础和为高尚的理想而奋斗的决心的。

在上述人生观大论战中，瞿秋白也积极传播了马克思主义道德观。这主要表现在宣传了社会存在决定人们的人生观和阶级观点。他肯定人生观个人有选择的自由，但没有绝对自由。他指出：社会发展的最后动力在于社会的实质——经济，由此而有时代的群众的人生观，以至个性的社会理想。他所谓的个性主要是指不同阶级的人生观有不同的个性。他在论述中指出：当政治制度剧变之时，平素隐而未见的阶级矛盾显然地爆发，伟大的个性

---

① 《李大钊选集》，第 287 页。
② 同上书，第 247 页。

先见于人生观，立于新阶级的观点而与旧阶级开始思想上的斗争，这是人生观所以有个性的（阶级的）不同的原因。①

此外还有许多人从各个方面在中国各地传播马克思主义学说。正如毛泽东所说，俄国十月革命一声炮响，给中国送来了马克思主义，中国的先进分子决定走俄国人的路。从而在马克思主义科学共产主义学说传播的基础上，经过积极的组织活动，中国共产党于是在 1921 年 7 月正式成立了。在当时的革命形势下，中国共产党积极领导了工人运动，积极开展了农村的武装斗争和抗击日本帝国主义的侵略战争。在长期的革命战斗过程中，马克思主义道德学说又得到成长和发展。

二　革命战争和社会主义建设初期马克思主义道德学说的发展

中国民主革命的特点是武装斗争为主，从中国共产党成立之后，开始与中国国民党合作，共同反对封建军阀战争取得了一定胜利，但由于国民党反动派采取了反共反人民的分裂政策，所以中国人民很快进入国内革命战争时期。这期间在学术界的斗争方面很少涉及道德学说问题。只是在革命队伍里根据当时工作的需要，讲到某些马克思主义道德学说中的问题。这首先表现在毛泽东的著作里，他在以下几个问题上，对马克思主义道德学说的发展做出了贡献。

（一）革命功利主义观点

1942 年 5 月在延安召开的文艺座谈会上，毛泽东针对会上提出的某些问题，讲到：一切革命的文艺家只有联系群众，表现

---

① 参阅《自由世界与必然世界》，见《新青年季刊》第 2 期。

群众，把自己当作群众的忠实代言人，即文艺应有所为而为，这样工作才有意义。然后提出，这种态度是不是功利主义的？他认为唯物主义者并不一般地反对功利主义，但是反对封建阶级的、资产阶级的、小资产阶级的功利主义，反对那种口头上反对功利主义、实际上抱着最自私最短见的功利主义的伪善者。他说："世界上没有什么超功利主义，在阶级社会里，不是这一阶级的功利主义，就是那一阶级的功利主义。我们是无产阶级的革命的功利主义者，我们是以占全人口百分之九十以上的最广大群众的目前利益和将来利益的统一为出发点的，所以我们是以最广和最远为目标的革命的功利主义者，而不是只看到局部和目前的狭隘的功利主义者。"① 同时，毛泽东还进一步解释，如果只为少数人偏爱的作品，而多数人不需要、甚至对多数人有害的东西，硬拿来向群众宣传，以求其个人或狭隘集团的功利；还要责备群众是功利主义，这就太无自知之明了。

当然，无产阶级的革命的功利主义和剥削阶级的功利主义之间，之所以表现在多数人与少数人的利益的区别上，主要是由于经济关系决定的。从理论基础上来说，剥削阶级的功利主义以抽象人性论和唯心史观为基础；革命的功利主义则以辩证的唯物主义历史观为基础，这是两种对立的思想体系。所以毛泽东这样明确地提出无产阶级的革命的功利论，对马克思主义道德学说无疑是增添了一项新的内容。

（二）关于动机与效果的辩证统一论

毛泽东在上述座谈会上，还讲到一个重要问题，就是动机与效果的统一关系。动机和效果是道德评价中的重要问题，毛泽东虽然是从文艺创作的角度来谈这一问题，但仍然是关于道德评价

---

① 《毛泽东选集》合订本，第 821 页。

的问题。本书前面章节中已经讲过毛泽东关于这一问题的观点，他主张，"我们是辩证唯物主义的动机和效果的统一论者。"社会实践及其效果是检验主观愿望或动机的标准。他说医生只管开药方而不管病人吃后的效果，这不能叫做立场正确或用心好，应该事先关心到行为的效果。如果发生效果和动机不一致，就应该检查错误发生在哪里，然后进行自我批评而且改正。总之，对于动机和效果的辩证统一关系的详细论证，既解决了现实生活中的思想问题，又解决了道德学说史上长期没有科学地解决的问题。尤其是深刻地分析了当动机与效果不一致的时候，怎样考察才能证明动机的真实情况，怎样使效果与动机一致起来，道德学说史上很少有人讲得如此透彻。

（三）提出全心全意为人民服务和集体主义的道德准则

毛泽东根据共产党的宗旨，多次提出全心全意为人民服务的问题。他讲到我们的革命军队之所以有力量，是由于参加这个队伍的人，都不是为少数人或狭隘集团的私利，而是为着广大人民群众的利益，为着全民族的利益而结合战斗的，"紧紧地和中国人民站在一起，全心全意地为中国人民服务，就是这个军队的唯一宗旨。"① 这里所说的军队，实际上包括了中国共产党所领导的全体革命队伍。全心全意为人民服务是革命队伍的政治宗旨，实际上，也就是无产阶级道德的一切行为准则，也是一切革命人民的道德理想。为广大人民群众的利益服务，既是我们的目的，又是我们一切活动的出发点。毛泽东在一篇题为《为人民服务》的短文里讲到，为人民服务就不怕牺牲，当我们"想到人民的利益，想到大多数人民的痛苦，我们为人民而死，就是死得其所。""因为我们是为人民服务的，所以，我们如果有缺点，就不怕别

---

① 《毛泽东选集》合订本，第940页。

人批评指出。"① 因此我们应为人民的利益坚持好的，为人民的利益改正错的。

关于道德原则方面，毛泽东还提到，集体利益和个人利益相结合是一切言论行动的准则，是社会主义历史阶段的基本精神。他还详细论述过爱国主义和国际主义的关系（前面已引证过）；他提倡一切革命队伍里的人们，都要有互相关心、互相爱护、互相帮助的同志情谊。

（四）提出了共产党人必备的道德品质和革命的人道主义

毛泽东经常指出，共产党人要大公无私，毫不利己专门利人。共产党员无论何时何地都不应以个人利益放在第一位，而应以个人利益服从于民族的和人民群众的利益。因此，大公无私，积极努力，克己奉公，埋头苦干的精神，才是可尊敬的。他要求共产党员学习白求恩同志毫无自私自利之心的精神。只要有这点精神就可以脱离低级趣味，而成为有益于人民的人。

毛泽东提倡革命英雄主义精神和坚强的革命意志，他说：在国民党反动派的屠杀面前，"中国共产党和中国人民并没有被吓倒，被征服，被杀绝。他们从地下爬起来，揩干净身上的血迹，掩埋好同伴的尸首，他们又继续战斗了。"② 这种顽强的乐观的革命意志和精神，还表现在艰苦奋斗和自力更生的革命传统方面。他认为，我们希望有外援，但不依赖外援，主要靠自己革命人民的努力达到革命和建设的目的。他告诫说："干部中一切不经过自己艰苦奋斗、流血流汗，而依靠意外便利、侥幸取胜的心理必须扫除干净。"③ 他认为任何新生事物的成长都是要经过艰

---

① 《毛泽东选集》合订本，第905、906页。
② 同上书，第937、1077—1078页。
③ 同上。

难曲折的道路的，在社会主义事业中，要想不经过艰难曲折，不付出极大努力，总是一帆风顺的成功这是不现实的幻想。所以，共产主义者应该具有艰苦奋斗、百折不挠的高尚品质。

毛泽东提倡革命人道主义精神。他对战争年代的医务工作者提出"救死扶伤，实行革命人道主义"的要求。不管什么人，负伤或有病，对医务人员来说，都必须一视同仁地给予尽心治疗，挽救人的生命。在战争中要求遵守优待被俘的敌军官兵、尊重俘虏人格的纪律。在《论政策》一文中指出："对任何犯人，应坚决废除肉刑，……对敌军、伪军、反共军的俘虏，除了群众所痛恶，非杀不可而又经过上级批准的人以外，应一律采取释放的政策。……不加侮辱，不搜财物，不要自首，一律以诚恳和气的态度对待之。"① 这些富有人道主义精神的政策，对于瓦解敌军士气，对于团结许多统治阶级中的进步分子和广大人民，起了极大的作用。不过，革命人道主义精神作为一项道德原则的内容来说，它和资产阶级的人道主义是有根本区别的。革命人道主义原则的理论基础是唯物史观，所以它有阶级性，对于危害人民利益的罪大恶极的分子是要给予惩处的。为了人民利益和社会利益，对恶的行为是不能无原则地宽容的。资产阶级或以宗教形式宣扬的人道主义，则是以抽象人性论的"人类爱"或上帝爱为理论出发点，而强调无原则的调和与"勿抗恶"；并反对革命的阶级斗争和革命于不得已时实行暴力。所以，实际上资产阶级所宣扬的人道主义，对被剥削、被压迫人民来说，完全是做不到的、虚伪的。

当社会主义制度在中国建立之后，革命的人道主义便发展成为社会主义社会的共产主义道德体系中的一项人际关系间起码的

---

① 《毛泽东选集》合订本，第 725 页。

道德要求。

　　在革命战争年代，对马克思主义道德学说有所贡献的还有刘少奇的《论共产党员的修养》。在这篇著作里，他根据马克思主义关于人在改造自然和社会的同时，也改造着人类自身的原理，论述了共产党员为什么要修养，能否修养和修养的途径及方法等。当时共产党员都是从阶级社会里各个阶层中来的，他们的思想意识，都带有各种非无产阶级的思想影响，所以要在改造社会的斗争中改造自己，以便提高共产主义的思想认识和阶级觉悟，更好地为共产主义事业而斗争。那么，人的思想品德是否可能改造呢？他的回答是肯定的，可能改造。但是他指出：必须经过个人对理论的努力学习同革命斗争实践的锻炼相结合，才能有意识地自我修养和自我改造。在这里，刘少奇谈到关于理论学习和个人意识修养的相互关系时指出："一个共产党员如果没有明确而坚定的无产阶级立场，没有正确而纯洁的无产阶级思想意识，要彻底了解和真正掌握马克思列宁主义的理论和方法，并使之成为自己的革命斗争的武器，是不可能的。反之，也一样。"①实际上就是说，马克思列宁主义理论修养和思想意识或道德品质修养，是相辅相成的，是相互作用的。所以，道德品质的修养必须和马克思列宁主义理论学习结合起来，才能收到应有的效果。

　　刘少奇认为，道德修养的方法必须结合自己和群众的实践。就是由理论指导自己的实践，再由实践及其效果检验自己的思想认识是否正确。最后他还讲到了共产党员修养的内容，即党员个人利益无条件地服从党的利益；党的利益高于一切。他强调："在个人利益和党的利益不一致的时候，能够毫不踌躇、毫不勉强地服从党的利益，牺牲个人利益。为了党的、无产阶级的、民

---

　　① 《刘少奇选集》上卷，人民出版社 1981 年版，第 115 页。

族解放和人类解放的事业，能够毫不犹豫地牺牲个人利益，甚至牺牲自己的生命，这就是我们常说的'党性'或'党的观念'、'组织观念'的一种表现。这就是共产主义道德的最高表现，……"① 只有不断提高个人的共产主义觉悟，"才可能有很好的共产主义道德"。才可能有"最大的革命勇敢"。才可能"最诚恳、坦白和愉快"。才可能"有最高尚的自尊心、自爱心"。

上述这些关于共产党员的品德修养的论述，对于马克思主义道德学说在中国的发展具有重要意义。

中华人民共和国建立初期，由于忙于对资本主义经济的社会主义改造和清除各种剥削阶级的思想影响，理论界还顾不上马克思主义道德学说的研究，只是在共产主义道德准则和规范方面加强宣传教育。同时，也有一种左的思想倾向，认为伦理学是资产阶级的东西，不提倡研究。在 20 世纪 50 年代中期到 60 年代中期，中国科学院哲学研究所有个别研究人员开始研究马克思主义道德学说，中国人民大学哲学系建立了伦理学教研室，开展了一些初步研究，发展了一些有关马克思主义道德学说的论文和关于青年道德修养的著作。60 年代初期，进行过一次关于道德继承性与阶级性的大讨论，参加的学者多数是哲学、历史和文艺理论界人士，真正研究伦理学的人占少数。这次讨论（讨论内容观点前面已经讲过了）虽然对于推动马克思主义道德学说的研究有一定作用，但后来转入政治运动便停止了。接着 1966 年发生了"文化大革命"，长期在革命战争时期建立起来的共产主义道德传统完全破坏了；建国后十几年培育起来的社会主义的人与人之间、个人与社会、国家之间的道德关系和道德准则，遭到了粗暴的践踏和摧残，有的经过扭曲而被否定了。总之，"文化大革命"

---

① 《刘少奇选集》上卷，第 131 页。

在人们的思想道德观念和生活实践中，造成了一片混乱，冷酷、粗暴地损害人的尊严的活动，搅动得各种腐朽的沉渣泛起。一切正常的科学理论工作都停止，而制造出各种谬论。十年的时间，不仅在政治、经济上造成了极大损失，而且在人们的精神上造成了痛苦的创伤；在思想理论领域里造成了极大的混乱。

在粉碎"四人帮"之后，新的党中央首先进行了思想、理论上的拨乱反正，政策路线方面的改革，积极推动科学理论工作的开展。所以马克思主义道德学说的研究工作，应该说是从1978年中国共产党第十一届三中全会之后才真正开展起来的。

三　1978年以来马克思主义道德学说研究的迅速开展

1976年粉碎"四人帮"之后，过去的伦理学工作者又重新恢复了工作。中国社会科学院哲学研究所于1978年建立了伦理学研究室，并招收了研究生。中国人民大学复校后，又重整伦理学教研室，近年来在哲学系设立了伦理学专业。北京大学和一些综合性大学的哲学系，逐步建立了伦理学教研室，开设了伦理学课程，其他高等院校和师范院校，也陆续开设了伦理学课（选修或必修）。1980年春成立了中国伦理学学会，开了第一次学术讨论会，各省市也积极开展有关道德问题的研究活动。几年来，在研究和教学的基础上，迅速扩大了伦理学的研究队伍，发表了大批论文，出版了第一本较系统的《共产主义道德概论》和罗国杰主编的《马克思主义伦理学》。后者是建国以来第一本系统的、全面的伦理学教科书。到现在已经出版了十几本适合各种大专院校和干部学校的伦理学教科书，内容虽大同小异，但各有自己教学所需要的重点。最近还出版了《共产主义人生观教育概念》、上海周原冰写的《共产主义道德通论》、以及职业道德和道德问题的专著。伦理思想史方面的研究进展也很快，出版了《先秦伦理学概论》、《中国伦理思想史》、《中国伦理学说史》（上册）、《西方伦理思想史》等著作，各书都有自己的独到见解。此外还出版了伦理学工具书《伦理学名词解释》，编写了大百科哲学卷中的伦理学部分。总之，这几年伦理学界出版的著作和论文之多，是中国社会主义制度建立以来所未有的；学术水平比20世纪60年代大大提高了一步。

在短短的几年中，马克思主义道德学说的研究，所以能有如此迅速的发展，这和中共第十二次代表大会的报告和决议有密切关系。大会报告强调了以共产主义思想为核心的社会主义精神文明建设，号召加强共产主义的理想和道德教育。因而在全国大、中、小学都开设德育课，大专院校开设伦理学选修课。道德科学的研究和教学队伍迅速扩大，教材和青年读物日益增多，马克思主义道德学说的研究得到大发展，出现了空前的繁荣景象。

几年来伦理学研究的主要问题，简略地说有以下几个方面。

（一）马克思主义伦理学的结构体系问题

伦理学的结构体系是大专院校教学中必须解决的问题。现已出版的伦理学教科书，多数都是包括关于道德的哲学理论、道德准则和规范、道德准则在社会生活各个领域里的应用或实践三大部分。但论述的繁简和重点有所不同，理论联系实际和表述的风格也不同。例如，中国人民大学的《马克思主义伦理学》（后来改编为《伦理学教程》）哲学论证较突出；北京大学的《伦理学简明教程》联系中、西伦理学史和现实生活的论述，简明易懂；八所高等师范院校联合编写的《马克思主义伦理学原理》阐述较精练，重点在适应师范教育的需要，在道德教育、修养和人生观的培养等方面阐述较详细。此外其他大学个人编写的伦理学著作也都有自己的特点。这一批教科书的出版，为马克思主义道德学说在中国的发展打下了基础。

（二）伦理学的基本问题

关于道德的本质是一种特殊的社会意识形态，道德是由一定的社会经济关系及其所表现的利益关系所决定的；这是普遍承认的关于道德的本质和根源的观点。在有的著作中提出了伦理学的基本问题和基本矛盾是利益和道德的关系。它包含两方面的内容：一是经济关系表现的利益决定道德，还是道德决定利益？二是个人利益与社会整体利益的关系；如何回答这些问题，决定各种道德体系和原则、规范以及道德活动的标准和方法问题。① 有的文章不同意这种观点，认为伦理学的基本问题应是道德与社会历史条件的关系问题。即社会历史条件决定道德，同时道德对社会历史条件又具有反作用。对这一问题的不同回答，就区分为伦理学中的唯物主义和唯心主义两条不同的路线。道德与社会历史条件的关系问题是解决伦理学其他一系列问题的基础和前提，并制约着道德评价标准的解决。② 另外一种不同意见认为，善、恶矛盾是道德的基本矛盾，也是伦理学的基本矛盾。因为这一矛盾是一切伦理学流派普遍研究的课题，是道德发展的动力。③ 还有的认为伦理学的基本问题应是"应有"与"实有"的关系。有人提出，人的存在和发展的要求同个体对他人、社会的义务之间关系是伦理学基本问题等。但是还没有深入一步展开讨论。

（三）共产主义道德的基本原则问题

许多文章和著作中对于共产主义道德的基本原则的看法不尽

① 罗国杰主编：《马克思主义伦理学》，人民出版社 1982 年。八所高等师院编《马克思主义伦理学原理》，贵州人民出版社 1982 年版。

② 《社会科学战线》1982 年第 2 期，《伦理学基本问题初探》。

③ 《伦理学与精神文明》1984 年第 4 期，《伦理学基本问题之我见》。

相同。有的提集体主义原则是贯彻在一切共产主义道德规范中的基本原则，其他如爱国主义和国际主义、劳动态度、全心全意为人民等则是道德规范。① 有的认为集体主义是基本原则中的一条，此外还有忠于共产主义理想和事业、主人翁的劳动态度、实事求是和忠诚老实等都是共产主义道德的基本原则；因为它们都是与其他道德体系有本质区别的基本特征。② 此外还有别的提法，但内容基本一致，只是表述方法不大相同。不过《共产主义道德通论》中，对于各条基本原则下面的规范都作了论述。

（四）人生观与人生价值的研究

人生观问题曾在中国的青年中展开过讨论，有的人提出：主观为自己，客观为别人是人生的规律。中国伦理学界认为这种观点是不妥当的。因为这种观点把主观与客观、动机与效果割裂开来，这是不符合现实生活实际的。有人认为，专为个人打算的行为，不总是对别人有利。并提出树立崇高的理想是实现人生价值的动力。关于什么是人生价值问题，有的著作认为，人生价值只有在社会中，在与他人的关系中才能表现出来。从这个意义上说，人生的价值就在于个人能否和在多大程度上满足别人、满足包括自身在内的整个社会的物质文化和精神文化生活的需要。简单地说，人生的价值就在于对社会的贡献。③

除上述问题之外，还研究了婚姻家庭道德问题；中国伦理思想史上的许多问题；研究了西方伦理学史和现代西方伦理学的各种流派问题；还有一些问题提出来了，还没有来得及深入研究讨论。

---

① 参见《马克思主义伦理学》。
② 参见《共产主义道德通论》，上海人民出版社 1986 年版。
③ 参阅《共产主义人生观教育概念》，北京师范大学出版社 1983 年版。

四 马克思主义道德学说在中国
发展的趋势

中共十二届六中全会（1986 年 9 月）通过的关于社会主义精神文明建设方针的决议中，不仅详细论述了社会主义的道德准则和根本任务，而且特别提出了大力加强职业道德建设。这对马克思主义道德学说在中国的发展，具有重大的历史意义。当前中国正处在急剧的全面体制改革的过程中，在社会生活实践中，从各个方面提出了不少有关道德的理论问题。同时，过去的封建道德残余还存在，资产阶级的道德学说的各种流派又不断引进；在这样一些情况下，需要用马克思主义的立场、观点、方法进行认真研究，并作出科学的回答。所以，当前道德科学的研究和发展，有以下几个问题将会进一步开展深入研究。

（一）加强马克思主义及其道德学说的基础理论研究

近来理论界和现实生活提出了许多有关道德和价值观念的问题，对于马克思主义道德学说的进一步完善和发展，都是非常重要的；都需要从马克思主义的基本理论及其道德学说的哲学基础进行研究。可以下面两个问题为例：

第一个问题是哲学界讨论的人的价值问题。有的文章提出，人的价值的研究是伦理学的命题，从方法论来说，应该从历史观和伦理道德观两方面考察。看人在历史上的地位和作用是从历史观考察；着重对人进行道德评价是从道德观考察；两个方面相互渗透、相互结合。还提出，人们的价值观取决于对人的本质的理解，所以对人的价值有不同看法，有的说人的价值是人在自然和社会中的地位；有的说人的价值是一种人与人的关系；有的认为人的价值是人的本质力量的外化；有的说人的价值是个人认识和改造世界的潜在的能力；有的人认为，人的价值在于人的活动的价值目标与客观效用的统一。还有的从个体和"类"的关系上理解人的价值，认为个人价值是由具体的社会关系所决定的、个人对社会发展和人类发展所具有的意义。"人的价值在于贡献"这一伦理观念，就是从这种关系中引申出来的。如此等等各种不同看法。此外还讨论了人的价值标准和个人价值的实现等问题。

第二个问题是生活方式的研究讨论涉及到道德的问题。关于生活方式的决定因素是什么，有不同看法：①决定因素是生产方式；②决定因素是生产力；③生产方式是主要决定因素，但价值观念和人生哲学也有决定意义。有的文章还提出了生活方式与道德观念的变化有密切关系，认为生活方式的选择是受思想道德观念支配的，同时随着文明、健康、科学的生活方式的建立，又会促进人们道德观念的变化和整个社会道德水平的提高。

上述问题的研究，既是历史唯物主义的理论课题，也是道德科学的基本理论问题。有的文章特别强调学习领会马克思主义的活的精神实质，要用马克思主义的立场、观点、方法来研究、处理科学理论工作，不仅对新问题作新的处理，也可以对老问题作新的研究处理；这样对于宇宙人生的活的本质和源头才能把握。道德科学与哲学社会科学各个学科发生横向联系时，都需要从马克思主义的基本理论上去研究处理。特别是当前现实生活中提出的道德问题，都会涉及到马克思主义基础理论。

（二）道德与全面改革的关系的研究

中共十二届六中全会通过的关于社会主义精神文明建设的指导方针规定：社会主义精神文明建设，"必须是推动社会主义现代化建设的精神文明建设，必须是促进全面改革和实行对外开放的精神文明建设，必须是坚持四项基本原则的精神文明建设。这就是社会主义精神文明建设的基本指导方针。"而道德在社会主义精神文明建设中占有中心地位，所以道德问题的研究，如何在坚持四项基本原则前提下促进全面改革顺利进行，是当前道德科学工作迫切需要进一步研究的课题。实际上，在经济改革的过程中，伦理学界已经开始探索经济改革与道德的关系，1985 年中国伦理学学会还进行了专题讨论。社会科学的其他学科也讨论到社会主义商品经济与道德的关系问题，精神产品能否完全商品化，以及"向钱看"和"一切向钱看"等命题的性质与道德关系等问题。主要观点大致有这样几点：

1. 对社会主义商品经济的情况下，个人利益和整体利益的关系问题上有不同意见。一种意见认为，既然要搞商品经济，就要承认在商品关系中每个人都是只从自己利益出发，为自己利益进行竞争和奋斗的。人人都追求自己的利益，让商品经济规律充分发挥作用，整个社会的利益也就增长了。许多文章不同意这种观点，认为既然我们的商品经济以公有制为基础，客观上整体利益就高于个人利益，并包括个人利益；因此应该破除那种"人人为自己，上帝为大家"的旧观念，树立适合公有制发展所需要的新的观念，即人人为公共利益奋斗，个人利益即在其中的新观念。① 有的文章认为，社会主义公有制决定了社会主义商品生产者的特殊利益与社会共同利益是统一的，并受共同利益的制约。从道德上看，要求企业实行的原则仍然是集体主义原则。

2. 商品经济与道德进步问题上有不同看法。有的人认为，商品经济取代自然经济带来了道德的历史性进步，但也同时出现了道德的相对退步。有的人认为，社会主义商品生产在经济上是进步的，在道德上是退步的。有的文章不同意这种观点。提出社会主义商品经济是促进道德进步的，要认清社会主义公有制对商品生产的一般要求的制约。商品生产和经营者之间的竞争，必须

---

① 参阅《经济文摘》1986 年第 1 期。

是对社会负责的、有利于社会生产力发展和人民群众生活提高的正常竞争。不过，某些道德消极现象的出现，的确和商品生产的范围无限扩展有关系，例如精神生产如果完全商品化，利润就会成为精神生产的最高目的，从而为了营利而出版某些损害人民道德观念的低劣产品。但这种现象可以通过有关部门调节和纠正。关于"时间就是金钱"的口号，有的文章认为，这句话只能从"时间经济学"的意义上去理解，是为了提高社会主义企业的经济效益，不能把"时间就是金钱"当作人生观意义上的指导个人行为的最高准则。①

3. 社会主义公正原则与经济改革问题在 1985 年伦理学学术讨论会上曾经讨论，有的人作了详细的论述。主要观点认为，社会主义公正原则的特征是：公正与平等的统一，权利与义务的统一，公正与效率的统一。公正对改革的意义是：广大人民群众对社会公正的追求是改革的心理基础，社会主义公正原则是领导者进行某些决策的指导原则，是抵制不正之风的道德武器，也是改革者应具备的美德。

4. 职业道德的研究。从中共第十二次代表大会提出加强职业道德教育以来，伦理学界便开展了职业道德的研究，近年来出版了许多关于职业道德的论文和著作，其中还有专业的职业道德论文和著作。如医学道德，教师道德，新闻出版道德等。最近中共十二届六中全会决议又提出大力加强职业道德建设，这对当前职业道德的研究，是一个有力的推动。

（三）中国伦理思想和民族文化的研究

在进行全面体制改革、社会主义制度自我完善的过程中，封建思想和封建道德观念的残余，还起着值得注意的消极作用。因

① 参阅《哲学研究》1986 年第 5 期。

此分析批判现实生活中的封建道德余毒，就成为道德科学工作者的重要任务之一。但是，伦理道德思想遗产又是中华民族精神文化传统的重要内容，近几年来理论界开展了中、西文化比较和中国民族文化传统的研究，讨论十分活跃，涉及的内容广泛，自然也联系到中国伦理思想的研究。讨论中涉及的基本问题和有关伦理思想的观点，大致有以下几方面。

首先是中西文化的关系问题。在社会主义现代化建设中，需要对外开放，吸取西方的先进科学技术和有益于社会主义现代化建设的文化，如何辨别和吸取西方文化中有科学价值的东西，和中国传统文化怎样结合的问题有不同看法：①"儒学复兴"说。②"彻底重建"说。它与"儒学复兴"说针锋相对，主张根本改造和彻底重建中国文化。③"西体中用"说。处于前两种观点之间，认为马克思主义和现代科学理论是我国的主体意识，都是从西方来的，在这个意义上，可以说是西体。"中用"就是怎样结合实际运用于中国，也就是马克思主义中国化。④"马克思主义为体，兼学中西"说。⑤"哲学启蒙"说。

第二是有关中国传统文化与伦理思想的关系的研究，主要是对伦理道德思想在中国传统文化中的地位及其现实意义上有分歧。一种意见认为，中国传统文化的核心是"礼"或"礼治"。礼有消极的方面，也有积极的方面；如由"礼"表现的隶属观念，有助于中华民族的凝聚、中华民族文化的绵延，是爱国主义的坚实基础。对"礼"持积极批判态度的认为，"礼"把人的个性和主体性消融在贵贱有差、尊卑有别的等级名分中。另一种观点认为，中国传统文化的基本特质是一种人文主义精神。西方的人文主义把人看作是具有理智、情感和意志的独立个体，对自己的命运负责。而中国的人文主义则把人看成群体的分子，他的命运和群体息息相关。因而中国的人文主义强调和谐、义务和贡献。另一种主张中国文化是人文主义的意见则认为，它导向王权主义，使人不成其为人，把人变为道德的工具。

第三是关于认识中国文化传统在今天的价值和作用问题上，也有不同看法。一种看法是持否定或基本否定态度。一种看法是持肯定或基本肯定态度，认为中国文化注重现实，注重社会问题和人与人的关系。从历史发展来看，这种"互以对方为重"的思想，必将取代"个人本位"、"自我中心"的思想。有的学者认为，中国古代道德思想提出了道德行为的共相，即公私之分、义利之辨。在新的条件下，义利之辨仍然是道德评价的最高标准，这些对今天仍然有用。还有第三种看法是持两面分析的取中态度。有的学者认为，中国传统文化具有鲜明的主体性意识，将"尊德性"与"道学问"相结合，成为君子的品格。儒、释、道三家的人生哲学对于人的自我完善、自我超越能力充满信心，强调人要自爱、自重、自立、自省、自反；传统哲学对人的能动性和自主性有较深透的阐发。中国古代哲学的人性论、人生论、价值观、生死观中有许多关于做人处世的道理，具有道德价值。[①]当然，也还有其消极的东西。

在我国对外开放的政策指导下，中、西文化比较和相互交流的研究，将会日益发展，因而马克思主义道德学说的研究，对于如何继承中国伦理思想方面的传统文化，怎样选择、吸收国外的道德学说中的有价值的因素的研究探讨，也将成为日益发展的趋势。

（四）科学技术的进步和道德的关系的研究

当前世界科学技术的进步已经引起许多有关道德的问题，如试管婴儿、安乐死、遗传工程等技术的应用，在国际上引起了许

---

① 参阅《哲学研究》1986 年第 9 期和有关哲学动态资料。

多学者之间的争论。在中国虽然还没有普遍应用这些科学技术，但是，我国科学技术的发展日益迅速，在某些方面已引起了人们的道德关注，有些文章已提出了在现代科学技术发展的条件下，人与人之间的关系的许多新方面、新问题，正在日益被揭示出来。因此，相应地也就提出了许多需要重新研究和专门探讨的伦理学理论问题。其中比较重要的是先进技术在医学上的运用，如人体器官移植的道德考虑，就是把刚刚死亡的人的某种器官移植到另一位病残人身上，使之成为健全的人。但在这个问题上存在着道德上的分歧。有的人认为这是不道德的，而且死亡的标准是复杂的。有的人认为这是医学上和死亡者的道德贡献，死亡标准是可以由法律规定的。①

其次是环境污染、生态平衡与道德的关系，这两方面的问题在我国当前已成为急需在政策、法律和科学技术上采取措施的问题。同时，也引起了科学和理论界的道德思考。所以科学技术的进步与道德的关系，作为道德科学的一种新的研究范围，也将成为马克思主义道德学说的发展的新趋势。

*　　　　　　*　　　　　　*

总之，马克思主义的科学理论在国际上的胜利发展，尽管遇到了多种多样的曲折和斗争，但是，它已经成为指导许多社会主义国家建设的理论基础；预示着马克思主义所揭示的社会发展规律，会必然成为现实。因此，在马克思主义科学理论发展的进程中，马克思主义的道德学说也会随之迅速成长和发展。尤其是在社会主义国家里，马克思主义的道德学说已经成为马克思主义理论体系发展中的不可缺少的组成部分。同时又成为一个社会科学

---

① 《哲学研究》1985 年第 3 期。

中的独立学科，它将在社会主义现代化建设中，在社会主义精神文化建设中，发挥愈来愈大的作用；随着科学技术的进步和社会主义社会的发展壮大，马克思主义道德学说的发展，将会日益充实和完善。

（选自《道德学说》，中国社会科学出版社 1989 年版）

作者主要著作目录

《谈谈个人利益与个人主义》 1958年3月30日《光明日报》。

《动机和效果的辩证关系》 1962年《新建设》第5期。

《关于道德的继承性和阶级性》 1963年《新建设》第11期。

《两种对立阶级道德之间的辩证关系》 1964年《新建设》第5、6期合刊。

《在伦理学研究工作中坚持四项基本原则》 1981年第二次全国伦理学讨论会上的论文，收入《道德与精神文明》会议文集。

《论道德要求》 1982年《哲学研究》第7期。

《当前仍要发扬集体主义精神》 1982年《齐鲁学刊》第3期。

《人道主义不能成为科学历史观的基础》 1983年《哲学研究》第11期。

《社会主义人道主义是一项伦理原则》 1984年《道德与文明》第2期。

《坚持共产主义思想 坚持共产主义道德》——学习《邓小平文选》札记 1984年编入学习《邓小平文选》——《发展和繁荣社会科学》文集。

《孔子的"仁"与"礼"及其对伦理学的贡献》 1988年《孔子研究》第4期。

《论孝与忠的社会基础》 1990年《孔子研究》第4期。

《论道德科学的立论依据》 1990年《道德与文明》第4期。

《关于道德建设中的几个理论问题》

1995 年《道德与婚姻家庭》，《哲学研究》第 6 期。

《道德与社会生活》　上海人民出版社 1984 年版。

《道德学说》　中国社会科学出版社 1989 年版。

《我在延安马列学院所学到的》 1991 年 4 月收入《延安马列学院回忆录》，中国社会科学出版社出版。

《继承并发扬艾思奇同志以哲学为实际工作服务的战斗精神》　收入《艾思奇纪念文集》，云南人民出版社 1997 年 9 月版。

《道德》　收入《中国大百科全书·哲学卷》，中国大百科全书出版社 1987 年 10 月版。

《中国共产党在继承和发扬优秀民族传统上的贡献》　收入《国情教育读本》，中国广播电视出版社 1990 年 7 月版。

《〈征文〉读后的感想》　收入《唤起更高的觉醒》一书，河南人民出版社 1986 年 12 月版。

《道德建设者的益友》　1988 年 5 月 30 日《光明日报》发表。

《提倡学一点伦理学》　1982 年《伦理学与精神文明》试刊号。

《建议开展伦理学的研究工作》　1961 年 11 月 14 日《人民日报》发表。

《谈谈家庭和四化建设的关系》　收入 1986 年 5 月中央人民广播电台出版社出版的《家庭伦理问题漫谈》一书。

《实际生活在敲伦理学的门》　1982 年 6 月 7 日《文汇报》。

《祝贺与期望》　1999 年《道德与文明》第 3 期。

《积极恢复和完善社会主义道德体系》　1995 年《道德与文明》第 5 期。

《社会主义商品经济和道德》　1985 年《道德与文明》第 6 期。

《孔丘的自我意识与道德主体观念》　1989 年《中国哲学史研究》第 4 期。

《如何理解"衣食足则知荣辱"》　1981 年 6 月 5 日《北京日报》发表。

《"成功"离不开无名英雄》　1982 年 9 月 7 日《中国青年报》发表。

《〈军人伦理学〉读后》　1987 年《哲学研究》第 11 期。

《伦理操作程序的探索》　1994 年《哲学动态》第 1 期。

《创新的科学探索》（《道德生活论》读后）　1994 年《道德与文明》第 1 期。

《廉洁与公私关系》　1989 年《道德与文明》第 3 期。

《〈三说道德〉一文提出了什么问题》　1963 年 9 月 21 日《光明日报》发表。

作者年表

1913年 10月6日，生于河北省饶阳县南韩合村。李奇，原名李子让。

1934年 8月，毕业于河北省立保定第二女子师范学校。

1935年 9月，考入北平师范大学教育系，当年参加了北平"一二·九"学生抗日救亡运动。

1935年 12月底，加入中国共产党。

1936年 春，担任北平地下党组织的交通员，后作北平西城区学委工作。

1937年 9月，到山西太原参加了中国共产党领导的红军新改编的八路军一二〇师三五九旅，做地方扩军工作。

1938年 12月，去延安马列学院学习。

1940年 5月，于延安马列学院毕业，分配到党中央出版部做编审工作。

1941年 夏，到延安中学任教育科长及从事教学工作。

1945年 9月，随同延安第三批干部队伍去东北。到辽吉省（即吉林与黑龙江合并的）省立中学任校长。

1949年 8月，到吉林市委任宣传部长及市委常委。

1955年 5月，到北京中国科学院哲学社会科学部哲学所做研究工作。后任研究员、副所长。

1985年 离休至今。

曾当过第三届全国人民代表大会代表；第五届、第六届全国政治协商会议委员。